8° S 4664

Leipzig
1869

Buchner, Ludwig

Conférence sur la théorie darwinienne de la transmutation des espèces et de l'apparition du monde organique

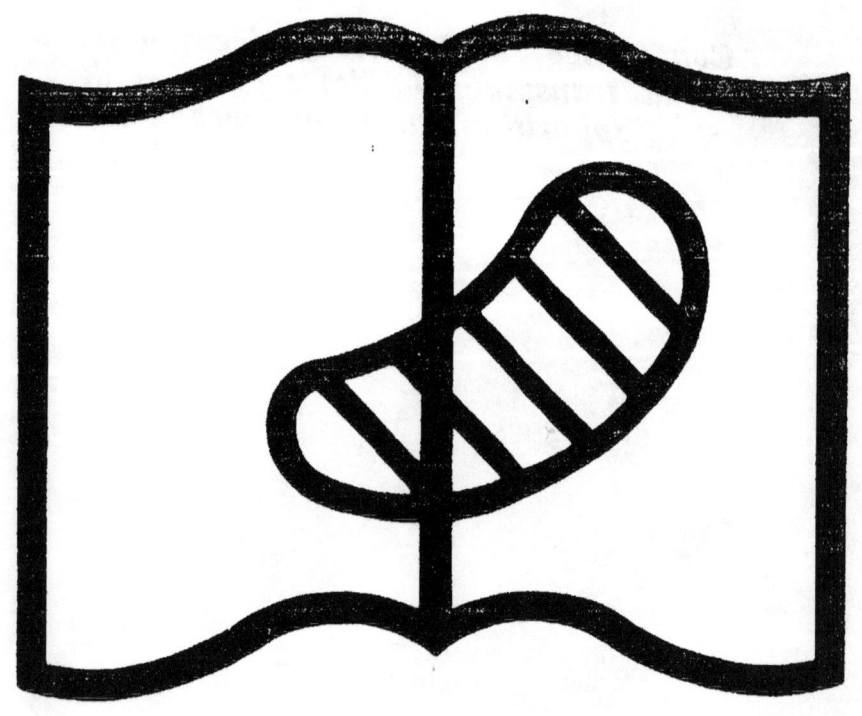

Symbole applicable
pour tout, ou partie
des documents microfilmés

Original illisible

NF Z 43-120-10

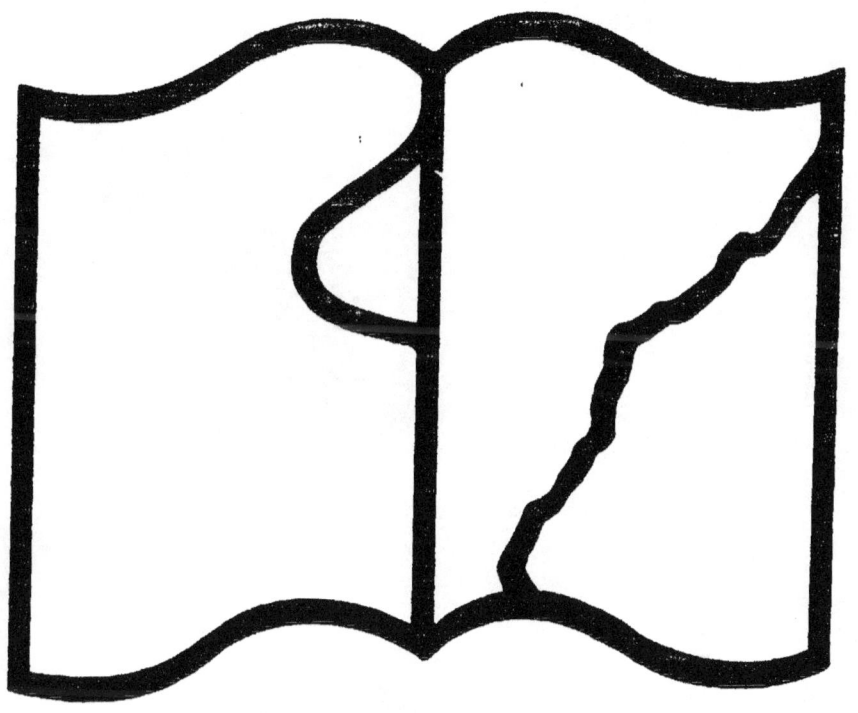

Symbole applicable
pour tout, ou partie
des documents microfilmés

Texte détérioré — reliure défectueuse

NF Z 43-120-11

Dr LOUIS BÜCHNER

AUTEUR DE "FORCE ET MATIÈRE"

CONFÉRENCES
SUR LA THÉORIE DARWINIENNE

DE LA TRANSMUTATION DES ESPÈCES

ET DE L'APPARITION DU MONDE ORGANIQUE

APPLICATION DE CETTE THÉORIE À L'HOMME

SES RAPPORTS AVEC LA DOCTRINE DU PROGRÈS ET AVEC LA PHILOSOPHIE
MATÉRIALISTE DU PASSÉ ET DU PRÉSENT.

TRADUIT DE L'ALLEMAND D'APRÈS LA SECONDE ÉDITION

PAR

AUGUSTE JACQUOT

AVEC L'APPROBATION DE L'AUTEUR.

LEIPZIG
THÉODORE THOMAS, LIBRAIRE-ÉDITEUR.

PARIS
C. REINWALD, LIBRAIRE-ÉDITEUR.
15, RUE DES SAINTS-PÈRES.

1869.

Dr. LOUIS BÜCHNER
AUTEUR DE „FORCE ET MATIÈRE.“

CONFÉRENCES
SUR LA THÉORIE DARWINIENNE

DE LA TRANSMUTATION DES ESPÈCES
ET DE L'APPARITION DU MONDE ORGANIQUE.

APPLICATION DE CETTE THÉORIE À L'HOMME.
SES RAPPORTS AVEC LA DOCTRINE DU PROGRÈS ET AVEC LA PHILOSOPHIE
MATÉRIALISTE DU PASSÉ ET DU PRÉSENT.

TRADUIT DE L'ALLEMAND D'APRÈS LA SECONDE ÉDITION
PAR
AUGUSTE JACQUOT.

AVEC L'APPROBATION DE L'AUTEUR.

LEIPZIG
THÉODORE THOMAS, LIBRAIRE-ÉDITEUR.

PARIS
C. REINWALD, LIBRAIRE-ÉDITEUR.
15, RUE DES SAINTS-PÈRES.
1869.

PRÉFACE
DE LA PREMIÈRE ÉDITION.

Ces conférences ont été faites par l'auteur à *Offenbach* et à *Mannheim* pendant les hivers de 1866—67 et 1867—68, à peu près telles qu'elles sont reproduites dans ce livre — avec cette différence toutefois que beaucoup de ce qu'il est ici permis de développer, d'approfondir et d'appuyer de citations, avait dû être, faute de temps, abrégé ou omis tout-à-fait dans l'exposition orale. Certaines parties ont fait dans les deux mêmes hivers le sujet de conférences séparées à *Francfort*, à *Darmstadt* et à *Worms*. J'ai cru devoir conserver à l'impression la forme parlée, parce que d'abord la vivacité et l'immédiate compréhensibilité de la leçon orale ne se rencontrent pas autrement, et ensuite parce que cette forme me paraît répondre le mieux au but, qui est de livrer au grand public certains résultats et certaines recherches scientifiques, et d'élever ce public dans l'esprit de cette science.

Quant à la rapide revue historique de la philosophie matérialiste contenue dans les deux dernières conférences, comme malheureusement je n'avais pas tout le temps d'étudier dans l'original la plupart des écrivains cités, je m'en suis rapporté surtout à *F. A. Lange*: „Histoire du Matérialisme" etc. (Iserlohn, 1866), à l'Histoire généralement connue de la littérature au 18ème siècle de *H. Hettner* et à quelques autres ouvrages. A la grande négligence, dont cette partie de l'histoire de la philosophie a été jusqu'ici l'objet de la part des écoles philosophiques dominantes, pourrait succéder bientôt un intérêt redoublé et une vive attention du public éclairé, qui a été jusqu'à ce jour systématiquement trompé et induit en erreur sur ces questions.

L'usage du livre sera rendu plus facile au lecteur par l'addition d'une table alphabétique des noms et des choses, à la manière anglaise.

Naturellement je me suis efforcé, en ce qui concerne le point capital de mon sujet, de m'en tenir autant que possible à ce qu'il y a de plus récent, et de reproduire, soit dans le texte soit au moins en notes, tout ce que les auteurs contemporains ont produit d'essentiel sur la théorie darwinienne et sur les questions qui s'y rattachent.

DARMSTADT, fin Avril 1868.

L'Auteur.

SOMMAIRE.

PREMIÈRE CONFÉRENCE.

Les êtres primitifs et la paléontologie. — La théorie des catastrophes et des révolutions géologiques, et des actes répétés de création. Durée et ruine de cette théorie. — Apparition spontanée des êtres supérieurement organisés. Vues de Lyell sur ce point. — *Charles Darwin* et son ouvrage sur la sélection naturelle des espèces dans le combat pour l'existence. Les devanciers et les contemporains de *Darwin* : Lamarck, Geoffroy St. Hilaire, Gœthe, Oken, Lyell, Forbes, Vestiges of creation, Huxley, Hoocker etc. — La théorie Darwinienne et ses divisions : 1° le combat pour l'existence; 2° la variation ou formation des variétés et la variabilité de l'espèce; 3° la transmission et l'hérédité; 4° la sélection naturelle pendant le cours d'immenses périodes géologiques. — Comment cette idée a été suggérée à Darwin par l'étude de l'amendation artificielle des animaux et des plantes domestiques. Exemples d'amendation artificielle et naturelle, consciente et inconsciente. Cette dernière favorisée par le rapport de solidarité qui fait dépendre le développement de l'habitude, de l'exercice, de la nécessité, de l'usage ou du non-usage des organes etc. et le soumet pareillement à l'influence des circonstances extérieures. — Le progrès et le perfectionnement ne suivent pas toujours le changement. Exemples d'organisation stationnaire ou rétrograde. Conformations rudimentaires ou embryonales. Legs transmis à l'homme du règne animal.

Darwin n'a pas poussé jusqu'au bout sa théorie. Reproches qu'il mérite. Tout le monde organique sorti d'*une* première forme, la cellule ou la vésicule ovulaire. Génération première et théorie de la cellule. — Idées du Dr. *Jæger* et du professeur *Hæckel* sur ce que dûrent être les premiers organismes.

DEUXIÈME CONFÉRENCE.

Objections à la théorie Darwinienne: 1° argument théologique; 2° argument tiré du manque des sujets intermédiaires. — Existence des formes de transition dans le monde primitif. Fausses interprétations de la doctrine de Darwin. État incomplet du bulletin géologique. Autres raisons des lacunes qui se trouvent dans la succession des êtres primitifs. — Nouvelles découvertes. — Faible durée et inconsistance des types intermédiaires. Leur disparition plus facile démontrée par la linguistique. Les langues se développent comme les espèces, suivant les principes de Darwin. *A. Schleicher*: sur l'origine et le développement des langues européennes, avec la langue Indogermanique comme point de départ. — Critique de la théorie Darwinienne. Ses avantages et ses défauts. Elle ne suffit pas à l'explication de tous les phénomènes. Autres voies de développement des organismes. Influences extérieures. Migration des animaux et des plantes. Changement de génération. Théorie de *Kœlliker*. — Mérite de Darwin pour avoir réveillé les tendances philosophiques dans les sciences naturelles et avoir écarté l'idée des causes finales. — Exemples qui témoignent contre la téléologie. *Schleiden* sur Darwin et sur la téléologie. Les penchants et les instincts des animaux expliqués au point de vue de la théorie darwinienne.

TROISIÈME CONFÉRENCE.

Application de la théorie de Darwin à l'homme, à son origine et à sa formation. Rapports de l'homme avec le monde animal placé sous lui. Systèmes de classification. Les «Primates» de Linné abandonnés pour les «bimanes» et «quadrumanes» de Blumenbach et repris depuis par d'autres naturalistes. Les Archencephala du professeur *Owen*. La vie spirituelle chez les animaux. La différence entre l'homme et l'animal n'est pas *absolue*, mais seulement *relative*. Conscience et conscience de soi-même, allure verticale etc. La lacune, qui existe entre l'homme et l'animal, devient tous les jours plus grande par suite du progrès, qu'amène la culture, et par suite de la mort des types intermédiaires. Les anthropoïdes ou espèces de singes ayant une ressemblance avec l'homme: Gibbon, Chimpanzé, Orang-Outang, Gorille. Singes fossiles et hommes fossiles. Ancienneté du genre humain. L'intelligence humaine s'est elle formée *peu à peu* ou *soudainement* de l'intelligence de l'animal?

QUATRIÈME CONFÉRENCE.

Rapport de la théorie de la transmutation avec la doctrine du progrès. La négation du progrès, et sur quoi elle se fonde. Les découvertes récentes de formes plus élevées dans des couches de formation plus anciennes et les plus anciennes. Les types permanents des animaux marins inférieurs. Représentants des classes principales du monde de la vie dans les couches terrestres les plus profondes. Organisation relevée d'un grand nombre de genres et de groupes du monde primitif. Autres irrégularités et exemples de rétrogradation. L'*histoire* envisagée à ce point de vue. Mouvement éternel de cercle sans progrès.

— Réfutation de cette théorie. Le progrès n'est pas une simple série, mais il consiste en un grand nombre de séries se développant côte à côte, et dont l'une s'élève au-dessus de l'autre. Concordance des lois du progrès dans la *nature* et dans l'*histoire*. Peuples stationnaires et peuples de progrès. Existence, *antihistorique* de l'homme. Lenteur du progrès. La susceptibilité à la culture devient plus intense dans les formes supérieures et dans les formes les plus élevées.

CINQUIÈME CONFÉRENCE.

Rapports de la doctrine Darwinienne avec le matérialisme et la philosophie matérialiste. Versions sur la création. Le matérialisme de l'antiquité. Indes (doctrine de Boudha), Egypte, Grèce, Thalès, Anaximandre, Anaximènes, Xénophanes, Parménides, Héraclite, Empédocles, Leucippe, Démocrite, Protagoras, Aristippe, Straton, Epicure, Poëme didactique de Lucrèce. Critique générale de la philosophie de l'antiquité.

SIXIÈME CONFÉRENCE.

La période chrétienne et la renaissance scientifique au 15ème siècle. Le matérialisme moderne: Pomponatius, Giordano Bruno, Bacon, Descartes, Gassendi, Hobbes, Locke, Collins, Bayle, Toland, Correspondance sur l'existence de l'âme, Wolf, Stosch, de la Mettrie, le Système de la Nature, les Encyclopédistes, Diderot, d'Alembert, Condillac, Cabanis, Helvétius, David Hume, Gibbon, Priestley, etc. Le matérialisme en Allemagne et le matérialisme du 19ème siècle. Ce qui le distingue du matérialisme du passé. Tâche de la philosophie des temps modernes.

AVANT-PROPOS DU TRADUCTEUR.

L'idée renfermée dans ce livre s'en dégage avec une telle clarté, qu'il serait superflu d'en présenter l'analyse au lecteur. C'est l'idée naturelle, *réaliste* de l'univers suivie à travers l'histoire depuis les origines de l'humanité jusqu'au temps présent. Dans cette vue d'ensemble, à laquelle il eût été impossible de s'élever il y a seulement quinze ans, se trouvent reproduits sans doute bien des aperçus démodés. Epicure, Lucrèce et plus tard de la Mettrie, d'Holbach, qui eurent la vogue dans leur temps, ont été ensuite dédaigneusement relégués à l'écart. Ce dédain est allé si loin, qu'en France il suffit presque d'avoir cité ces noms pour que l'on croie avoir réfuté les doctrines qu'ils représentent et que généralement l'on ne connaît pas. Dans de telles conditions, le livre du docteur Büchner a cette grande importance, qu'il embrasse et relève par un seul effort toutes les doctrines matérialistes du passé, pour les éclairer au jour nouveau de la science.

Il y a quinze ans une tentative de ce genre n'eût pas été possible, attendu que les recherches positives sur l'histoire des organismes n'avaient pas livré des résultats assez grands. Mais depuis que Darwin a scientifiquement démontré la communauté d'origine de tous les animaux, y compris l'homme; depuis que d'autres savants et philosophes reprenant la théorie darwinienne ont réussi à l'étendre par ses deux extrémités, c'est-à-dire *premièrement*, à expliquer comment les ébauches originelles de la vie, que le naturaliste anglais admet avoir été animées par le créateur, ont pu naître du sein même de la matière inorganique par la seule action prolongée des forces qui lui sont inhérentes; et *secondement*, à vérifier dans l'ordre moral l'application des lois de développement et de progrès observées dans le monde matériel, — depuis lors le matérialisme a cessé d'être un système que l'on admet ou qu'on repousse suivant l'éducation et le tempérament; il est devenu, sous le nom de réalisme, un corps de doctrines scientifiques, que les ignorants volontaires ou involontaires peuvent seuls méconnaître ou dédaigner. Il n'est non plus permis maintenant de regarder les doctrines matérialistes et athéistes de l'Inde, de la Grèce antique, de Rome et de la France du XVIIIème siècle comme des exceptions monstrueuses à la croyance spiritualiste des peuples. Réhabilitées et légitimées après coup par la science moderne, la plupart de ces idées doivent aujourd'hui nous apparaître seulement comme d'audacieuses divinations de l'esprit humain — pressentiments d'autant plus admirables qu'ils étaient alors moins justifiés! Mais encore une fois le réalisme scientifique s'impose avec la rigueur d'un fait naturel; il s'enseigne, et ne se réfute pas — étant de son essence même inattaquable aux arguments métaphysiques. La première réponse, la seule aussi qu'il convienne de faire à nos spiritualistes, qui ne savent qu'invoquer Aristote, Platon ou Descartes, c'est de les renvoyer à la nature, dont ils semblent ignorer le premier mot, et qui pour ce motif leur inspire autant d'aversion, que les théologiens en ont pour la raison pure.

Mais si la philosophie réaliste a ce grand avantage de mettre d'accord tous les hommes instruits et de bonne foi, la tournure particulière des esprits s'y fait néanmoins visiblement sentir; de sorte qu'il n'est pas difficile de relever chez les savants des divers pays des différences assez tranchées. Sans porter sur le fond même de la méthode, ces différences accusent des diversités de tendance caractéristiques. En quelques mots nous pouvons nous rendre compte de ces nuances; il suffira de comparer rapidement le *matérialisme allemand* avec ce qu'on est convenu d'appeler le *matérialisme français*.

En France, jusqu'à présent, le *réalisme* scientifique moderne n'a guère, à proprement parler, mérité le nom de matérialisme. Un groupe d'hommes éminents a réussi dès l'abord à changer sa direction ou du moins à le retenir sur sa pente naturelle, en lui assignant le nom particulier de *positivisme*.

Le *positivisme*, c'est l'affirmation pure et simple des découvertes de la science et la mise en oeuvre rationnelle de ces découvertes, avec un dédain profond de la métaphysique; dédain très légitime s'il n'allait jusqu'à se traduire par l'abstention calculée de tout jugement, affirmatif ou négatif, sur les questions qui ne sont pas de l'ordre naturel. — L'école positiviste (car c'est encore en France l'école réaliste dominante) admet nécessairement avec la science la conception matérialiste et athéiste de l'univers, mais elle repousse les mots et cherche à écarter les idées de *matérialisme* et d'*athéisme*. Car, disent les positivistes, dès que la raison humaine a conçu l'explication de l'univers et des phénomènes du monde moral sans faire entrer en cause *dieu* et l'*esprit*, elle n'a plus à s'occuper utilement de l'existence de ces deux principes, pas plus pour les nier que pour les affirmer. Quelques-uns ajoutent même, avec une subtilité toute cartésienne, qu'il suffirait de nier dieu et l'esprit pour avoir implicitement reconnu leur existence!

Cette excessive réserve, en admettant qu'elle soit fondée en logique, aura toujours le grave inconvénient de ne pouvoir être comprise et goûtée que par des esprits déjà passablement avancés dans l'étude des sciences et de la philosophie. Car, comment faire accepter aux masses qu'il est raisonnable et facile de se passer de dieu? comment les amener surtout à mettre de côté l'idée de dieu dans le commerce de la vie; en un mot comment donner à la doctrine un caractère pratique, si, après avoir établi qu'un principe spirituel quelconque n'est ni nécessaire ni même utile, on n'a pas soin d'ajouter expressément que, rien d'autre part ne prouvant son existence, un tel principe doit être déclaré n'existant pas? — Les masses n'ont guère l'intelligence ouverte aux restrictions délicates; le doute déjà leur répugne; à combien plus forte raison seront-elles incapables de s'abstenir à la fois d'affirmation, de négation et même de doute sur une question aussi grave que celle de dieu, et de se conduire néanmoins comme si dieu n'existait pas! — Et c'est là que tend le *positivisme!*

On comprend qu'une pareille tendance ne soit pas devenue populaire. Comme d'ailleurs parmi les chefs de l'école positiviste se sont trouvés et se trouvent encore des hommes les plus éminents de la science et de la philosophie, cette école a gardé une influence à peu près souveraine. Et sans doute qu'on peut voir là un des principaux obstacles qui ont arrêté l'essor du matérialisme en France.

Mais depuis une dizaine d'années l'influence de l'Allemagne s'est fait sentir fortement chez nous. Bon nombre d'esprits, surtout dans la jeunesse éclairée, regrettant que le positivisme se soit tenu hors de la portée des masses dont il aurait pu prétendre à diriger le mouvement, se laissent attirer par dessus le Rhin à la voix des philosophes allemands. Ces voix lointaines ont même trouvé de l'écho dans des couches du public français, que le positivisme, d'un caractère trop peu pratique, n'avait pas pénétrées en trente ans. Le peuple, qui, en philosophie aussi bien que dans la science et la politique, ne recherche et ne saisit que le côté immédiatement applicable des découvertes ou des doctrines, le peuple en France témoigne par différents signes que le matérialisme de l'Allemagne l'intéresse, et qu'il en apprécierait surtout les conséquences.

Ce qui nous frappe le plus chez les Allemands, nous Français dont l'enfance a été parquée dans l'obéissance aveugle aux dogmes du catholicisme, c'est la hardiesse des doctrines. Les Allemands discutent ces questions de science, de philosophie, de morale avec une liberté, et ils sont prêts à poursuivre les conséquences extrêmes de leurs principes avec une rigueur, dont nous sommes loin d'avoir au même degré qu'eux l'habitude, — sans qu'une aussi grande différence dans les allures des deux peuples soit suffisamment justifiée par le plus ou moins de libéralisme de leurs institutions.

C'est qu'il y a quelque chose de plus fort toujours que les institutions politiques et même que les lois, ce sont les mœurs d'une nation. Or la réforme religieuse a fait si bien passer l'esprit d'examen et de libre discussion dans les mœurs des Allemands, que cet esprit se révèle jusque dans les moindres manifestations de leur activité. — En France il n'en a pas été absolument ainsi. Le mouvement intellectuel du $18^{\text{ème}}$ siècle, qui semblait devoir affranchir chez nous définitivement la pensée, n'a eu en somme qu'une action très restreinte. Purement philosophique, cette rénovation restait forcément superficielle et ne pénétrait pas, comme la réforme religieuse en Allemagne, jusque dans le cœur de la nation. De même donc que l'excessive réserve du réalisme français s'explique par l'influence du milieu timide dans lequel la science du $19^{\text{ème}}$ siècle a eu chez nous à se développer, de même la libre allure du réalisme ou du matérialisme allemand tient à l'indépendance radicale que la réforme luthérienne a communiquée à tous les esprits qui sérieusement s'en sont trouvés atteints.

L'exemple de l'Angleterre s'offre à propos pour confirmer la justesse de cette explication. Les Anglais ont senti comme les

Allemands les effets de la réforme religieuse; ils ont aussi de commun avec les Allemands, et sans doute plus accusé que chez ces derniers, le génie pratique particulier aux peuples de race saxonne. Mais la réforme anglaise, soit à cause des circonstances politiques dans lesquelles elle s'est produite, soit aussi pour d'autres motifs, a eu son principe radicalement vicié par l'intolérance. La terreur biblique, à laquelle l'Angleterre a longtemps été en proie, se fait sentir encore aujourd'hui; et il semble que ce soit à elle qu'il faudrait attribuer une sorte de timidité que l'on observe dans le procédé philosophique de certains savants anglais. — C'est ainsi que Darwin, après avoir démontré que tous les êtres organisés, et l'homme, remontent à quelques formes primordiales cent fois plus simples que les êtres les plus simples que notre œil puisse apercevoir, Darwin n'ose mener plus loin la science; mais il donne gratuitement à entendre que le créateur a pu communiquer la vie à ces premières ébauches, mères de tout le monde organique.

Les savants d'Outre-Rhin comprennent autrement le rôle de la science et de la philosophie. Ce livre, où se trouve incontestablement l'expression la plus récente et la plus complète du réalisme scientifique de l'Allemagne, en fournira le témoignage. — Mais il ne faudrait pas croire qu'il soit de bon ton en Allemagne de se faire matérialiste et athée *a priori*, comme cela se voit encore chez certain peuple spirituel, où bon nombre d'esprits, fort estimables d'ailleurs, poussés par je ne sais quelle vieille habitude d'école, ont la manie de faire dogme de tout, même de l'absence de toute vérité et de tout dogme. Les Allemands ne donnent guère dans cet excès. Simplement ils se bornent à ne pas reculer devant les conclusions de la science. Une fois leur conviction faite, il est vrai qu'ils la confessent et qu'ils s'efforcent de la vulgariser. — On a vu comment le positivisme français, en s'entourant de réserves subtiles, s'était rendu inaccessible aux esprits simples qui sont les plus nombreux. Le réalisme allemand, au contraire, a la prétention de devenir populaire, en mettant à la portée de tous non seulement les résultats immédiats de la science, mais encore, et surtout, les conséquences pratiques qui en découlent. Le reproche de dogmatisme, que cette tendance lui a valu, n'est donc pas fondé; et dans l'étroite mesure, où il pourrait l'être, il faudrait le prendre encore pour le meilleur éloge qui se puisse faire de la doctrine. Car c'est peu de posséder la vérité, encore faut-il l'affirmer et la répandre. Et ce devoir est rigoureux quand il s'agit des vérités scientifiques appelées à modifier toutes les institutions sociales et politiques des peuples. Or il n'est contesté par personne que la vulgarisation du réalisme scientifique, ou si l'on veut du matérialisme allemand, ne doive bouleverser lentement, mais à coup sûr et de fond en combles, l'ordre de choses actuel dans lequel justice, morale, politique, tout a été édifié avec les siècles sur la flottante conception d'un Dieu dans l'univers.

Le vieux monde peut donc savoir gré encore aux philosophes allemands de ce qu'ils ne se départent pas de la sage lenteur, qui convient à des hommes épris seulement de la vérité. Il doit reconnaître que ces matérialistes ne sont pas de dangereux démolisseurs, puisqu'ils ne procèdent que par la conviction et avec la science, sans jamais devancer l'une ou forcer l'autre. Quant à la moralité du but qu'ils poursuivent, on ne comprend pas qu'elle puisse être débattue. Est-il une tâche plus noble, que de travailler à remplacer les croyances et les institutions artificielles et branlantes des peuples par des principes et une organisation définitives basées sur la nature même des choses? — C'est là l'unique tâche du réalisme philosophique, dont le programme tout entier est contenu dans ces mots: dégager en tout la vérité tangible, et instaurer partout le règne de la justice indiscutable,

— à l'aide du seul instrument que nous ayons sûr: la Science.

Mais le docteur Büchner s'est abstenu dans ce livre de développer, comme il aurait pu le faire, les conséquences lointaines de ses principes. Il serait peu convenable que nous sortions ici des limites que l'auteur a lui-même jugé à propos de se tracer.

PARIS, Avril 1869.

«C'est un grand combat qui se livre actuellement, un combat
«destiné à faire époque dans le domaine scientifique, aussi bien
«que la guerre de trente ans a marqué sur le terrain de la vie
«religieuse. Et si l'on admet que c'est dans le champ de la vie
«organisée que les plus hauts problèmes de la science doivent
«trouver leur solution, nous avons le droit de dire que cette lutte
«est la plus importante qui puisse jamais se rencontrer dans
«toute l'histoire de la science.»

  Dr. GUSTAVE JAEGER: Lettres zoologiques. (Préface.)

Messieurs

À chaque pas que nous faisons sur la terre, notre mère commune, nous foulons les tombeaux de millions et de millions d'êtres, qui, ayant vécu, combattu, souffert longtemps avant nous, sont morts, laissant leurs traces, leurs empreintes ou leurs débris dans le sol étendu sous nos pieds. De tout temps on a vu et observé ces vestiges et ces empreintes, mais on savait si peu s'en rendre un compte exact, qu'on les regardait assez généralement comme des *fantaisies de la nature* qui avait dû se jouer en cherchant à reproduire dans le sein de la pierre les formes et les contours des êtres vivants. Au *moyen-âge* même, on était si loin de la vérité, que les os gigantesques, trouvés çà et là, d'éléphants primitifs et de mastodontes passaient pour les débris d'une *race de géants* qui longtemps avant l'homme avait dû peupler la terre.

Quelques esprits pénétrants, quelques hommes devançant leur siècle, comme il s'en trouve de tout temps, pressentirent d'assez bonne heure la vérité; de ce nombre est le philosophe grec *Xénophanes de Colophons*, ennemi acharné des Dieux de la Grèce et père de la philosophie dite *éléatique*, qui reconnut, il y a 2400 ans, les fossiles pour ce qu'ils sont en effet: les *restes de créatures autrefois vivantes*. Il reconnut dans les animaux et les plantes fossiles des êtres ayant eu la vie, et conclut très-justement de la rencontre de conques marines sur les montagnes et de la découverte d'empreintes de poissons et de phoques sur les pierres des carrières de *Smyrne*, *Paros* et *Syracuse*, que l'eau avait jadis couvert le sol de ces contrées.

Mais ces éclairs isolés de génie ne pouvaient conduire à la connaissance de la vérité; car on n'avait pas encore la clef de l'énigme, et les notions positives étaient trop défectueuses pour qu'on put baser sur elles une doctrine conforme à la réalité. Ce n'est que peu à peu et par degrés insensibles que l'on se fit de ces choses une idée plus juste; et c'est en somme à une époque relativement très récente, au commencement de ce siècle et à la fin du siècle dernier, que le célèbre naturaliste *Cuvier* jeta les fondements d'une science, aujourd'hui si importante, la *paléontologie ou science des êtres primitifs*. On apprécie facilement dès lors, combien cette science est encore jeune et imparfaite, on voit aussi tout ce qu'il en faut attendre. Le célèbre naturaliste *Agassiz* en fournit d'ailleurs un témoignage:

«Ce qu'il en a coûté, dit-il, de travail et de patience pour établir ce simple fait que les fossiles ou débris pétrifiés sont effectivement les restes d'animaux ou de plantes ayant vécu autrefois sur la terre, ceux-là seuls peuvent le savoir, auxquels l'histoire de la science est familière. Il a fallu démontrer d'abord que les fossiles ne provenaient pas des ruines du déluge biblique, comme l'idée en prévalut longtemps chez les savants eux-mêmes. Et la paléontologie n'acquit une base solide que du moment où Cuvier eût mis hors de doute, que ces débris sont ceux d'animaux aujourd'hui disparus. Mais maintenant même, combien de questions importantes attendent encore une solution!»

Ces questions dont parle *Agassiz*, la science moderne travaille courageusement à les résoudre, et pour l'accomplissement de cette tâche elle rencontre ces auxiliaires, que, loin d'avoir on ne pouvait même espérer *autrefois*, dans les nombreuses trouvailles auxquelles donnent lieu l'établissement des chemins de fer et des tunnels, le travail des carrières, la construction des routes et des villes, le percement des puits, l'exploration des pays étrangers etc. etc. Ces occasions étaient jadis beaucoup plus rares, et lorsque par hasard on avait fait une trouvaille, faute d'une appréciation exacte, on n'en tenait pas compte, ou du moins on la considérait comme un simple objet de curiosité.

Ce serait d'ailleurs, Messieurs, une grave erreur de croire que *tous* les êtres primitifs, ou seulement le plus grand nombre aient pu se conserver jusqu'à nos jours. Le fait ne s'est produit au contraire que pour un nombre excessivement restreint de ces êtres, et encore leur a-t-il fallu des conditions singulièrement favorables. Dans l'immense majorité des cas ils ont été complètement anéantis par les milieux environnants, tandisqu'une multitude d'autres étaient par leur nature même incapables de se conserver. Telle est par exemple la classe des *mollusques*. Il en a été de même des *parties molles* des autres animaux; et ce n'est que par exception qu'on trouve des empreintes de ces parties d'animaux sans squelette. On ne rencontre donc le plus souvent à l'état fossile que des *coquilles* ou coques calcaires, des *os*, des *fragments osseux*, des *poils*, des *plumes*, des *dents*, des *sabots*, des *excrements pétrifiés* et autres débris semblables; c'est d'après ces indices qu'il faut retrouver la structure et le genre de vie des êtres primitifs auxquels ils se rapportent. Rarement on trouve en entier et dans un bon état de conservation, les squelettes ou charpentes osseuses des temps primitifs; mais on rencontre plus rarement encore et seulement dans des conditions spéciales, les animaux tout entiers. L'exemple le plus frappant de ce dernier mode de conservation est fourni par les *mammouths de Sibérie*, c'est-à-dire les *éléphants primitifs*, qui appartiennent aux faits les plus intéressants de la *paléontologie*. Ces animaux sont entiers, avec leur peau, leur poil et leurs entrailles; on prétend qu'on a pu trouver dans leur estomac les débris de leurs anciens repas; leur chair est en partie conservée au point de servir encore de nourriture, quoique plusieurs milliers d'années aient dû passer sur eux. Leur conservation tient à l'action de la glace ou du sol congelé, dans lequel ils sont tombés et ont été ensevelis lorsque l'eau était encore liquide ou le terrain limoneux. Pour juger combien l'intelligence humaine est impuissante à comprendre, sans le secours de la science, ces sortes de phénomènes il suffit de se reporter à la croyance des peuples nomades de la Sibérie, qui considèrent ces animaux comme de monstrueuses *taupes* vivantes, circulant sous le sol et expirant aussitôt qu'elles arrivent à la lumière. Les Chinois de l'Asie septentrionale partagent cette erreur, et c'est aux évolutions souterraines de ces animaux qu'ils attribuent les *tremblements de terre*.

Si la connaissance que nous pouvons avoir des êtres primitifs est déjà limitée par ce fait qu'un très petit nombre de ces êtres se sont conservés, et seulement en partie, dans la plupart des cas, ces limites nous apparaissent encore plus étroites quand nous songeons que de ce petit nombre d'êtres une fraction infime seulement nous est connue, et presque toujours dans un état de conservation très défectueux. Considérez que les deux tiers ou les trois cinquièmes de la surface du globe sont cachés sous les profondeurs de la mer, inaccessibles à nos investigations paléontologiques, et qu'une grande partie de l'autre tiers est couverte de hautes chaînes de montagnes, ou se trouve fermée aux investigations scientifiques par des obstacles naturels. Les trésors fossiles des vastes continents de *l'Asie*, de *l'Afrique*, de *l'Amérique* et de *l'Australie* nous sont à peu près inconnus; et la presque totalité des découvertes nous viennent de notre petit continent européen; encore sont-elles le plus souvent dues au hasard, comme nous l'avons expliqué. *Darwin* a donc bien raison de dire qu'auprès de la réalité nos plus riches collections paléontologiques ne sont que de misérables musées, et n'ont trait qu'à une portion très restreinte et très imparfaitement explorée de la surface de la terre. Cependant, par la variété relativement si grande de ces collections, on peut juger quelle innombrable multitude d'êtres vivants ont dû peupler la terre à toutes les époques.

Dans des conditions si défectueuses, et avec les imparfaites notions qu'on possédait sur les *êtres primitifs*, on avait pu cependant constater que les *différentes* couches terrestres et les diverses formations, dont on compte un grand nombre, renferment des organismes *différents*.

C'est-à-dire que dans les diverses périodes de l'histoire du globe, représentées chacune par une de ces formations, il a dû exister tout un monde *spécial* de plantes et d'animaux. Et ces organismes sont distincts et s'écartent de ceux qui vivent aujourd'hui, d'autant plus que l'on recule vers un passé plus lointain.

Cette loi de corrélation ressortait si évidente, que maints fossiles parurent caractéristiques de certaines couches; on n'hésita pas à déterminer les formations terrestres, c'est-à-dire à leur assigner leur place dans le système géologique, d'après la nature seule des organismes qu'elles contenaient. Il en a été ainsi surtout des coquilles ou enveloppes calcaires des mollusques primitifs, qui grâce à leur essence pierreuse se conservent bien à l'état fossile et se rencontrent en abondance. Longtemps ces coquilles, dites *caractéristiques*, sont restées le principal caractère des différentes roches, et maintenant encore elles fournissent des indications précieuses, quoiqu'un grand nombre de découvertes nouvelles soient venu ébranler les systèmes établis.

De cette notion une fois acquise et de la fausse interprétation de certains faits géologiques résulta la fameuse théorie des *catastrophes* et des *révolutions du globe*, et comme conséquence nécessaire, celle des *créations successives*; théories soutenues par le célèbre *Cuvier*, et qui jusqu'à ces derniers temps ont assez généralement prévalu dans la science. Dans ces hypothèses on imaginait des bouleversements complets ayant effacé à la surface du globe toute trace de vie, destructions suivies de nouvelles créations d'êtres animés; et ces alternatives devaient s'être reproduites 36, 40 ou 50 fois dans l'histoire du globe.

Et déjà cependant la paléontologie elle-même avait acquis une série de faits très difficilement conciliables ou absolument incompatibles avec cette théorie — comme par exemple, *l'impossibilité de démontrer la destruction de tous les êtres vivants à un moment donné de l'histoire du globe*. En effet, non seulement nous connaissons des *types stationnaires*, c'est-à-dire des formes ou des espèces d'êtres vivants, qui sont arrivées jusqu'à nous, sans subir de modifications, à travers toutes les périodes et les catastrophes géologiques, — les animaux marins inférieurs sont de ce nombre; — mais de plus, à travers ces diverses périodes, nous observons un accroissement progressif, puis une extinction lente de certaines races organiques; c'est-à-dire que d'un état du globe à l'état suivant il y a eu transmission des mêmes formes animées. Ces observations ne permettent pas d'admettre une destruction complète suivie d'une nouvelle création. *L'unité du plan fondamental* dans la nature organique et la *structure intime de toutes les formes animées* répugnent d'ailleurs également à cette interprétation. Car nous trouvons dans les *différentes* couches du sol non seulement un grand nombre de formes pareilles, semblables ou analogues, mais encore nous suivons à travers tous les âges une lente gradation ascendante, et bien plus nous pouvons saisir une intime corrélation entre les différents êtres d'une même localité, aussi bien entre les races éteintes d'une part et celles actuellement vivantes, qu'entre toutes celles d'une même époque. Il existe donc un lien qui unit les unes aux autres toutes les formes diverses; ce qui ne saurait avoir lieu dans la théorie dont nous parlons.

Et néanmoins cette théorie fut longtemps appuyée de l'autorité de savants considérables, et maintenant encore elle compte des partisans. Cuvier, dont le nom s'y rattache plus directement, et qui par ses travaux sur les ossements fossiles (Recherches sur les ossements fossiles 1821) eut le mérite d'introduire le premier une méthode dans l'étude des restes primitifs et sut faire de cette étude une science. Cuvier reconnut expressément, il est vrai, dans ses «Révolutions de l'enveloppe terrestre» ces faits contradictoires. Il les présente même dans un ordre assez conforme aux idées de *Darwin*; cependant il a négligé de les concilier avec sa propre théorie, sans doute parce qu'une pareille tâche était impossible! Mais on hésite à juger sévèrement le grand homme, quand on voit un naturaliste aussi distingué qu'*Agassiz* ne pas craindre de trancher ainsi la question: «Le créateur a pu, dit-il, créer de nouveau une forme qui lui avait plu une première fois.» Faire une telle réponse, c'est fermer d'un coup la porte au nez de la science et de la raison humaine. La théorie des catastrophes ou des révolutions géologiques n'est autre chose que l'aveu ou l'expression de notre ignorance. L'admettre, sous prétexte que la raison intime et naturelle des faits n'a pas été pénétrée, c'est recourir au fameux «deus ex machina», à cette invocation d'une intervention surnaturelle, dont on ne se sert qu'au moment où les éléments naturels d'explication font défaut. Mais se résigner à une telle condition, — qui est encore le cas d'un certain nombre de nos maîtres de philosophie, — c'est imiter ces Indiens sauvages et ignorants, qui, voyant débarquer sur leurs rivages l'aventureux Cristophe Colomb et ne s'expliquant pas d'où il pouvait venir, n'hésitèrent point à admettre qu'il descendit du ciel. Cette doctrine n'a tenu si longtemps et en partie jusqu'à nos jours, que parce que l'on n'avait rien de mieux à lui substituer; la croyance à *l'immutabilité des espèces* avait d'ailleurs jeté de trop fortes racines dans tous les esprits. Chaque espèce était considérée comme immuable dans le temps et due à un *acte spécial de création*. Ce n'est que depuis Darwin, et à la faveur des recherches les plus récentes, qu'une telle opinion a pu être ébranlée et frayée ainsi la voie aux progrès de la science.

Déjà longtemps avant *Darwin* une autre opinion également préjudiciable à la science avait été ébranlée et ruinée dans le domaine géologique; c'est la croyance déjà mentionnée aux catastrophes et aux révolutions du globe. Le mérite d'une si grande nouveauté appartient au célèbre géologue anglais *Sir Charles Lyell*, qui dans ses «Principes de Géologie» a démontré péremptoirement que ces catastrophes n'ont jamais eu un caractère *général* mais toujours un caractère seulement *local*; qu'en somme jamais les bouleversements n'ont intéressé la surface entière du globe, mais que la terre ne poursuit dans toute son histoire qu'une évolution progressive, constante, continue, et qu'elle reste à chaque instant soumise aux mêmes forces et sujette aux mêmes accidents qui travaillent encore aujourd'hui à modifier sa surface. Et il ajoute que cette évolution s'accomplit si lentement, d'une façon tellement imperceptible, que notre expérience et notre observation bornées dans la durée n'en peuvent constater directement les résultats.

Cette idée si juste et si naturelle eut bientôt rallié la masse des géologues, et l'on comprend que ce dût être le coup de grâce pour la théorie des actes réitérés de création, corrélatifs des différentes périodes de formation du globe. Ainsi la ruine de la doctrine géologique prépara les esprits à une révolution dans les idées admises touchant l'apparition et le développement du monde organique à la surface de la terre.

En ce qui concerne *l'apparition du monde organique*, il n'y avait ou il n'y a en somme que trois suppositions à faire: Ou bien admettre la théorie des créations successives.

Ou bien celle du développement processif, successif et graduel du monde organisé sous l'influence des causes naturelles.

Ou enfin suivre l'opinion qui admet l'apparition spontanée et immédiate de toutes les diverses espèces, même des organismes supérieurs, à toutes les époques et par le simple concours des forces naturelles.

De ces trois hypothèses, Messieurs, vous jugez facilement laquelle a dû recueillir l'héritage de l'ancienne théorie tombée en discrédit. Pour la troisième, celle qui suppose que tous les êtres organisés, même les êtres supérieurs, ont apparu de tout temps spontanément et par le simple concours des forces naturelles, il n'est même pas besoin de science pour qu'on se refuse à l'admettre, car elle est en contradiction avec tous les phénomènes du monde organique. Je ferai remarquer cependant que le célèbre géologue anglais *Lyell* l'a scientifiquement posée et soutenue, et voici à peu près dans quels termes:

«L'expérience, dit-il, nous apprend qu'une multitude d'êtres et d'espèces organisées s'éteignent sans cesse, *sans que pour cela l'univers soit dégarni*; d'où l'on peut conclure avec assurance que de nouvelles espèces ont dû, par quelque procédé naturel, remplacer celles qui sont mortes. C'est donc une erreur bien pardonnable, de dire que ces espèces sont *nouvellement découvertes*, alors qu'en réalité elles sont *nouvellement produites*.»

Mais ceux d'entre vous, Messieurs, auxquels les sciences naturelles sont déjà familières, sentiront que ce n'est là qu'un subterfuge et non pas une doctrine sérieuse. On ne se figure pas en effet qu'une espèce organique surtout d'une organisation supérieure comme par exemple un lion, un cheval ou un autre animal qui n'existait pas, puisse surgir tout d'un coup sans autre préparation et sans que nous y ayons rien vu, par le simple concours des forces naturelles actuellement agissantes.

Pour avoir tranché la question, il ne suffisait donc pas d'établir qu'il naît en effet de nouvelles espèces; encore fallait-il s'expliquer *de quelle manière* le fait peut avoir lieu, et que l'explication donnée fut conforme à nos vues sur la nature même et le mode d'action des forces naturelles. Ce problème si important et si difficile a été résolu, au moins en partie, par l'homme dont je vais vous entretenir aujourd'hui, et qui doit être considéré comme un des plus grands esprits de notre temps. C'est

Charles Darwin

naturaliste anglais, déjà connu et estimé dans la science à cause de son fameux voyage autour du monde sur le vaisseau anglais Beagle 1832-1837. *Darwin* est né en 1808; il vit actuellement dans sa terre de Down-Bromley, comté de Kent en Angleterre, retenu dans cette retraite par le mauvais état de sa santé. Comme il nous le racontait à nous-même, *Darwin* a consacré vingt années de sa vie à la seule étude de l'importante question qui nous occupe, et finalement il est arrivé à ce grand résultat, de constater que tous les organismes, du passé comme du présent, dérivent d'une demi-douzaine au plus de formes typiques végétales et animales, et qu'en dernière analyse on ne trouve même comme point de départ que quelques formes inférieures, quelques cellules primordiales. Les organismes sont d'ailleurs engagés, selon lui, dans une évolution incessante de transformations, évolution qui repose sur une *loi naturelle* immuable. Le livre de *Darwin* est un modèle de méthode philosophique naturaliste, c'est-à-dire d'explication logique de certains phénomènes naturelles avec leurs dépendances intimes, par le seul secours de l'expérience et de l'observation. *Darwin* ne se dissimule pas les difficultés de sa théorie, au contraire, il les met en lumière pour les écarter ensuite de son mieux, et nous apprenons avec lui à connaître une multitude de faits nouveaux, ou du moins nous les voyons à un nouveau point de vue. Tout ce que *Darwin* nous présente se rattache étroitement aux plus importantes questions des sciences naturelles, spécialement à la physiologie, et doit dès lors intéresser tous ceux qui ont souci des questions générales que ces sciences embrassent. —

Depuis les «Principes de Géologie» de *Lyell* (Principles of Geology) aucun livre n'a opéré de transformation si grande ni si profonde dans l'ensemble des sciences naturelles. *Darwin* fait en effet pour la science des organismes ce que *Lyell* a fait pour la géologie; c'est-à-dire qu'il en bannit l'imprévu, le soudain et le surnaturel, pour y substituer le principe du développement graduel, sous l'empire des forces naturelles, dont l'action dure encore et que nous connaissons.

Mais avant de passer à l'étude de la théorie de *Darwin*, il est indispensable que nous jetions un rapide coup d'œil sur une série de devanciers que *Darwin* a eus dans la science. Lui-même se livre dans la préface de son livre à un travail de ce genre, qui est très intéressant, parce qu'il nous montre que, depuis longtemps, les mêmes idées ou des idées analogues dormaient au sein de la science, sans oser se produire au grand jour, faute d'une confirmation suffisante par des faits; ou bien sans trouver, lorsqu'elles s'étaient une fois produites, l'appui ou le crédit dont elles auraient eu besoin.

Lamarck est le plus ancien et aussi de beaucoup le plus important des prédécesseurs de Darwin. Loin d'être, comme on l'a cru chez certain public étranger à la science, un philosophe fantaisiste, il est au contraire un des naturalistes français les plus considérables, et qui occupa longtemps la chaire de *zoologie* au jardin des Plantes de Paris. Il étudia d'abord la météréologie et la médecine, plus tard la botanique et la zoologie, deux sciences dans lesquelles il s'est fait une place très importante, sans compter ses travaux philosophiques. Il n'y a pas longtemps encore son nom était voué au ridicule à cause de la théorie dont il est le père et dont il s'était trouvé le seul partisan, jusqu'au moment où Darwin la reprit pour la mettre en honneur.

On s'était tenu avant *Lamarck* à cette croyance générale que les espèces sont des essences absolument immuables, constamment identiques à ce qu'elles avaient pu être en sortant des mains du créateur. *Linné*, le grand botaniste du dernier siècle, dit expressément: «Il existe autant d'espèces qu'il y eût de formes vivantes créées à l'origine.» Un très petit nombre seulement de savants, et des philosophes plutôt que des naturalistes, avaient de temps en temps émis l'opinion que les formes actuelles pouvaient bien provenir, par une transformation graduelle, de celles qui avaient précédemment existé. Le mérite de *Lamarck* n'en est que plus grand, lui qui naturaliste et empirique sut faire pourtant la part de la philosophie, et édifier le premier une théorie qui lui valût si longtemps les railleries de tout le monde. Les principaux travaux de *Lamarck* sur cette matière sont sa *«Philosophie zoologique»* (1809), et son *«Histoire des animaux sans vertèbres»* (1815). Ces deux ouvrages contiennent la première théorie complète et raisonnée qu'on ait eue du monde organique, et on y trouve pour la première fois exprimée cette idée généralement admise aujourd'hui, que les espèces peuvent n'être pas immuables, mais que les êtres organiques procédant les uns des autres se sont graduellement développés et élevés à travers d'immenses espaces de temps, depuis leur premier point de départ, depuis la cellule muqueuse, jusqu'au terme actuel d'achèvement.

Lamarck assigne à ce perfectionnement plusieurs *causes*: l'exercice, l'habitude, la nécessité, le genre de vie, l'usage et le non-usage des organes ou des diverses parties du corps, le croisement, l'action des milieux extérieurs etc. — Et il place au-dessus de ces influences, et agissant de concours avec elles, l'importante condition de *l'hérédité*. Il admet en outre une *loi de développement progressif* et se prononce à l'égard des formes organiques inférieures pour la génération dite *aequivoca*, c'est-à-dire la génération spontanée telle qu'un grand nombre de naturalistes l'admettent encore aujourd'hui. *Lamarck* paraît avoir attaché la plus grande importance à l'usage et au non-usage des organes, à l'habitude et à la nécessité; c'est du moins ce qui ressort du choix des exemples qu'il cite. Quelques détails plus précis sur les explications qu'il a données dans ce sens, deviennent ici nécessaires, pour marquer les rapports étroits qui existent entre *Lamarck* et *Darwin*, bien que l'on ait eu tort de confondre les théories de ces deux hommes.

Bien qu'elles semblent indiquer la bonne voie, les vues de *Lamarck* sont systématiques, fausses et insoutenables en partie, au lieu qu'on ne saurait contester dans la généralité la rigueur des explications données par Darwin. — Pour ces dernières il y a seulement lieu, de se demander si elles ont en effet la valeur qu'elles doivent avoir, c'est à dire si elles s'appliquent à *tous* les phénomènes du monde organique.

Prêtant une importance capitale aux conditions d'habitude, de nécessité, d'exercice et de genre de vie, *Lamarck* admet que l'individu, par le fait de son activité, s'adapte peu à peu à son entourage, se plie à ses besoins etc., tandis que selon *Darwin* c'est en sens inverse que les choses se passent, et les êtres sont passivement modifiés sous l'influence des conditions extérieures, plutôt qu'ils ne se prêtent d'eux-mêmes aux changements. *Lamarck* ne tient d'ailleurs pas assez compte de l'action considérable du *temps*, auquel *Darwin* fait jouer, comme on sait, le plus grand rôle.

Quelques exemples pris de la théorie de *Lamarck* rendront ceci plus clair:

La *taupe*, c'est *Lamarck* qui raisonne ainsi, n'a pas d'yeux ou a seulement des yeux rudimentaires, parce que vivant continuellement sous terre, elle n'a besoin ni d'organe visuel, ni de lumière. Et poursuivant les conséquences de ce principe,

Lamarck pense qu'il suffirait de placer et de maintenir sur l'œil d'un enfant nouveau-né, un bandeau, pour que l'enfant arrive à n'avoir qu'un œil; et que cette expérience pratiquée sur plusieurs générations de suite finirait par amener une race de cyclopes.

Les *serpents* n'ont une forme allongée, un corps lisse et dépourvu de membres que parce qu'ils se sont trouvés dans la nécessité et qu'ils ont pris l'habitude de se glisser en rampant dans des passages étroits.

La conformation particulière des *mollusques* marins et leurs tentacules allongées sont la conséquence de leur genre de vie et des efforts qu'ils font pour saisir la proie.

Les *oiseaux aquatiques*, le canard par exemple, doivent au besoin et à l'habitude de nager la membrane qu'ils ont entre les doigts.

Par un phénomène inverse, le *héron* qui séjourne au bord de l'eau, s'appliquant à n'y point tomber, a acquis par ces efforts constants des pieds hauts longs et robustes; et son grand cou et son long bec résultent de la façon dont il a dû prendre sa nourriture.

Le cou du *Cygne* n'est recourbé et si long que parce que cet oiseau s'est efforcé sans cesse de trouver sa pâture au fond de l'eau.

La *Girafe* doit la longueur démesuré de son cou à la nécessité dans laquelle elle se trouve, de le tendre sans cesse vers le feuillage d'arbres élevés.

Le penchant et le besoin qui le poussent à heurter de la tête, ont fait venir les cornes au *taureau*; et la façon particulière dont le *Kanguroo* porte ses petits dans une poche attaché à son ventre, ont valu à cet animal ses robustes pattes de derrière ainsi que sa longue et forte queue.

Ces quelques exemples que nous pourrions multiplier à plaisir, font assez voir ce qu'une telle interprétation des faits a de forcé et d'insuffisant ; admissible pour certains cas isolés et dans de certaines conditions, elle ne s'applique assurément pas à l'enchaînement des êtres du monde organique. Il faut ajouter, à la louange de *Lamarck*, qu'il attachait déjà beaucoup d'importance à la grande loi de *l'hérédité*, relevée ensuite si haut et si habilement mise à profit dans la théorie de *Darwin*. Nous remarquerons seulement que le savant français n'ayant pas encore une idée nette du mode d'exercice de l'hérédité, s'est trouvé impuissant à en indiquer l'action dans les cas particuliers au lieu que *Darwin* nous a détaillé le fait jusque dans ses moindres circonstances. *Lamarck* se contente d'affirmer d'une manière générale, qu'à la faveur des influences mentionnées plus haut et avec le concours de la condition souveraine de l'hérédité, tous les organismes, issus des plus minces origines, se sont peu à peu développés au gré de leurs nécessités et suivant les conditions extérieures auxquelles ils ont été soumis.

Placé à ce point de vue et s'inspirant de l'esprit philosophique du 18ème siècle, *Lamarck* étend naturellement sa théorie jusqu'à *l'homme* ; et il pense que la souche du genre humain a dû être quelque espèce de singes ressemblants à l'homme, lequel s'en est peu à peu distingué par une série de perfectionnements acquis, puis devenus héréditaires.

Notons en passant que les idées de *Lamarck* ont une analogie surprenante avec les opinions d'un philosophe allemand qui a fait beaucoup parler de lui ces dernières années. *A. Schopenhauer*, qui entreprit, comme on sait, de placer dans la *volonté* le principe de toutes choses, soutient à peu près dans les mêmes termes que *Lamarck*, que leurs besoins et la volonté ont façonné aux animaux leurs organes, et qu'enfin tous les accidents d'un organisme sont simplement les manifestations extérieures, les *produits objectifs* de la volonté inhérente à sa nature. Ainsi le taureau doit ses cornes à son penchant et à sa volonté de frapper avec la tête, le cerf ses jambes rapides à sa volonté de courir, etc.

Si nous ne pouvons partager ces opinions de *Lamarck*, ou si du moins nous ne le faisons pas sans réserves, notre adhésion n'en sera que plus empressée sur quelques autres points où il se trouve être d'accord avec *Darwin*; c'est d'ailleurs alors que sa pénétration apparaît la plus grande et qu'il se montre le plus en avant sur son siècle.

Le premier de ces points est la *négation* formelle de *l'idée d'espèce*. Suivant *Lamarck*, dans la nature il n'y a pas *d'espèces*, mais seulement des *individus*, qui se tiennent tous par d'insensibles transitions. Et si nous ne saisissons pas les changements sur le fait, c'est seulement parce que notre expérience embrasse un temps trop court eu égard à la durée des âges primitifs. — Ce même argument joue un grand rôle dans la théorie de *Darwin*.

Le deuxième point important, c'est que Lamarck fait peu de cas de l'opinion géologique de ses contemporains qui admettaient les *catastrophes et les révolutions générales* du globe — il ne reconnaît, lui, que des catastrophes *locales*; et c'est là une intuition vraiment surprenante pour l'époque à laquelle il vivait et au point où se trouvait alors la science. *)

---

*) Lamarck n'a pas d'ailleurs appliqué à ces seuls objets sa philosophie, mais il a étudié encore d'autres questions générales, qu'il a résolues dans le sens purement réaliste ou matérialiste, comme on dit aujourd'hui, se trouvant déjà souvent d'accord avec la science de nos jours. Voici quelques axiomes empruntés à sa philosophie du règne animal:

1) Les divisions systématiques en classes, ordres, espèces, etc. ne sont qu'artificielles.

2) Les espèces se sont formées peu à peu, elles n'ont qu'une existence relative et ne sont immuables que dans des limites de temps déterminées.

3) La différence des conditions extérieures exerce une influence sur l'état de l'organisation, sur la forme générale et les diverses parties des animaux.

Un seul homme en France osait marcher de front avec *Lamarck*, c'est *Geoffroy St Hilaire* (1772—1844), savant considérable, zoologue distingué, qui se rapproche par ses vues philosophiques de l'école naturaliste allemande. En 1795, il en était arrivé déjà à faire les mêmes conjectures que Lamarck, mais c'est seulement en 1828 qu'il osa dans son essai: «*Sur le principe de l'unité de composition organique*» professer ouvertement, quoique avec une grande circonspection, l'idée de la transformation graduelle des espèces.

Il est vrai qu'il chercha le plus souvent les causes de cette transformation dans des considérations toute différentes de celles auxquelles Lamarck s'était attaché. Ainsi il attribue une importance capitale aux circonstances extérieures, particulièrement à l'atmosphère, à ses changements, à ses états variables de température, d'hygrométrie, ou de richesse en acide carbonique etc., états divers qui, par la respiration, devaient agir essentiellement sur la conformation et la structure des êtres organisés. *Geoffroy St Hilaire* admet en outre un plan commun de structure pour tous les organismes.

A cette même époque travaillaient en *Allemagne*, et dans le sens des idées de Lamarck, deux hommes: le grand poète *Goethe* et le célèbre naturaliste et philosophe *Oken*.

Goethe, dont les vues philosophiques sur la nature se rap-

---

4) La nature a formé les animaux peu à peu, commençant par les formes les plus basses et finissant par les types supérieurs.

5) Les plantes et les animaux ne diffèrent que par la sensibilité.

6) La vie n'est qu'un phénomène physique.

7) Le tissu cellulaire est la mère commune de tout être organisé.

8) Il n'y a pas de principe vital distinct.

9) Le système nerveux produit les idées et tous les actes de l'intelligence.

10) La volonté n'est jamais véritablement libre.

11) La raison n'est qu'un degré de développement dans la connexion (rectitude) des jugements.

prochent tout à fait de celles de Geoffroy, et qui s'est fait d'ailleurs un nom dans l'anatomie comparée par l'importante découverte de l'os *intermaxillaire* chez l'homme, aussi bien que par sa théorie du crâne envisagé comme un assemblage de vertèbres spécialement modifiées, *Goethe* avait dans sa «Métamorphose des plantes» publiée en 1790, exposé avec clarté et précision les principes de la théorie de la descendance. Il y faisait dériver de la *feuille*, considérée comme organe fondamental des plantes, la structure de tous les autres organes. Plus tard il se rallia pleinement, comme nous aurons à le rappeler, à la théorie du développement progressif ou de la descendance soutenue par Lamarck et Geoffroy.

Lorenz Oken a joui comme naturaliste d'une plus grande réputation que Goethe, 1779—1851. Il suit dans son «Traité de philosophie de la nature» (1809—1811) le même ordre d'idées que Lamarck. *Oken* n'a pas formulé seulement les principes de la doctrine de la transmutation, mais encore il a posé avec netteté la théorie des *cellules* si importante aujourd'hui. Sa célèbre «Mucosité primordiale» (Urschleim), d'où il fait sortir d'abord toutes les manifestations de la vie, rappelle ce que nous appelons à présent le «plasma» ou «protoplasma». Sa non moins fameuse *théorie des infusoires* suivant laquelle tout le monde organique et l'homme lui-même résultent d'un assemblage plus ou moins compliqué d'infusoires, contient un clair pressentiment de la théorie actuelle des cellules. Mais quelque justes que fussent ces deux idées fondamentales des doctrines du développement et des cellules, elles étaient alors empreintes de trop de mysticisme et de fantaisie philosophique pour que la science pût en tirer aussitôt parti, ou seulement en attendre quelque secours. Oken a d'ailleurs donné à ses idées une forme obscure et sentencieuse qui en rendait la propagation très difficile.

En somme, la *philosophie de la nature* dont *Oken* était le principal représentant, ne fit que se déconsidérer de plus en plus pendant les vingt ou trente années qui suivirent. Si bien que lors de la mémorable discussion engagée le 22 février 1830 au sein de l'académie des sciences de Paris, sur l'ensemble de la question et particulièrement sur la *mutabilité de l'espèce*, entre *Geoffroy St Hilaire* d'une part, *Cuvier* d'autre part, et leurs partisans, les savants de l'école philosophique furent vaincus et durent céder le terrain à leurs adversaires. Ce fut une victoire du positivisme, de l'idée rationnelle et de l'interprétation sobre des données sur la vue philosophique de la nature étudiée à un point de vue plus général et plus élevé, victoire justifiée alors autant par l'insuffisance des faits acquis à la critique philosophique, que par l'interprétation mal entendue de ces faits. Toutes les opinions de Geoffroy, préconçues alors, mais justifiées aujourd'hui, furent repoussées comme des idées à priori, et ses adversaires surent s'assurer momentanément l'avantage, en se limitant sur le terrain du fait, de l'empirisme et de l'observation. La question de l'origine des espèces fut tout bonnement déclarée *transcendante* et comme telle reléguée hors du domaine des sciences naturelles.

Cette discussion fit alors grand bruit dans toute l'Europe. *Goethe* qui, comme nous l'avons dit, se rapprochait tout à fait de Geoffroy et de sa philosophie, écrivit à ce sujet un mémoire qui mérite d'être lu. Il le termina peu de jours avant sa mort (1832) après y avoir tracé, outre une excellente caractéristique de Cuvier et de Geoffroy, un remarquable exposé des deux tendances que ces hommes personnifiaient. La victoire des empiriques ou des ennemis de toute spéculation philosophique fut si décisive, que pendant trente années de 1830 à 1860 il ne fut même plus question de philosophie de la nature, et avec les imperfections et les erreurs de cette science on oublia ses bons côtés et ses mérites. On se fia malheureusement, dit *Hæckel*, à cette idée, que dans le domaine des faits naturels la philosophie serait incompatible avec la science: et l'incompatibilité semblait si radicale que *Lyell* lui-même, le grand réformateur de la géologie, l'homme que ses propres opinions y devaient porter le moins, prit cependant parti *contre* Lamarck. Il raconte lui-même dans son «Ancienneté du genre humain» (page 821) comment dans ses «Principes de géologie» (1832) il s'était déclaré ouvertement contre le savant français; ce qui ne l'empêchait dans le dit ouvrage de revenir souvent à Lamarck et de lui prier pardon. «Tout ce que, dit-il, Lamarck a avancé sur la transmutation des espèces est exact.» — «A mesure que nous connaissons un plus grand nombre de nouvelles formes, nous nous trouvons moins en état de définir ce qu'est une espèce;» les idées se fondent les unes dans les autres par d'innombrables nuances.

Chose étonnante, malgré cette contradiction, c'est *Lyell* qui devait en bannissant de la géologie les catastrophes et les révolutions admises dans l'ancienne théorie, porter le coup fatal à la persistance des espèces.

Car une fois que *Lyell* eût ainsi ruiné la doctrine des transitions brusques entre les diverses périodes géologiques, et des créations successives qui s'y rattachent, après que, d'accord avec lui, l'anglais *Forbes* eut démontré l'influence considérable des modifications du sol et du climat sur les organismes, — les idées de Lamarck et de Geoffroy devaient forcément revenir en vogue malgré toute la répulsion qu'elles inspiraient aux naturalistes et aux hommes spéciaux. En effet, certaine condition étant admise pour la formation du globe terrestre, cette condition devait nécessairement s'étendre à la formation du monde vivant qui le couvre, et la *continuité* constatée dans le premier phénomène impliquait la continuité dans l'accomplissement du second.

Toutes ces idées réapparurent donc, mais seulement une à une et comme à la dérobée, et *Darwin* a pu nous citer dans sa préface toute une série de noms des savants qui se sont depuis lors ralliés à son opinion. Parmi ces noms figurent ceux de quelques *théologiens* anglais considérables, — circonstance qui a plus d'importance en Angleterre qu'en Allemagne.

Ainsi donc la croyance qu'il existe une dépendance intime, régulière, entre toutes les formes organiques et que ces formes procèdent lentement les unes des autres, était trop vivace pour être effacée jamais complètement; et ces idées travaillaient, bien qu'en silence, l'esprit de certains philosophes, jusqu'à ce que fût venu le jour de les formuler positivement en les appuyant sur des faits.

C'est ainsi qu'en 1837 le doyen *W. Herbert* déclara, que les espèces végétales ne sont qu'un degré supérieur de variétés, et qu'il n'en est pas autrement des espèces animales.

En 1844 parut en Angleterre le fameux livre « Vestiges of creation » c'est-à-dire « Vestiges de la Création » ouvrage qui eut un grand nombre d'éditions. Son auteur anonyme pose l'existence de deux influences modificatrices des êtres vivants: 1° les conditions extérieures de la vie, 2° la force inhérente à l'organisme, force intime, spontanée, qui le pousse à son achèvement. De ces principes généraux l'auteur déduit immédiatement que les espèces ne sauraient être des produits immuables. La 10ème édition de ce livre fut donnée en 1853.

En l'année 1846, un savant belge considérable, un des vétérans de la géologie, *d'Omalius d'Halloy* dit dans un mémoire inséré au « Bulletin de l'académie royale de Bruxelles » que les nouvelles espèces se produisent par descendance plutôt qu'elles ne sont dues à une création spéciale, et il déclare avoir émis cette opinion dès 1831.

En 1852—1858, un Anglais d'un grand savoir, *Herbert*

Spencer, après avoir comparé entre elles les deux doctrines, de la *Création* et du *développement*, conclut de diverses données d'expérience et de la gradation générale suivie dans la nature, que les espèces ont dû nécessairement se modifier, à savoir par l'influence des changements survenus dans les milieux.

En 1852 *Naudin*, botaniste français distingué, disait qu'à son avis la nature a formé les *espèces* de la même manière que nous produisons artificiellement les variétés.

En 1853 le comte *Kayserling* essaya d'expliquer l'apparition des nouvelles espèces par un *miasme*, qui à certains moments se propagerait à la surface de la terre et féconderait les germes d'où les espèces doivent sortir. Quelque absurde que soit en elle-même cette idée, c'est cependant une curieuse *tentative* pour expliquer *naturellement* un fait.

Deux années plus tard, comme *Darwin* le raconte, en 1855, le très estimable *Baden-Powell*, dans ses «Essays on the unity of Worlds» (Essais sur l'unité de l'Univers), a traité admirablement la «philosophie de la création», et il a très bien montré que l'introduction de nouvelles espèces dans la création, loin d'être un miracle, doit au contraire passer pour un phénomène régulier.

En 1859, deux savants anglais considérables, les professeurs *Huxley* et *Hooker* se prononçaient sur la question presqu'en même temps que *Darwin*, et sans beaucoup s'écarter de ses idées.

Huxley, anatomiste comparé, bien connu depuis l'apparition de son incomparable livre *De la place de l'homme dans la nature* (En allemand chez Vieweg 1863), démontrait dans une conférence faite à l'institut royal de Londres, que la croyance à des créations successives est en contradiction

    1° avec les faits,
    2° avec la bible,
    3° avec la loi d'analogie générale dans la nature.

Il expliquait ensuite comment l'hypothèse dans laquelle les espèces actuelles résultent de la modification d'autres espèces ayant précédemment existé, est la seule qui emprunte à la physiologie quelque élément de solidité.

Presque aussitôt après le livre de *Darwin*, paraissait l'admirable «Introduction à la flore Tasmanique» d'un botaniste distingué, le docteur *Hooker*. Il est démontré dans cet ouvrage que *l'apparition des espèces* végétales ne peut s'expliquer qu'avec la descendance et par la modification des espèces antérieures. *Hooker* partage beaucoup des idées de *Darwin*; par exemple il s'accorde avec lui à considérer la nature comme un champ de bataille, où dans un combat général et incessant pour l'existence le plus fort tue le plus faible, et où les variétés les plus capables de lutte et de vie finissent par se constituer en espèces. Les espèces elles-mêmes, suivant *Hooker*, n'arrivent à revêtir un type arrêté qu'à la longue, et seulement après la destruction complète des formes intermédiaires.

Mais nous reviendrons plus tard sur quelques-unes de ces particularités intéressantes. *Hooker* fait donc dans la botanique la même révolution à peu près que *Darwin* dans la zoologie; et la *doctrine* dite *du progrès* est, à ses yeux, la plus féconde de toutes celles que les écoles naturalistes aient jamais agitée.

Mais outre l'idée générale, fondamentale de la théorie de *Darwin*, il est des accessoires importants de cette théorie, qui déjà longtemps à l'avance se produisent dans divers travaux isolés. En 1813, dans un mémoire lu devant la société royale de Londres, au sujet d'une femme blanche qui avait la peau marquée de taches sombres, un docteur *Wells* formula l'idée de la *sélection naturelle*, car il observa que la nature forme les races humaines de la même manière que le fermier amende les races d'animaux domestiques. Les hommes de couleur foncée, dit-il, résistent mieux aux miasmes que les hommes de couleur claire; les premiers ont donc pu se multiplier dans une proportion relativement plus forte sous les tropiques ou zones brûlantes, jusqu'à ce que la race noire ait fini par exclure toutes les autres.»

L'idée de la *lutte pour l'existence* trouvait déjà en 1820 un défenseur dans le célèbre botaniste français *A. P. Decandolle*, qui regardait tous les végétaux d'une contrée ou d'une localité comme engagés dans une sorte de lutte ou de concurrence permanente et tirait de cette idée toutes les conséquences qui en découlent.

Il n'aurait fallu que généraliser ces aperçus et les étendre à tout le monde organique, comme *Darwin* a su le faire, pour arriver avant ce dernier et lui prendre sa place.

Je pourrais ici anticipant sur l'histoire vous dire que le livre de *Darwin* a rallié les plus grands savants de l'Angleterre, *Wallace*, *Lyell*, *Owen* etc., sans compter *Huxley* et *Hooker* que nous avons déjà nommés. On s'imagine facilement quel bruit dut faire un tel livre. En 1860 dans une réunion de naturalistes anglais, l'évêque d'Oxford s'éleva contre la doctrine de *Darwin*, la dénonçant comme *irréligieuse*; mais il fut vertement relevé par la docte assistance *), qui se prononça toute entière en faveur de *Darwin* ou au moins pour la liberté des recherches dans le sens où *Darwin* les a conduites. — En *Allemagne* et en *France*, la nouvelle doctrine souleva d'abord une vive opposition qui ne fit ensuite que s'apaiser de jour en jour; et maintenant la plupart des savants allemands et français, particulièrement ceux de la jeune école, ou bien sont des partisans déclarés de

---

*) *Huxley* lui dit entre autres choses: «Si j'avais à choisir mes ancêtres entre un singe perfectible et un homme qui emploie son esprit à se moquer de la recherche du vrai, je préférerais le singe.» Voir *G. Pennetier*: De la mutabilité des formes organiques, Paris 1866.

Darwin, ou au moins adhèrent à la théorie de la transmutation qu'il a relevée avec tant de succès.*) Le principal argument que de tous côtés au nom de l'empirisme on ait fait valoir contre *Darwin* se résume à ceci: *que sa théorie est une hypothèse dont la justesse ne se peut démontrer.* Ses adversaires ont oublié que leur hypothèse, celle d'une création unique ou des créations successives, est encore bien plus injustifiable et qu'elle se trouve même complètement fausse, étant en contradiction avec tous les faits. Pour *Darwin* c'est tout le contraire, et sa théorie explique une quantité de phénomènes avant lui réputés incompréhensibles. On a reconnu déjà par exemple, que le fait d'une création *unique* est une impossibilité, vu que les animaux et les plantes parasites ne vivent qu'en dépouillant d'autres organismes et qu'un grand nombre de plantes ne profitent qu'à l'ombre de certaines autres.

Au reste l'idée de *Darwin* est moins une hypothèse qu'une *explication* ou une *découverte*. Mais je n'insiste pas plus longtemps sur cette objection, car nous aurons lieu d'y revenir en faisant la critique de *Darwin*.

Avant d'en finir avec les éléments historiques de la question j'ai peut-être le droit, sans trop blesser la modestie, de me nommer moi-même au rang de ceux qui longtemps avant *Darwin* ont formulé le principe de la théorie de la transmutation. Car dans la première édition (1855) de mon livre «Force et matière», au chapitre de la «génération primitive», je présentais déjà en toute confiance la production de nouvelles espèces comme l'effet

---

*) Le travail le plus important qui ait paru sur *Darwin* et sa doctrine est sans contredit le livre d'*Haeckel*: «Morphologie générale des organismes» Berlin 1866, 2 vol. —, où l'auteur développe suivant ses propres idées plusieurs points de la théorie, notamment la question de la *première apparition des organismes.* Nous avons emprunté nous-même diverses citations à ce livre.

d'un procédé *naturel* de descendance et de transmutation; et comme causes principales de cette transmutation j'indiquais, d'une part, l'influence des états variables de la surface terrestre, d'autre part une modification graduelle des germes. Comme à cette époque je n'étais naturellement pas à même de préciser en détail l'action de ces causes ou de ces agents, non plus que de fixer les lois spéciales de cette transmutation, je me reposai sur des recherches postérieures du soin de justifier mes vues tirées surtout d'aperçus généraux. Une éclatante justification m'a été donnée cinq ans après par l'apparition du livre de *Darwin* et la réadoption générale de la théorie de la transmutation.

Vous voyez, Messieurs, à tout ce qui précède, que la théorie de *Darwin* n'a pas surgi à l'improviste comme on pourrait le croire, mais que dans les trois grands pays où la science est surtout cultivée, en Angleterre, en France et en Allemagne, principalement en Angleterre, les esprits étaient suffisamment préparés à l'accueillir. Tout esprit sérieux en effet avait reconnu que l'ancienne théorie est insoutenable, mais il fallait pouvoir mettre quelque chose à la place — et c'est ce qui manquait et qui nous a été fourni par

la Théorie de Darwin

qui fera aujourd'hui le sujet de ma conférence. Cette théorie est en elle-même excessivement simple, si simple que malgré la complexité de son objet, j'espère vous la rendre claire en peu de mots. La seule chose surprenante, c'est que la nature avec des agents relativement si faibles et comme imperceptibles ait pu produire un si grand résultat, — et seulement par l'accumulation lente et graduelle de leurs actions durant l'immensité des périodes géologiques. Aussi cette théorie nous remet en mémoire le dicton: Simplex veri sigillum — la simplicité est le sceau du vrai —. Presque toutes les grandes découvertes, inventions ou vérités, portent sur front ce cachet de simplicité et de facile compréhensibilité, et le premier mouvement de ceux qui les apprennent est de s'étonner que la découverte n'ait pas été plus tôt faite, ou s'il s'agit d'une vérité, qu'elle n'ait pas été plus tôt reconnue.

Le titre seul du livre de *Darwin* contient déjà en quelque sorte toute la théorie in nuce, c'est-à-dire en germe; le voici:

«*Production des espèces à la faveur de la sélection naturelle, ou à la faveur de la conservation des races accomplies dans la lutte pour l'existence.*» C'est à dessein que je n'ai pas suivi le traducteur de *Darwin*, le professeur *Bronn* qui a exprimé le mot anglais «selection» par le mot allemand «Züchtung» (amendation), mais que j'ai traduit littéralement par «Auswahl» (sélection); car ce dernier mot équivaut à l'anglais «selection» et rend avec fidélité et précision la pensée de l'auteur, au lieu que le mot «Züchtung» éveille dans l'esprit plusieurs idées accessoires dont nous n'avons que faire ici. Dans la pensée de *Darwin*, la nature n'amende pas (züchtet nicht) comme l'homme peut faire, simplement elle élimine, elle sélige (wählt aus), mais sans parti ni dessein.

Toute la théorie à mon avis peut se diviser en quatre points principaux que *Darwin* lui-même n'a pas, il est vrai, séparés aussi nettement, mais dont l'examen successif facilitera beaucoup l'intelligence de l'ensemble. Ce sont:

1° Le combat pour l'existence.
2° La formation des variétés ou l'altération des individus.
3° La transmission héréditaire de ces altérations aux descendants.
4° La sélection par la nature de ceux de ces individus modifiés qui se trouvent avoir une supériorité, sélection qui s'opère à la faveur du combat pour l'existence.

Ces quatre influences étant réunies et agissant en concurrence, leur effet qui est la transformation continuelle des êtres de la nature, se produit comme spontanément.

Le premier et le plus important de ces éléments, celui que l'on peut considérer comme la base de l'édifice, est

le combat pour l'existence.

L'expérience montre que tous les individus, végétaux et animaux, sont doués d'une fécondité et d'un penchant à la reproduction beaucoup plus grands que ne le comporteraient la quantité de nourriture dont ils ont l'usage, et l'étendue de la terre qui les reçoit. Et sans parler des espèces véritablement fécondes, — les *poissons* et les *rats des champs*, par exemple, se multiplient au point que si tous leurs germes aboutissaient et trouvaient ensuite une nourriture suffisante, la mer en serait bientôt comblée, et la terre en serait couverte en peu d'années jusqu'à la hauteur d'une maison *) — sans parler de ces espèces cela est vrai aussi de celles qui ne se multiplient que très lentement. Ainsi l'éléphant est un des animaux dont la propagation est la moins rapide. Sa femelle ne porte qu'à trente ans, et de 30 ans jusqu'à 90 elle ne met au monde que trois couples de petits. Cependant on a calculé que, si nul obstacle n'entravait la multiplication d'un seul couple pris comme point de départ, au bout de 500 ans il y aurait déjà 15 millions d'éléphants! De même une plante annuelle qui ne porterait que deux germes — on n'en connait pas d'aussi peu fécondes, donnerait en vingt ans un million de rejetons. L'homme qui se multiplie très lentement, double cependant de nombre en 25 ans, et si sa propagation n'était pas contrariée, au bout de quelques milliers d'années la terre ne lui suffirait déjà plus etc. . . .

*) Chez les poissons une ponte est souvent de mille et même de cent mille oeufs.

Et ce n'est pas là un simple calcul mais bien un fait réel; nous avons en effet à notre portée des exemples intéressants d'espèces qui ont pu, ne rencontrant pas d'obstacles sérieux, se multiplier dans des proportions colossales. Ainsi les chevaux et les taureaux sauvages qui paissent en troupeaux innombrables dans les vastes plaines de l'Amérique du Sud, proviennent d'un petit nombre de couples amenés d'Europe lors de la conquête espagnole. A. de Humboldt estime qu'il y a maintenant dans les seuls pampas de la Plata, environ trois millions de chevaux sauvages. En Australie, dans ce continent nouvellement découvert, les plantes et les animaux d'Europe apportés sur les vaisseaux, se sont en peu de temps multipliés à un tel point qu'ils couvrent le pays d'où ils ont évincé les organismes indigènes. On trouve aux Indes orientales des plantes dont l'introduction date seulement de la découverte de l'Amérique, et qui s'étendent déjà du Cap Comorin à l'Himalayah!

Cette immense fécondité se trouve contrariée et limitée par plusieurs causes. C'est d'une part la *concurrence* qui s'engage entre les divers individus; c'est aussi *la défectuosité des conditions extérieures de la vie* et enfin, provoqué par cette double condition, *le combat ou la lutte pour l'existence* — lutte *active* ou *passive*, suivant qu'elle est engagée avec d'autres êtres rivaux ou qu'elle est soutenue contre les forces brutales de la nature. *Darwin* nous rappelle que la nature sème les germes d'une main prodigue, mais qu'une immense quantité de ces germes n'atteignent pas leur développement. Il en périt sans cesse des millions. L'abondance et la sérénité frappent surtout nos regards, mais sous ces dehors s'agite une lutte incessante, dans laquelle sont déchaînées toutes les forces d'anéantissement et de destruction.

Voici quelle description *Darwin* nous donne de ce combat pour l'existence: Lorsque, dit-il, par une belle soirée d'été les oiseaux tranquilles font retentir autour de nous le bruit de leurs chants, lorsque la nature entière ne semble respirer que la paix et la sérénité; nous ne pensons pas que tout ce bonheur repose sur un vaste et perpétuel anéantissement de la vie; car les oiseaux se nourrissent d'insectes et de graines de plantes; nous oublions aussi que ces chanteurs dont nous recueillons les accents, ne sont que les rares survivants d'entre leurs frères qui ont été sacrifiés aux oiseaux de proie et aux ennemis de tout genre qui dévastent les nids, ou qui ont succombé aux rigueurs des saisons, de la disette, de la froidure etc. . . .

On comprend que dans ce combat général pour l'existence les individus, les espèces et les races qui ont le plus de chances de remporter la victoire, c'est-à-dire d'assurer leur conservation et celle de leurs descendance, sont celles qui se distinguent de leurs concurrents par quelque propriété, quelque avantage du corps ou de l'esprit. Ces propriétés ou avantages peuvent être de mille sortes, comme la vigueur, la force, la grandeur ou la petitesse, la nature des moyens d'attaque et de défense, la couleur, la beauté, la rapidité, l'aptitude à supporter les privations, un meilleur vêtement, la ruse, l'habileté à se procurer la nourriture, l'intelligence ou la prudence à éviter un danger qui menace etc. etc. Ce sont pour l'ensemble d'une espèce une plus grande fécondité (quoique l'influence de la fécondité soit très restreinte); pour les plantes une plus parfaite appropriation au sol ou une force de résistance plus grande contre les influences extérieures défavorables. Si par exemple on tient rasé très court un gazon mêlé d'autres plantes, ne résisteront à cette action continuelle que les plus vivaces ou celles qui répondent le mieux à la nature du sol, et ainsi elles auront remporté la victoire sur leurs plus faibles rivales. On a vu dans des expériences de ce genre neuf espèces sur 20 disparaître. Ou si l'on sème diverses espèces de froment mêlées, que l'on récolte, que l'on ensemence avec la graine recueillie et que l'on continue un certain temps sans introduire de nouvelle semence, il ne reste bientôt plus qu'un petit nombre d'entre les espèces primitivement mêlées, et celles-là sont comme on se l'imagine, les plus vivaces, les plus fécondes et celles dont la nature répond le mieux à l'état du sol. Sur le bord d'un désert, deux plantes disputent laquelle des deux endurera le mieux la sécheresse; et pendant un temps de disette, l'animal le mieux en état de la supporter vaincra ses concurrents. Un qui engage la concurrence avec ses voisins par la douceur ou les autres qualités spéciales de ses fruits que les oiseaux consomment et dont ils dispersent la semence plus vite ou en plus grande quantité que celle d'une espèce voisine. Certaines variétés de moutons de montagne s'éteignent au milieu d'autres variétés qui s'adaptent mieux au genre et aux conditions de la vie, et l'on observe le même fait pour la sangsue médicinale. Grâce à la conformation de ses pattes le coléoptère d'eau plonge commodément, ce qui lui assure un avantage pour la chasse et dans la fuite sur les êtres de même genre que lui. Dans des conditions identiques à tous autres égards, certains animaux sont favorisés par leur couleur; comme la perdrix blanche ou l'ours blanc qui habitent les régions polaires toujours couvertes de glace et de neige; comme les insectes verts qui vivent sur les feuilles etc.; d'autres le sont par une fourrure plus chaude dont ils se couvrent à l'approche de l'hiver; d'autres par leur rapidité ou leur vigueur dans la fuite ou le combat. Dans cet ordre de faits on cite des exemples curieux, comme celui de la disparition à peu près complète en Angleterre du rat *noir* anglais sous la dent du rat *gris* de Hanovre, qui avait passé la Manche sur les vaisseaux de Guillaume d'Orange; à San-Francisco en Californie on ne trouvait autrefois que le rat *blanc*, mais il a été détruit par l'espèce *noire* introduite avec les flottes européennes, et en peu de temps cette dernière espèce se multiplia au point qu'un chat se payait 50 dollars. — Aux États-Unis une espèce d'hirondelle a supplanté une autre espèce, et en Angleterre la propagation rapide des grives de gui a eu pour effet la disparition des grives chanteuses. — Le principe de la compétition des races s'applique aussi très largement à l'homme, et le fait historique de la rapide extinction des races sauvages de l'Amérique et de l'Australie, refoulées devant l'immigration européenne, est une conséquence de ce principe.

La concurrence n'atteint d'ailleurs son maximum d'intensité qu'entre les espèces qui ont entre elles *le plus d'affinités*, parce que ces espèces sont amenées sur un champ commun de conquêtes, au lieu qu'elle va s'apaisant à mesure que les espèces diffèrent davantage et finit même par cesser tout à fait. Plus une forme est ancienne, plus elle a vécu, moins elle est vigoureuse et moins elle se trouve en état de résister à ses rivales plus jeunes et plus fortes, qui se sont approprié par la lutte les formes répondant le mieux aux changements survenus dans les conditions de la vie. Toute forme qui a été une fois vaincue ou évincée ne peut donc jamais reparaître, attendu qu'elle n'est plus à même de soutenir la concurrence. Dans *l'Australie* ou *Nouvelle Hollande* nous trouvons reproduit d'une manière frappante tout cet ordre de faits. Cette partie du monde placée géographiquement à l'écart et mise ainsi à l'abri de toute concurrence, a conservé sa faune et sa flore, c'est-à-dire ses animaux et ses plantes, attardés à un degré géologique devenu depuis longtemps fossile chez nous. Le type le plus élevé de sa faune est le type relativement inférieur des *animaux à bourse* qui vivaient en Europe à *l'époque dite secondaire*, et qui y ont été depuis longtemps évincés par des espèces plus vigoureuses et plus hautement spécialisées. En Australie, sur un terrain borné et uniforme, ces animaux ne rencontrant pas de concurrents dangereux ont pu rester jusqu'à notre époque le type dominant. Mais depuis l'occupation de la

Nouvelle Hollande par les Anglais, sa condition arriérée est devenue singulièrement funeste à tout ce monde organique indigène, qui ne s'est pas trouvé à même de soutenir la concurrence avec les organismes introduits par la colonisation. Depuis l'émigration anglaise, ce vieux monde de plantes, d'animaux et d'hommes s'efface avec une entraînante rapidité devant la compétition et sous la pression des espèces venues d'Europe. Mais le contraire n'a jamais eu lieu, c'est-à-dire qu'on n'a jamais entendu dire, que des produits australiens aient librement pris un pied solide en Europe.

Si la multiplication d'un grand nombre d'animaux est tenue en échec par les animaux de proie, ceux-ci de leur côté sont très positivement arrêtés par le manque de pâture. La *condition de nourriture* en somme marque toujours l'extrême limite que la reproduction d'une espèce peut atteindre. L'action du climat, les accidents de froidure et de sécheresse viennent d'ailleurs s'ajouter, quoique dans une mesure restreinte, à l'insuffisance des aliments. Pendant le rigoureux hiver de 1854 à 1855, dans les chasses de *Darwin*, le cinquième des oiseaux périt par la gelée; il va sans dire que les plus forts, les mieux emplumés et les mieux acclimatés survécurent, de même que dans un temps de disette il n'y a suivant la règle de *Darwin* que les individus les plus vigoureux, les plus rusés et les plus hardis qui réussissent à se nourrir. On comprend que la lutte contre les influences hostiles de la nature, particulièrement contre le froid, s'exaspère d'autant plus qu'on monte plus haut vers le Nord, cependant elle cesse à un certain point où les forces naturelles trop intenses demeurent souveraines. D'ailleurs, l'action du climat sur une espèce est surtout *indirecte*, ne s'exerce qu'à la faveur de la concurrence offerte par d'autres espèces. Ainsi nous avons dans nos jardins une multitude de plantes qui supportent bien le climat, mais qui, abandonnées à elles-mêmes, hors des jardins, loin de la protection de l'homme, ne soutiennent pas la lutte avec des rivales, ni ne résistent aux injures des animaux. La venue du sapin d'Écosse est influencée en Angleterre par la présence des boeufs qui le tondent à l'état de jeune plant; pour profiter en Angleterre le sapin doit donc être protégé. Dans d'autres contrées la réussite de ce même végétal est subordonnée à la présence de certains insectes qui lui nuisent. — On a remarqué qu'au Paraguay les taureaux, les chevaux, les chiens ne passent pas à l'état sauvage comme cela se produit généralement dans le reste de l'Amérique du Sud; cette singularité tient à l'existence d'un insecte ailé qui pullule dans la contrée et tue les petits nouveaux-nés de ces animaux en déposant ses oeufs dans leur nombril. Si quelque espèce d'oiseau insectivore se propageait au Paraguay, la quantité de ces dangereux insectes en serait amoindrie; mais le nombre des chevaux et des boeufs sauvages s'accroîtrait d'autant, et cette dernière circonstance exercerait une action profonde sur le règne végétal auquel ces animaux empruntent leur nourriture. Or ces changements dans la flore du pays réagiraient à leur tour sur la condition des oiseaux, et ce serait là le point de départ de toute une série de modifications s'appelant et s'équilibrant les unes les autres.

Cet exemple montre quel jeu spécial de rapports compliqués peut exciter et excite en effet dans la nature le combat pour l'existence; il fait voir en outre comme tout s'y tient dans la plus intime et parfois aussi la plus large réciprocité. *Darwin* a mis en oeuvre une grande pénétration pour rechercher et exposer ces rapports, et les résultats auxquels il arrive sont admirables. Entre autres choses, il explique comment une multitude de plantes ne doivent leur fécondation qu'aux fréquentes visites d'insectes (arbeilles, bourdons, mites) qui portent le pollen d'une fleur à l'autre; car si l'on retient artificiellement ces insectes, les plantes restent infécondes. Mais le nombre des bourdons dépend de la quantité des *rats de champs*, car ces derniers recherchent et détruisent les nids de bourdons. Le nombre des rats de champs dépend lui-même de celui des chats, hiboux, chouettes et qui leur font la chasse; de telle façon qu'en somme la présence d'un carnassier dans un lieu donné a son influence sur la propagation de certaines plantes. Les intermittentes apparitions dans nos sapinières d'une espèce de chenille, la Nonne, nous fournissent un autre exemple analogue. Partout où cette chenille se trouve, le nombre des Ichneumons grossit aussitôt dans une proportion extraordinaire, car l'Ichneumon dépose ses œufs dans le corps de la chenille qui en meurt. Mais une fois la forêt dévastée, la Nonne périt faute de nourriture; sa disparition entraîne celle des ichneumons, et l'équilibre primitif se trouve rétabli.

Enfin nous citerons un troisième exemple tiré de l'île de Ste Hélène. Cette île était au 16ème siècle couverte d'une épaisse forêt: mais les Européens y introduisirent des *chèvres* et des *porcs* qui broutèrent les jeunes pousses si bien qu'au bout de deux siècles le sol se trouva dépouillé. De grands changements dans la faune du pays s'en suivirent naturellement: et l'on trouve encore dans le sol les restes de *mollusques terrestres*, espèce éteinte aujourd'hui, qui existait autrefois et ne se rencontrait que dans cette île.

Ces exemples suffisent: ils démontrent que chaque organisme dans sa structure et ses caractères particuliers tient par des liens intimes, mais souvent cachés, aux autres êtres organiques qui lui disputent la nourriture, l'abri etc. — Et cela se voit aussi clairement, dit *Darwin*, aux dents et aux ongles du tigre, qu'aux griffes et aux pattes de l'insecte parasite attaché à son poil.

Afin de consoler ceux, qui contemplent en hommes plutôt qu'en savants ce cruel et horrible combat pour l'existence, Darwin a soin d'ajouter: qu'une telle guerre n'est pas sans relâche, qu'aucune terreur n'est le partage des victimes, que la mort est prompte, et qu'enfin c'est le plus fort, le plus sain, le plus habile qui remporte ordinairement la victoire.

Le professeur *Hæckel* observe d'ailleurs non sans raison, dans son livre mentionné plus haut, que *Darwin* a quelquefois cité des exemples *impropres* à côté d'exemples *légitimement choisis*. Le combat pour l'existence se borne, suivant *Hæckel*, à la rivalité des divers organismes, qui se disputent les satisfactions aux nécessités communes de leur existence. Quant à la lutte contre les exigences, même de la vie, elle n'a pas pour résultat *d'exclure* les êtres, mais seulement de les *plier* à ces exigences. Nous avons fait nous-même, au début de cet exposé, une semblable division, en distinguant dans le combat pour l'existence la lutte *active* et la lutte *passive*.

C'est là, Messieurs, tout ce que j'avais à vous dire sur le combat pour l'existence, combat qui, vous le savez, se livre aussi dans la vie et le monde moral, souvent même avec plus de violence que dans la nature. Cette seule donnée ne suffirait cependant pas à expliquer dans les idées de *Darwin* le développement du monde organique, si trois autres éléments ne venaient s'y joindre; nous les avons déjà indiqués, ce sont : l'altération des individus ou l'apparition des variétés; la transmission héréditaire de ces altérations aux descendants; et enfin le procédé continuel de sélection exercé par la nature en faveur des formes auxquelles sont échus les changements les plus avantageux. Je vais essayer de traiter très brièvement ces trois points.

La formation des variétés

repose sur ce principe d'expérience formulé par Darwin, que tous les êtres organisés ont une tendance à se modifier entre certaines limites et dans des sens divers, c'est-à-dire à s'écarter du type des êtres qui les ont produits, par quelque particularité soit dans la figure, la couleur, le vêtement, la grandeur, la force, la conformation de certaines parties ou certains organes etc. Les rejetons ne ressemblent jamais complètement à leurs auteurs, de telle sorte que malgré la multitude innombrable des êtres on n'en pourrait trouver deux absolument semblables, pas plus qu'on ne trouve sur un arbre deux feuilles pareilles. Il existe toujours une différence ou un écart, si faible qu'il soit; la mutabilité dans de certaines limites est donc une loi générale qui s'applique à tous les êtres. L'observation même très générale des phénomènes et des accidents auxquels donne lieu *le procédé de la descendance*, mène à cette loi inévitable. À ne juger que superficiellement on pourrait croire au premier abord que deux cas seulement peuvent se présenter, et que la vérité est dans l'une de ces deux formules: *Tout être produit un être pareil à lui-même*, ou bien: *Tout être produit un être différent de lui-même*. L'ignorant où le non-savant dira sans plus réfléchir: «La première formule est seule et peut être seule exacte; une fève mise en terre produit une fève, un chien n'engendre qu'un chien, les rejetons d'un couple humain sont des hommes aussi bien que leurs parents!» Mais si l'on regarde de plus près, on reconnait qu'en réalité ni l'une ni l'autre de ces deux formules n'est exacte, et que *l'hérédité* n'est pas plus *parfaite* qu'elle n'est *livrée à un caprice*. Si l'hérédité était parfaite, à toutes les époques, dans toutes les circonstances, le monde des êtres organiques se fût conservé le même — ce qui n'est assurément pas le cas dans la nature, puisqu'en suivant le cours des âges géologiques nous constatons la mutabilité des êtres et les grands changements qu'ils ont subis. Mais l'hérédité n'est pas non plus capricieuse, attendu que des variations désordonnées eussent nécessairement égaré les formes organiques dans d'irrémédiables écarts — ce qui encore n'est pas le cas. La véritable formule est donc celle-ci: «Tout être produit un être *semblable à lui-même*.» D'après ce principe tout individu ressemble à ses parents dans leurs traits essentiels, mais jamais en tout; de petites dissemblances restent toujours, quoique souvent presque imperceptibles. Et l'écart est d'autant plus grand que la descendance a lieu par un circuit plus long. Ainsi les plantes et les arbres venus par boutures ressemblent davantage à la plante mère que les végétaux issus d'une graine, et les arbres fruitiers anoblis ne peuvent se reproduire que par bouture, attendu qu'une plante semée tend toujours à revenir à l'état sauvage. D'ailleurs, les différences entre rejetons et parents sont souvent si insignifiantes qu'elles échappent à l'homme ignorant ou à l'oeil qui n'est pas exercé. Dans un troupeau de moutons, dont toutes les pièces semblent pareilles, le berger reconnaît facilement chaque bête à quelque signe particulier, et dans une bande d'oiseaux chaque couple n'a pas de peine à se retrouver.

Cette tendance qu'ont les organismes à se modifier, a pour effet bien connu et généralement incontesté *la production des variétés*, accident qui, vous le savez, joue un si grand rôle dans l'amendation artificielle de nos animaux domestiques et de nos vergers et dans la culture des fleurs; soit que l'on s'efforce de produire une variété par le *croisement*; soit que l'on cherche à la fixer, une fois découverte, en l'amendant elle-même.

Ce fait, suivant *Darwin*, est à proprement parler le point de départ de l'apparition de nouvelles espèces; celles-ci résultant de la concentration sur un seul type des propriétés de divers individus, par voie *d'hérédité*, dans une longue suite de nombreuses générations. Les variétés ne sont donc, dans l'idée de Darwin, que des espèces qui *surgissent* ou qui *commencent*; et les espèces elles-mêmes ne sont que des variétés distinctement exprimées et devenues permanentes.

Mais il n'en advient pas nécessairement toujours ainsi; et très souvent, peut-être même dans la plupart des cas, les mêmes modifications se reproduisent uniformément dans le cours des années, tant par le croisement que par le mélange constant des mêmes individus. C'est ce qui arrive dans les lieux où les conditions extérieures de la vie, le climat, le sol, la nourriture, l'air, la distribution de la terre ferme et des eaux etc. ou bien ne varient pas du tout, ou du moins ne sont pas essentiellement modifiés. Le contraire a lieu lorsque des changements dans ces conditions permettent à la «sélection naturelle» d'apparaitre et d'exercer sa force dans le «combat pour l'existence.» L'Egypte, cette antique contrée merveilleuse où les partisans de l'immutabilité des espèces ont cru trouver un argument irréfutable pour leur cause, attendu que d'après certaines données expérimentales, les plantes, les animaux et les hommes de ce pays n'auraient subi durant des milliers d'années aucun changement notable, l'Egypte nous offre un intéressant exemple du premier de ces deux cas. Quoiqu'il ne soit pas établi que les données auxquelles nous avons fait allusion soient tout-à-fait exactes, admettons un instant qu'elles le soient; l'argument n'en acquiert pas plus de force, attendu que l'Egypte, enceinte de toute part et se trouvant dans des conditions géographiques spéciales, n'a subi depuis des milliers d'années aucune variation, qui vaille la peine, ni dans son climat ni dans ses autres conditions particulières; et ainsi les êtres organiques n'ont pu y recevoir l'impulsion qui eût déterminé leurs changements.

Le résultat est tout autre dans les lieux, où à la faveur des circonstances extérieures variables, à la faveur des migrations, des variations climatériques etc. le principe de sélection naturelle trouve l'occasion d'intervenir dans toute sa force.

Cette tendance qu'ont les organismes à varier, à former des variétés, est un fait trop connu et trop généralement admis pour que les adversaires les plus déclarés de *Darwin* aient osé le nier; mais afin d'en atténuer la portée, ils prétendent que cette tendance n'intéresse jamais que les traits *extérieurs* et non *essentiels* de l'individu, comme la couleur, la peau, les dimensions etc., et qu'elle ne va jamais jusqu'à menacer le fond même de l'organisation. Devant cette prétention, Darwin réplique simplement qu'une telle assertion est fausse, et il s'offre à établir par mille exemples, que les parties *essentielles elles-mêmes* varient. Les adversaires de la mutabilité se meuvent, selon lui, dans un cercle vicieux. Ils disent en effet que les organes importants ne varient pas, et si on leur montre un organe important qui varie, ils nient aussitôt son importance. Darwin, lui, s'appuie sur ce principe que la distinction entre *espèce* et *variété*, distinction de laquelle toute la question dépend, est scientifiquement impossible. Les divergences qui se produisent chez les naturalistes sur les deux conceptions *d'espèce* et de *variété*, sont en effet considérables et pour ainsi dire infinies; il n'existe pas de ces deux idées une seule définition acceptable, de sorte que c'est précisément au sujet de ces définitions innombrables qu'on se livre à une discussion sans fin. La *fécondité*, considérée jusqu'à ce jour comme le critérium de la définition de l'espèce, a laissé les observateurs dans le plus complet embarras.

Il ne se passe pas une année que les savants ne créent une quantité de nouvelles espèces, et chacun d'eux les distingue à sa façon. Ainsi *Darwin* raconte que le botaniste anglais *Watson* a compté 182 plantes anglaises, qui, bien que généralement classées au rang des variétés, ont déjà été érigées en espèces par divers botanistes. Tel savant range dans une seule et même classe 251 espèces, tel autre n'en met que 112 — ce qui ne laisse pas moins de 139 formes douteuses!! *Hooker* dit à ce sujet: «Les botanistes comptent actuellement de 8000 à 15000 espèces différentes de plantes, l'idée d'espèce est donc tout-à-fait indéterminée, et c'est seulement parce que le champ de notre expérience est trop resserré dans le temps, que nous ne pouvons constater directement la transmutation des espèces.» — Et il en est ainsi du *monde des animaux*, où une multitude de types sont continuellement pris tantôt comme variétés, tantôt comme espèces. Le professeur de zoologie *Giebel*, adversaire de la doctrine de l'espèce, démontre très bien l'inconsistance de l'idée même de l'espèce, en observant qu'on fait valoir, pour distinguer des espèces d'animaux, des différences beaucoup moindres que celles qui existent entre les diverses races humaines. *Hæckel* remarque que par *l'amendation artificielle* on obtient chez les animaux et les plantes domestiques des variations souvent plus importantes que les différences *naturelles*, jugées suffisantes par les naturalistes, pour servir de base à des espèces ou même à des genres!! Le professeur *Bronn*, le traducteur de *Darwin*, dit aussi: «L'idée d'espèce n'a aucune consistance et ne nous a pas été suggérée par la nature des choses.» Il est ainsi bien naturel qu'un classificateur ait d'autant plus de peine à distinguer les espèces, que ses connaissances sont plus étendues, attendu qu'il connaît alors un plus grand nombre de variétés et de formes intermédiaires. À mesure donc que la science va s'élargissant, l'idée d'espèce perd de sa solidité, ce qui prouve bien que cette idée n'a rien de réel, rien qui réponde à la nature, mais n'est qu'une simple abstraction de l'esprit humain; car c'est le contraire qui devrait avoir lieu. *)

Les *variétés* n'ont que peu de prix aux yeux du classificateur de l'ancienne école; elles lui sont souvent désagréables et l'embarrassent, car elles ne se prêtent pas à un arrangement systématique. Mais au contraire pour *Darwin* et les naturalistes de son école ces différences individuelles sont de la plus haute importance, parce qu'elles marquent le point de départ, et donnent

---

*) Sur l'idée d'espèce et ce qui s'y rattache, notamment sur la question de savoir si les espèces existent dans la nature ou si elles ne sont que le résultat de classifications artificielles, consulter l'Essai de l'auteur: «M. le professeur Agassiz et les matérialistes» dans «Science et Nature, essais de Philosophie et de Science naturelle,» Paris 1866.

la preuve de la formation de nouvelles espèces. Depuis *Darwin* les procédés de classification ont donc été complètement changés et l'on relève maintenant avec soin les variétés que l'on négligeait autrefois comme d'inutiles et gênantes infractions à la règle.

Lyell raconte à ce sujet dans son «Antiquité du genre humain», qu'un grand marchand de coquilles de Londres, très versé dans les sciences naturelles, lui disait il y a trente ans, qu'il ne redoutait rien tant, pour déprécier ses collections, que l'apparition d'une bonne monographie de quelques grands genres de mollusques; car toute espèce qui aurait été reléguée au rang de simple variété, ne trouverait dès lors plus d'acheteurs.

«Par bonheur, depuis ce temps, ajoute *Lyell*, on a fait en Angleterre un si grand pas vers l'appréciation de l'objet et du but véritables de la science, que les échantillons de transition entre des formes séparées ordinairement par de grandes lacunes sont recherchés avec passion et se paient souvent mieux que les formes typiques ou normales.»

Il ne faudrait pas cependant de tout ce qui précède conclure que dans la pensée de *Darwin chaque* variété puisse devenir une espèce, même avec un concours de circonstances favorables; attendu qu'un grand nombre de variétés se perdent à la suite de croisements ou s'éteignent par l'action de la sélection naturelle. — *Hæckel* pense d'ailleurs que toutes les espèces ne sont pas également aptes à se modifier; les unes sont très variables, tandis que d'autres sont constantes, et que d'autres enfin ne sont modifiables que dans une certaine mesure; et ces différences dépendent, selon lui, des conditions extérieures de la vie, de la plus ou moins grande diffusion de l'espèce et d'autres causes semblables. Aux yeux de ce savant *l'espèce humaine* est incontestablement celle qui possède la plus haute puissance d'adaptation.

C'est là, messieurs, tout ce que j'avais à vous dire, sur la tendance qu'ont les organismes à varier; mais dans la doctrine de *Darwin* cette influence resterait sans valeur, si elle ne recevait le concours de la *transmission* ou *hérédité* (atavismus, héréditas). Toutes les qualités distinctives des espèces tendent à se *transmettre*, c'est-à-dire à passer dans les descendants; cette règle repose sur des faits sans nombre. Nous savons tous que l'hérédité se montre très tenace, non pas seulement pour les maladies et autres particularités diverses, mais encore pour les vices de conformation et les monstruosités qui se prêtent le moins à l'idée de genre, comme le manque ou le surcroît des doigts ou des ongles, l'albinisme, la peau rugueuse, les mutilations accidentelles etc.; nous savons, qu'en *dehors* des propriétés *natives* les propriétés *acquises*, soit à dessein, soit fortuitement pendant la vie, se transmettent également; que les qualités *spirituelles*, comme les tendances, les penchants, les habitudes, le caractère, les talents etc., tombent dans le domaine de l'hérédité aussi bien que les propriétés *corporelles*; nous connaissons enfin les cas fréquents d'*atavisme*, où plusieurs générations sont franchies et la transmission ne s'exerce que sur des arrière-descendants ou des collatéraux.

Le principe de la *transmission héréditaire* était reconnu longtemps avant *Darwin*, mais on ne l'avait pas assez compris pour en mesurer toute la portée philosophique. On ne relevait guère les cas isolés que pour leur curiosité, au lieu qu'aujourd'hui nous les considérons à bon droit comme des documents pour servir à l'histoire du développement du monde organique et de l'humanité. En médecine seulement le fait si grave de *l'hérédité des maladies* avait depuis longtemps fixé l'attention. Les médecins savaient que le plus grand nombre des maladies chroniques peuvent devenir héréditaires, et de plus qu'elles ne se manifestent souvent qu'à une époque déterminée de la vie, après être restées latentes dans l'organisme, comme on l'observe pour la tuberculose qui apparaît avec l'adolescence. Les médecins connaissaient déjà aussi le fait, si important pour la physiologie et la psychologie, de la transmission des maladies *gagnées* pendant la vie, et ils étaient assez familiarisés avec le phénomène surprenant de *l'atavisme*, par lequel des enfants se rapprochent par leurs penchants, leurs habitudes, leur caractère, leurs dispositions maladives et autres qualités corporelles de leurs grands parents, de leurs aïeux ou d'ancêtres collatéraux. *) Il y a 10 ou 15 ans, un homme qui a contribué pour une grande part aux progrès de la médecine moderne, le professeur *Virchow*, émit en présence de ces faits l'opinion que le corps du père et celui de la mère communiquent à la substance du germe et par suite aux êtres qui en doivent provenir, certain mouvement matériel d'une nature déterminée — mouvement qui ne cesse qu'avec la mort.**) Et *Virchow* prévit dès lors avec une grande sûreté de jugement quelle importance cette question devait prendre, et il la désigna comme devant servir un jour de point de départ à une saine philosophie de la nature. Cette idée était parfaitement juste: en effet, par le moyen de l'hérédité on arrive à expliquer naturellement, et sans les torturer, une multitude de phénomènes, aussi bien dans la vie corporelle et spirituelle des individus que dans l'existence des peuples; et ces phénomènes sont de ceux que l'on ne pouvait comprendre autrefois, à moins d'avoir recours à une puissance extranaturelle ou d'attribuer aux êtres une pré

---

*) Le mot *atavisme*, du latin «atavus» (ancêtre), désigne en général l'effort pour revenir à un type antérieur de plus d'un degré.

**) Le professeur *Hæckel* dans sa «Morphologie générale des organismes» (tome 2, page 147) s'est récemment prononcé dans le même sens: «L'évolution complète de l'individu est un enchaînement continu de mouvements moléculaires du plasma actif, qui grâce à sa ténuité infinie se retrouve dans l'oeuf et la semence avec sa structure moléculaire et sa constitution atomique, pour expliquer les phénomènes infiniment variés et complexes d'hérédité.»

disposition inexplicable. Tout ce qu'est l'homme, parvenu au point élevé où il se trouve, et tout ce qu'il possède, a été conquis au prix d'un lent et pénible travail, poursuivi durant l'immensité des âges, sur une suite de nombreuses générations, grâce à cette vertu héréditaire des qualités et des dispositions acquises; mais ce n'est aucunement un *don d'en haut*, un présent immérité et inconscient, comme se croient obligés de l'admettre ceux qui n'ont pas l'intelligence de ce mécanisme intime de la nature. Les observations réunies jusqu'à ce jour semblent nous autoriser à dire que les dispositions de *l'esprit*, tendances, penchants, instincts, talents ou qualités, (acquises pendant la vie autant que natives), tombent plutôt encore sous le coup de la loi d'hérédité, que les dispositions *corporelles*; et leur transmission continue d'une génération à la génération suivante a dû être une des raisons principales du progrès moral et intellectuel de l'humanité.

Mais nous ne saurions, sans perdre de vue le but que nous nous sommes proposé, insister davantage sur ce sujet aussi grave qu'intéressant. Je me permets donc de renvoyer ceux d'entre vous, qui désireraient de plus amples détails, soit au chapitre «Hérédités physiologiques» de mon livre «Science et Nature», où ils trouveront groupés les exemples les plus frappants d'hérédité, morale et physique; soit encore aux «lettres généanomiques» de *Levin Schücking*, où l'auteur montre, entre autres choses, comment dans maintes familles (dont le caractère particulier n'était pas trop effacé par l'influence des croisements) certaines aptitudes mécaniques ou artistiques ont été transmises et sont restées comme l'héritage commun de plusieurs générations.

Quant à *Darwin*, il se montre moins frappé de l'importance du principe de l'hérédité en lui-même, que du complément que sa théorie y peut trouver. *Darwin* dit donc: «S'il est une fois démontré que les altérations, même les plus insolites et les plus incompatibles avec l'idée de genre, comme le manque ou le surcroît des doigts ou des ongles, l'albinisme, la peau rugueuse etc., se transmettent avec une certaine persistance, — à combien plus forte raison doit-il en être ainsi des variations *habituelles*, auxquelles s'applique d'une manière évidente la règle d'hérédité qui embrasse tous les caractères individuels.» *Darwin* avoue cependant, que les *lois* propres de *l'hérédité* sont entièrement inconnues, et qu'il reste encore bon nombre d'énigmes dont l'explication dépend des recherches à venir. *)

Nous arrivons au dernier élément, le plus important de la théorie de *Darwin*, celui qui en représente comme le sommet lumineux; c'est

La *sélection naturelle*, «natural selection», que *Bronn* appelle aussi *l'amendation naturelle*.

La sélection n'agit qu'autant que les variations, dont nous avons parlé et qui sont héréditaires, revêtent chez l'individu cer-

---

*) Sur ces lois de l'hérédité laissées dans le doute par *Darwin* le professeur *Haeckel* s'est cependant prononcé ainsi:

1° La transmission est d'autant plus intense que le fragment détaché est plus considérable; elle est donc plus complète dans la reproduction par bouture ou marcotte que dans la reproduction par voie de semence.

2° Chaque organisme lègue à ses descendants, outre les propriétés qui lui ont été *transmises*, une partie de celles qu'il a *acquises* durant sa vie; de sorte qu'il y a une transmission *conservatrice* et une transmission *progressive*.

3° Le changement de génération n'est qu'un cas de *atavisme* ou de *retour*, d'un ordre très intense.

4° En général, les rejetons mâles ressemblent plus au père, les rejetons femelles à la mère.

5° Certaines mutilations accidentelles (comme la perte des cornes, de la queue etc.) deviennent aussi parfois héréditaires.

6° Les caractères acquis sont d'une transmission d'autant plus facile et plus persistante, que la modification a été exercée plus longtemps et sur un plus grand nombre de générations, comme cela se produit dans la culture des fruits, l'amendation des fleurs etc.

7° Il y a aussi une loi de transmission entre les âges correspondants de la vie, c'est-à-dire une transmission corrélative au temps», — accident remarquable qui se produit surtout dans les maladies.

taine signification dans le combat pour l'existence. Or ces altérations individuelles présentent nécessairement un des trois caractères suivants: ou bien elles sont *utiles* au type engagé dans la lutte, ou bien elles lui sont *nuisibles*, ou enfin elles lui sont *indifférentes*. Dans le dernier cas leur signification est nulle, et il importe peu qu'elles soient maintenues ou qu'elles se perdent. Si elles sont *nuisibles*, c'est la même chose, car la seule alternative est alors ou la destruction de l'individu ou la disparition de la propriété qui lui serait funeste. Mais le résultat change quand la variation se trouve être *utile* à l'individu; elle lui assure aussitôt un avantage déterminé sur ses frères et rivaux dans le combat pour l'existence, autrement dit, des chances plus grandes de conservation; tous avantages dont bénéficieront ses descendants, car cette nouvelle propriété sera transmise et peu à peu développée durant la suite des années et suivant le cours des générations. Toutes les phases du combat pour l'existence, tel que nous l'avons dépeint, trahissent comme autant d'efforts de l'individu pour dégager, pour attirer à lui, pour perfectionner quelque qualité utile, et la fixer ensuite, peu à peu, par l'hérédité. On comprend qu'une seule réussite de ce genre ne suffit pas, pour donner lieu à l'apparition d'une nouvelle espèce, et qu'il en faut une succession innombrable, dont les effets s'accumulent par degrés, durant de longues années et suivant de nombreuses générations. On comprend surtout l'importance de cette dernière condition. Plus de cent, plus de mille, plus de dix mille générations dans certains cas peuvent s'être épuisées à cette tâche. — Et loin de voir là un *côté défectueux* de la théorie, il faut au contraire y reconnaître la marque de son *excellence*, attendu que le temps est sans contredit l'élément qui fait le moins défaut dans l'histoire de notre terre et de ses formations. Le vertige s'empare de nous à la seule considération des nombres prodigieux d'années que représentent, d'après les calculs de la science, les diverses formations géologiques. En présence de ces durées, notre existence apparaît à peine comme un instant.

Vous voyez, Messieurs, que *Darwin* suit la voie dans laquelle avant lui *Lyell* et ses successeurs ont avec un si grand succès poussé la géologie. Cette voie est d'ailleurs frayée chaque jour plus avant, et nous arrivons par elle à nous rendre compte des œuvres gigantesques dont la nature nous livre l'étonnant spectacle, sans avoir à recourir qu'à des causes ou des forces faibles en elle-même ou de peu d'importance apparente, et qui n'ont amené d'aussi considérables résultats, que par l'accumulation lente et prolongée de leurs actions.

La *sélection naturelle* est donc, pour ainsi dire, la clef de voûte de toute la théorie. Mais pour en apprécier le sens exact, il importe de savoir par quel enchaînement de faits *Darwin* lui-même a été conduit à en concevoir l'idée. Il y a été amené par l'étude de *l'amendation artificielle des animaux et des plantes domestiques*, science qui, vous le savez, s'est élevée peu à peu à des résultats surprenants, surtout en *Angleterre*, dans la patrie de *Darwin* où elle présente un degré de perfection qu'elle n'a encore atteint nulle part. Là bas de grands fermiers, des propriétaires fonciers, des jardiniers, de riches amateurs s'occupent avec prédilection, depuis longtemps, de tout ce qui touche à cette question, et *Darwin* lui-même afin d'acquérir les notions les plus exactes, a fait pour son compte un grand nombre d'expériences. Ainsi, avec une énergie toute anglaise, il se fit admettre dans deux cercles institués à Londres pour la culture des pigeons, afin d'y constater, par ses yeux, que les innombrables variétés de colombes que l'on connaît aujourd'hui, descendent toutes de la *colombe sauvage de rocher* (columba livia), et qu'elles trahissent à l'occasion leur première origine, en reproduisant çà et là quelqu'un des caractères spécifiques de ce type. Et pourtant ces variétés se distinguent par des différences et des propriétés tellement caractéristiques que, les rencontrant à l'état sauvage, on n'eût pas hésité à en faire autant de nouvelles espèces; car les différences ne portent pas seulement sur les traits extérieurs, mais aussi sur la conformation du squelette, de l'œuf, sur le mécanisme du vol etc. Cependant, comme nous l'avons dit, toutes ces variétés proviennent d'*un* type unique; elles s'accouplent très bien ensemble; et parfois la couleur bleue de la colombe de rocher réapparaît chez quelques individus. «Avant d'avoir moi-même nourri des colombes, ajoute *Darwin*, et d'avoir fait des essais dans leur élève, je ne croyais pas qu'il fût même permis de penser, que toutes ces variétés pussent descendre d'une même forme première.»

L'homme a atteint, suivant *Darwin*, le grand but de l'amendation artificielle, du moment qu'il peut, par une sélection artificielle ou réfléchie, accumuler, jusqu'à un degré excessif, sur un type les moindres variations individuelles. La *tendance* à varier ou à s'écarter d'une forme première, se montre bien plus énergique chez les êtres soumis à la culture domestique que dans l'état de nature; parce que, dans le premier cas, entrent en jeu des conditions de vie plus diverses et aussi plus largement variables, comme une meilleure habitation, une nourriture plus plantureuse etc. Au reste, cette *aptitude* ne se perd *jamais*, et nos plus anciennes plantes domestiques, le froment par exemple, donnent encore des variétés. — Le principe de l'amendation artificielle était connu d'ailleurs dans des temps très reculés; les anciens romains, les chinois et d'autres peuples encore savaient l'appliquer. Il paraît même avoir été familier à bon nombre de peuplades sauvages de l'Afrique. Tout homme qui nourrit des animaux ou des plantes, poursuit déjà ce principe, sans le savoir et sans le vouloir, par cela seul qu'il choisit toujours, pour les élever, les meilleurs animaux ou les meilleurs sujets, par exemple les chiens de chasse, les bons chevaux etc. Les sauvages eux-mêmes qui ignorent le principe sont parfois amenés à l'appliquer, sans s'en rendre compte; ainsi, dans un temps de disette, ils n'entretiennent que les animaux indispensables ou les meilleurs sujets, tandis qu'ils tuent les autres, ou les abandonnent à leur sort.

Si la science de l'élevage s'est développée surtout en Angleterre, cela ne tient pas tant au goût des amateurs, qu'à ce que les pauvres gens ne peuvent s'y adonner et qu'elle n'est praticable que chez les propriétaires de grands troupeaux, comme il s'en trouve beaucoup en Angleterre. Ce n'est en effet que sur un grand nombre de sujets que, çà et là, il s'en rencontre un, doué d'une singularité avantageuse. Les anglais en sont donc arrivés peu à peu à amender tous leurs animaux domestiques en vue des services qu'ils en réclament. Pour la boucherie : des *bœufs* à ventre épais, à jambes minces, à petite tête et sans cornes; de même pour la production du jambon et du lard : des *porcs* dits de *plein sang*; des *moutons* qui semblent faits exclusivement pour porter de la laine; des *coqs* et des *bouledogues* pour le combat; des *pigeons* avec toutes les qualités qui peuvent plaire à l'amateur; enfin des *chevaux* épurés pour le *trait* comme d'autres pour la *course*. La race des chevaux anglais ou chevaux de course, obtenue artificiellement par l'amendation du cheval arabe, l'emporte aujourd'hui de beaucoup, par ses qualités excellentes, sur la souche d'où elle est sortie. En quel agréable et utile animal une amendation progressive n'a-t-elle pas transformé le cheval et surtout le chien! Soit que l'on conserve les meilleurs échantillons qui se présentent et que l'on assure leur propagation, soit que par des soins artificiels on améliore le sol, etc., on arrive dans la culture des fleurs, des jardins et des vergers à des résultats encore plus surprenants. Ainsi, une racine, sèche et dure à l'état sauvage, la *carrotte*, a gagné à la culture la bonne saveur que nous lui connaissons; et tous les fruits délicats qui flattent si agréablement notre palais sont, comme vous savez, le résultat des soins de l'homme et d'une sélection intelligente, pratiquée pendant de longues années. — Cette sélection artificielle n'a d'ailleurs pas suffi, et l'on a dû recourir encore au croisement des races, afin d'en obtenir une qui réunisse en elle les différentes bonnes qualités de toutes les autres. Cependant, la sélection donnerait par elle-même des résultats autrement importants s'il se trouvait un plus grand nombre d'éleveurs capables de l'appliquer avec discernement. Je ne veux pas omettre, bien que *Darwin* l'ait passé sous silence, le cas des moutons *Otter* d'Amérique; c'est un exemple aussi intéressant qu'instructif du parti que l'éleveur peut tirer d'une singularité toute accidentelle. Il se rencontra dans le Massachussets un mouton qui avait le corps très allongé, et les pieds de devant très courts; cette conformation parut bonne aux colons, parce que ce mouton ne pouvait pas comme les autres sauter par dessus les palissades des parcs; on mit donc un grand soin à le cultiver, et à cause de l'avantage qu'elle offrait, la race en fut promptement répandue sur une grande partie du territoire de l'Amérique du Nord; jusqu'à ce qu'enfin, 50 ans après, elle fut évincée par le mérino, qui fournit une laine plus abondante et de qualité supérieure. — *Azara* cite dans le *Paraguay* un exemple analogue. En 1770 un *taureau* vint au monde sans cornes, et ses descendants furent comme leur père. Cette variété étant appréciée des éleveurs, on la cultiva; et maintenant encore, d'après le témoignage de *Rolle*, le bétail indigène du Paraguay est *dépourvu de cornes*.

À ces exemples on reconnaît assez quels modes d'action variés peut affecter l'amendation artificielle. Donc partant de là, *Darwin* complète ainsi son idée: — de même, dit-il, que l'homme modifie et améliore artificiellement les races, choisissant dans les individus les particularités qui lui semblent les plus avantageuses ou qui répondent le mieux à un but proposé, et cherche ensuite à les fixer, soit par le croisement, soit par l'amendation exercée après la naissance, — de même agit la nature qui accumule jour par jour, heure par heure, les variations utiles ou avantageuses à l'individu, pour les passer d'une génération à la suivante. La seule différence qu'il y ait entre ce travail de l'homme et l'action de la nature, c'est que le premier est fait *en connaissance* de cause; c'est, de plus, qu'il s'accomplit dans un temps relativement très court, au lieu que, pour réussir, la nature a besoin d'immenses espaces de temps. Et *Darwin* poursuit ainsi son raisonnement: si donc l'homme peut déjà tirer un tel parti du principe de sélection, à quoi n'aboutira pas la nature, elle qui ne sélige pas pour sa propre convenance, mais pour le bien des êtres eux-mêmes, et qui travaille avec plus d'à propos et une plus souveraine puissance. A chaque instant et par tout l'univers la nature est en effort et s'applique à rendre possibles les moindres variations dans les êtres; puis elle les améliore si elles se trouvent bonnes, et quand elles sont mauvaises, elle les rejette. C'est ainsi que chez certains animaux ont apparu les couleurs qui les protégent contre les recherches et les poursuites de leurs ennemis; c'est ainsi qu'est venue au bec des jeunes oiseaux la pointe tendre dont ils brisent la coque de l'oeuf qui les enveloppe; c'est ainsi que se sont trouvées appropriées si bien à son genre de vie la couleur et la conformation des griffes, du bec, de la queue et de la langue du *pic*, qui court en grimpant aux arbres et cherche les insectes sous l'écorce; ainsi les pieds rapides du *chevreuil* ou la vue perçante et les armes terribles des *animaux de proie*; ainsi et par une *sélection* dite *sexuelle* est apparu le bois puissant du *cerf* et l'éperon du *coq*; *) c'est de la sorte enfin que

---

*) La sélection sexuelle qui est produite par la rivalité et le combat des mâles pour la possession des femelles, a, suivant le professeur *Haeckel*, au point de vue de la modification des organismes encore plus d'importance

s'est développé chez la giraffe le long cou qui lui permet de tondre les jeunes pousses des grands arbres, circonstance dont je vous ai déjà entretenu à propos de la théorie de *Lamarck*. Mais puisque nous retrouvons cet exemple, je vais chercher à bien marquer la différence qui existe entre les deux théories de *Lamarck* et de *Darwin*; ainsi vous apprécierez mieux quel grand progrès ce dernier a fait faire à la science dans ce genre d'explication naturelle des faits. Je vous ai dit que *Lamarck* rendait compte de cette conformation de la giraffe par une nécessité ou habitude, sous l'empire de laquelle l'animal avait dû tendre le cou vers le feuillage d'arbres élevés; et la particularité s'était produite, peu à peu, grâce à l'adaptation active de l'individu aux conditions propres de son existence. Dans l'explication qui lui appartient, *Darwin* suit un ordre d'idées tout différent. La giraffe actuelle, dit-il, descend d'un type intermédiaire, qui a disparu depuis longtemps, lequel n'avait pas encore ce long cou et qui d'ailleurs (attendu que tous les organes et toutes les parties d'un animal sont unis dans un rapport de sympathie et de réciprocité) devait avoir sa structure différente en d'autres points. Cette forme intermédiaire a peut-être existé très longtemps, cent

que *Darwin* lui-même ne lui en attribue; et elle ne s'exerce pas seulement sur les mâles, mais aussi sur les femelles. La crinière du lion, les fanons du taureau, la ramure du cerf, les défenses du sanglier, l'éperon du coq, les tenailles du cerf-volant etc. sont aux yeux d'*Hæckel* des avantages qui ne sont dus qu'à la sélection sexuelle. Il en est de même de la belle parure et des couleurs d'un grand nombre d'oiseaux mâles ou de papillons; de la belle voix ou du chant qu'ils peuvent avoir; attendu que les animaux ainsi doués sont les privilégiés des femelles. *Hæckel* assure en effet que chez les oiseaux chanteurs il s'engage entre les mâles de véritables assauts de chant pour décider de la possession des femelles. *Hæckel* croit pouvoir affirmer que cette sorte de sélection, raisonnée, trouve une application très large chez l'homme, et qu'elle a été sans contredit une des causes principales de son progrès dans l'histoire.

ans ou mille ans, sans subir de modifications essentielles, les conditions dans lesquelles elle vivait ne changeant pas; jusqu'à ce que survint une saison de disette ou de grande sécheresse, qui tua la plupart des grands arbres et n'épargna que les plus forts, c'est-à-dire les plus élevés. La conséquence nécessaire de cet accident fut que, dans un troupeau de giraffes aussi nombreux qu'il vous plaira de l'imaginer, les seuls individus qui survécurent ou qui eurent des chances plus grandes de résister, se trouvèrent être ceux qui se distinguaient par une plus haute charpente et un cou plus long, car cette particularité leur permit de faire leur pâture en dépit de la difficulté des circonstances. Ceux-là transmirent donc cette conformation spéciale à leurs enfants, qui se propagèrent pendant un temps indéterminé, jusqu'à ce que le même accident venant à se reproduire ait derechef exercé une pareille action; et cet ordre de faits peut s'être répété assez souvent, pour que suivant le cours des âges et sur une longue série de générations héritant les unes des autres, ait pu se développer la forme de notre giraffe actuelle. — N'oublions pas que des transformations de ce genre s'opèrent avec le concours d'une influence puissante, qui vient d'être mentionnée en passant, et que *Darwin* appelle le principe du *développement réciproque*. La réciprocité consiste en ce que les organes et parties d'un corps ou d'un être organique sont ensemble dans un rapport sympathique qui ne peut être capricieusement changé; de sorte que les variations *d'une* partie ou *d'un* organe sont généralement accompagnées de variations correspondantes d'autres organes ou parties. On a remarqué, par exemple, que l'allongement des jambes répond à l'allongement du cou; que les pigeons à bec court ont aussi les pieds courts; que les chats qui ont les yeux bleus sont ordinairement sourds; que les chiens sans poils n'ont qu'une denture imparfaite etc.

On pourrait, Messieurs, faire ressortir de la même façon,

dans tous les exemples donnés par *Lamarck*, la différence des deux doctrines et montrer de quel grand progrès nous sommes redevables à *Darwin*. Cependant, ne croyez pas que *Darwin* rejette ou pense à remplacer les causes de variation indiquées dans les maximes de *Lamarck*. Il les reconnaît au contraire expressément et leur fait une place importante à côté de son principe de la sélection, qu'il considère, à vrai dire, comme l'agent souverain. Ces causes ou agents sont ainsi que nous l'avons dit: *l'habitude, l'exercice, la nécessité, l'usage et le non-usage des organes*; et l'on voit aux exemples cités par *Darwin*, que ces influences doivent compter pour une part, bien que la moindre, dans les modifications produites. C'est ainsi que le canard *domestique* a les os du pied plus forts et les os de l'aile moins développés que le canard *sauvage*, par la raison que le premier exerce davantage ses pieds et le second ses ailes. Les *vaches* et les *chèvres* que l'on trait régulièrement ont la tetine plus grande. Presque tous les animaux élevés en domesticité ont les oreilles *pendantes*, car ils n'ont à en faire que peu d'usage, tandis que les espèces sauvages les portent droites sur la tête. De même les oiseaux qui ne volent pas, comme les *pingouins*, les *casoars* et en somme tous ceux qui appartiennent à la famille de l'autruche, ont les ailes *atrophiées*. La *taupe* pour laquelle son existence souterraine rend tout organe visuel superflu, n'a que des yeux rudimentaires; et les *insectes*, les *poissons* et les *chauve-souris* des célèbres grottes de Steiermark et du Kentucky sont *aveugles*. Ces animaux n'étaient pas originairement aveugles, comme en témoigne encore chez eux la présence du *pédicule de l'oeil* et, en général, d'un oeil fortement atrophié.

L'importance si grande attribuée par *Geoffroy St Hilaire*, le collègue de Lamarck, à l'influence des *circonstances extérieures et des conditions de la vie*, (climat, sol, nourriture, lumière, air, distribution de la terre et de l'eau, etc.) est reconnue expressément par *Darwin*, mais non pas avec assez de justice: car il rattache toujours et subordonne cette influence à son principe de la sélection naturelle. L'action des milieux et de leurs variations perpétuelles à la surface du globe, (surface qui n'offre elle-même rien de fixe et se modifie à chaque instant) cette action est en réalité si importante, qu'un grand nombre de savants ont pensé, qu'elle seule suffirait à expliquer les changements continuels subis par le monde organique et toute la somme des accroissements qu'il a peu à peu réalisés. Ainsi nous savons, avec notre expérience bornée, que le vêtement des animaux dépend du climat; que leur couleur vient de leur nourriture ou tient à l'action de la lumière ou varie avec la nature des lieux où ils se tiennent habituellement; que leur taille est en rapport avec la richesse de leur alimentation etc. Mais ces circonstances extérieures dont je délimiterai l'action par des exemples plus spéciaux dans une conférence suivante, ne sauraient jamais expliquer, suivant *Darwin*, l'adaptation excellente des êtres à leurs milieux, à leurs conditions de vie, à leur besoins etc. Une adaptation si exacte ne peut être qu'un résultat de la *sélection naturelle*, qui demeure la souveraine cause et avec laquelle agissent de concurrence et les conditions extérieures de la vie et l'usage et le non-usage des organes et l'habitude et le principe du développement réciproque et l'hérédité et le croisement etc. etc. De l'action combinée de causes si nombreuses sortent des effets si compliqués, qu'il paraît très difficile et souvent même impossible, de déterminer en présence de chaque résultat, pour quelle part *chacune* d'elles y est entrée. *Darwin* pense qu'en général nous sommes dans une ignorance profonde des *lois* suivant lesquelles varient les êtres, et que le plus que nous puissions faire, c'est d'affirmer l'existence de ces lois. Quelles qu'elles soient d'ailleurs, on ne peut nier qu'une accumulation constante de légères modifications bonnes pour l'individu ne se produise ou ne doit nécessairement se produire par suite de la sélection naturelle.*) Il ne faudrait cependant pas dire que cette continuelle accumulation de modifications bonnes pour l'individu doive dans tous les cas déterminer son *achèvement*. Quelque apparence qu'il y ait qu'il en doive être ainsi, quelle que soit en général la souveraineté de l'effort produit en vue d'une amélioration ou d'un perfectionnement, ce résultat n'est pas toujours atteint. Il suffit souvent que l'individu ait seulement un faible avantage d'une signification déterminée, pour qu'il en acquière une supériorité marquée sur ses frères, bien que d'ailleurs ses autres propriétés soient moindres que les leurs, ou l'ensemble de son organisation d'un ordre moins élevé. Bien plus, un *avantage* peut dans certains cas devenir

---

*) *Hæckel*, partisan d'ailleurs bien déclaré de Darwin, est également d'avis qu'il attribue trop peu d'influence immédiate aux conditions extérieures de la vie qui en ont beaucoup en réalité. *Hæckel* trouve que dans l'estimation de ces influences on a généralement le tort d'envisager l'organisme comme un être trop exclusivement *passif*, tandis qu'il se comporte aussi très *activement* à l'égard de ces influences, et que l'adaptation n'est chez lui qu'une conséquence de ce double état. De l'avis d'*Hæckel* c'est l'accumulation continuelle des actions et des réactions qui est la condition essentielle (consuetudo est altera natura). — Toutes les propriétés ou caractères des organismes sont donc, suivant *Hæckel*, soit un résultat de ce qu'on appelle le principe *interne* de formation, principe spontané qui dépend à la fois de la composition matérielle première de l'organisme et de ses hérédités; soit un effet de la force dite principe *externe* de formation, principe qui résulte de la réciprocité d'action avec le monde extérieur et de l'adaptation qui en est la conséquence. Il n'y a pas d'autres agents de formation que ces deux là. *Hæckel* est d'avis que le mot *adaptation* caractérise au mieux le fait de la sélection; et il distingue deux adaptations, l'une *directe*, l'autre *indirecte*; la première s'exerçant sur les *parents*, la seconde sur leurs *descendants*. L'expérience nous enseigne en effet qu'à la suite de changements dans l'alimentation de leurs parents l'organisme des enfants est souvent modifié d'une manière frappante, et qu'en somme ce n'est guère que sur les enfants que cette cause produit ses effets. La captivité par exemple ou une nourriture surabondante déterminent chez les animaux la stérilité; et par suite de la réciprocité d'action avec le monde extérieur tous les organismes peuvent subir ainsi des variations nutritives dont l'effet se manifeste tantôt sur eux-mêmes, tantôt sur leurs descendants.

une cause d'infériorité, comme par exemple la grandeur et la force à un moment où la nourriture manque. On peut donc dire que le *progrès accompagne souvent, mais non pas qu'il accompagne nécessairement les variations de l'individu*. Et il peut très bien se produire un mouvement rétrograde qui mène à la *dégénérescence*. C'est ainsi que notre *ours brun* descend à n'en pas douter de *l'ours des cavernes*, de l'époque diluvienne; ce dernier était plus grand et plus fort, mais par suite des changements survenus à la surface du globe et des changements de résidence, de nourriture, de milieu, de genre de vie etc. cet animal est déchu à son type actuel. De même les *vers intestinaux*, qui, incontestablement, sont des descendants du ver vivant autrefois à l'état *libre*, ont par suite de leur nouveau genre de vie, perdu certaines parties qu'ils possédaient dans leur forme achevée, le tube intestinal par exemple; c'est-à-dire qu'ils ont rétrogradé. Une sorte de *cirripède* qui, à l'état de liberté, possédait une coque calcaire, dépouille peu à peu cette enveloppe, lorsqu'il se fait *parasite* sur d'autres animaux. Ce résultat est l'effet de la sélection naturelle; la coque qui pouvait lui être autrement d'un si grand avantage, devient inutile dans ce nouvel état, elle serait même nuisible à l'animal et le surchargerait sans profit. C'est ainsi que tout être vivant perd peu à peu chaque partie de son corps qui n'a plus sa raison d'être dans l'utilité.

L'exemple des scarabées de Madère fait bien voir comment, dans certains cas, un avantage peut devenir préjudiciable à l'individu. *Darwin* nous dit que dans l'île de Madère la plupart des espèces de scarabées, et notamment celles qui se trouvent exclusivement dans le pays, ont des ailes si imparfaites qu'il leur est impossible de voler; mais qu'en revanche on ne trouve pas dans l'île certains autres genres, munis, ceux-là, d'un appareil aérien très fort et très développé et qui abondent en d'autres endroits. Cette circonstance, suivant Darwin, tient à ce que les scarabées volants, à mesure qu'ils s'élèvent dans les airs, sont entraînés par les vents violents qui règnent dans ces parages, et jetés à la mer où ils périssent; de sorte que les sujets indolents ou paresseux, ceux qui ont des ailes imparfaitement développées, sont les seuls à survivre et transmettent leur conformation à leurs descendants. On a remarqué de plus, que les scarabées ne sortent que quand, le soleil ayant paru, la violence du vent s'est apaisée; et que contre la paroi humide des rochers, où les insectes privés d'ailes ont un meilleur abri contre le vent, leur nombre est plus grand que dans Madère même. Les insectes qui vivent dans l'île et qui volent, ont au contraire des *ailes très fortes*, car c'est pour eux le seul moyen de résister au vent. Il y a évidemment dans ce cas combinaison du principe de la sélection naturelle avec le non-usage des organes.

De tels exemples, que l'on pourrait multiplier à volonté, font bien voir que la sélection naturelle n'aboutit pas *toujours* au perfectionnement de l'être, bien qu'elle y mène le plus souvent. Au reste, dans le monde organique, le plus ou moins de perfection n'est qu'une idée incertaine et équivoque; et il faut s'en souvenir quand on veut, sur des cas déterminés, faire l'épreuve de la théorie de Darwin. Telle disposition qui semble heureusement ménagée et, pour ainsi dire, parfaite, étant donné certain ensemble de conditions, de temps, de lieu, et de circonstances, peut très bien, dans d'autres conditions, devenir tout le contraire. Ainsi, quand les conditions extérieures de l'existence se trouvent très *simples*, une haute organisation, c'est-à-dire une organisation accomplie, devient un inconvénient plutôt qu'un avantage: dans ce cas, la sélection naturelle détermine la rétrogradation de l'organisme et non pas son progrès. Il faut se rappeler aussi, ce que nous avons déjà dit, que le principe de sélection n'entre dans toute sa force, que là où les êtres peuvent s'ouvrir les uns aux autres une concurrence très *serrée*; et c'est pourquoi à côté d'espèces qui progressent, il s'en trouve qui restent stationnaires. Et d'ailleurs il se peut que chez certains genres des variations utiles ne se soient jamais produites, attendu que les formes, qui se trouvent soustraites à l'action de toute concurrence par l'extrême simplicité de leurs conditions de vie, sont vouées à la fixité. Tel est le cas de certains mollusques inférieurs, qui, depuis des temps incalculables, dorment au même échelon de la vie organisée; et d'autres, qui n'ont subi que des variations ou n'ont fait que des progrès insignifiants. Mais peut-être certaines formes très voisines de celles-ci et dont les premiers types ont disparu depuis longtemps, sont-elles montées plus rapidement. Enfin, n'oublions pas que la procession lente de laquelle sort tout le monde organique, n'a jamais souffert d'interruption, et que, selon toute vraisemblance, elle se poursuit encore, de bas en haut, du simple au composé, aujourd'hui comme de tout temps. Cela veut dire qu'il surgit sans cesse de nouvelles formes primordiales, de l'ordre le moins élevé, qui entament à leur tour la série des développements.

Tout ce que nous venons de dire explique comment il se fait qu'en dépit de l'action sélective de la nature, exercée durant l'immensité des âges géologiques, la surface de la terre soit encore semée d'un si grand nombre de types inférieurs et de formes inachevées. Ce fait d'où l'on a tiré un des arguments les plus forts contre la théorie de *Darwin*, aurait pu lui faire un grand tort, si l'on n'avait pas réussi à l'expliquer d'une manière satisfaisante. Au reste, ces formes fixes ou faiblement variables ne se trouvent que parmi les *invertébrés*, c'est-à-dire dans les régions les plus basses de la vie animale; au lieu que les types d'animaux *vertébrés* (l'homme est de ce nombre) paraissent tous, à de rares exceptions près, constamment s'acheminer vers le terme de leur achèvement. Les *animaux à bourse* font exception à la règle générale, ils possèdent encore aujourd'hui une conformation peu différente de celle qu'ils avaient à l'époque jurassique, à laquelle remonte leur apparition. En général c'est une loi posée par *Lyell*, que les formes organiques se montrent d'autant plus persistantes qu'elles sont d'un ordre moins élevé, au lieu que le changement, la mutabilité et l'effort vers le progrès s'accroissent à mesure que l'on s'élève plus haut dans l'échelle des êtres. Cette loi répond exactement au principe du progrès dans *l'humanité*. La raison en est, pour les formes inférieures, d'une part dans la simplicité de leur organisme et dans leur impressionnabilité relativement faible; d'autre part dans l'uniformité ou l'identité persistante des conditions extérieures de leur existence, — tandis que chez les types supérieurs une impressionnabilité plus grande et une organisation plus compliquée concourent avec la variation plus fréquente des conditions extérieures et la vive concurrence qui en est le résultat, à augmenter la propension au changement.

Le lien d'affinité qui unit tous les êtres, ne peut mieux se concevoir, suivant *Darwin*, que par l'image d'un arbre dont les rameaux verts et bourgeonnants représenteraient les espèces actuelles, tandis que les branches plus anciennes et en partie desséchées figureraient les espèces éteintes. Tous les rameaux qui grandissent, tendent à opprimer les autres, et leurs jeunes bourgeons se développent pour leur propre compte et comme s'ils s'efforçaient d'étouffer leurs voisins. Pour rester vivaces, il est *nécessaire* que les espèces varient. Chaque variété nouvelle a plus de vitalité que le type d'où elle sort; une espèce qui ne peut plus varier n'a plus de chances de durée, et une fois vaincue ou évincée elle ne reparaît jamais. Plus un genre est de formation récente, ou, ce qui revient au même, plus il a mis de temps à suivre la série géologique, plus il est fécond en espèces, c'est-à-dire capable de vie; au lieu que les genres dont l'apparition date du plus loin, deviennent de plus en plus pauvres en espèces et finissent peu à peu par s'éteindre. Le règne organique de notre époque est le plus fort, et il supprime tous ses devanciers, ainsi qu'on l'observe dans la *nouvelle Zéelande*.*) Dans des temps antérieurs, toutes les formes organiques tenaient de beaucoup plus près les unes aux autres; mais depuis lors elles ont en quelque sorte rayonné autour du premier type et se sont écartées chaque jour davantage, en produisant une variété plus grande de formes nouvelles. Les formes plus anciennes réunissent donc une quantité de caractères qui se sont répartis ensuite et spécifiés sur des genres *différents*. Ce qu'*Agassiz* exprime, en disant que ces formes sont des formes *prophétiques* ou des *prototypes*. Ces prototypes ne se trouvent que sur des îles isolées, où, la concurrence ne pouvant être que très faible, ils se sont maintenus jusqu'à nos jours, sortes de *fossiles vivants*; comme le curieux *ornithorynque* (animal à bec), le *Lépidosire* etc.

Enfin, à ceux qui se font une arme contre sa théorie de l'état d'inachèvement d'un grand nombre de formes organiques, *Darwin* répond par cette observation, également importante à d'autres égards: — Beaucoup d'animaux et même la plupart doivent à *l'hérédité* des organes ou des particularités de conformation, qui dans des conditions nouvelles leur sont inutiles ou désavantageuses. Tels sont les pieds palmés de la frégate ou de l'oie terrestre, oiseaux qui ne nagent pas et qui ont cependant hérité d'une conformation particulière jadis utile à leurs ancêtres qui allaient dans l'eau. On retrouve dans tout le règne animal et végétal de ces sortes de legs sans profit, et on les désigne du nom d'organes *rudimentaires*, c'est-à-dire organes atrophiés ou imparfaitement développés. Leur présence n'avait

---

*) Les *Maori* ou indigènes d'Australie ont dans leur langue ce dicton plein de sens: «Le rat de l'homme blanc a chassé le rat du pays, comme la mouche européenne a chassé notre mouche. Le trèfle étranger tue notre fougère, et ainsi le *Maori* lui-même disparaîtra devant l'homme blanc.»

servi jusqu'à ce jour qu'à faciliter la tâche des classificateurs; quant à s'en rendre compte, c'était impossible, et il y avait là un énigme, du point de vue d'où l'on envisageait la nature. Au nombre de ces legs il faut ranger les yeux rudimentaires des animaux des cavernes; les rudiments d'ailes des oiseaux et des insectes qui ne volent pas; les indices de mamelles chez les mâles des mammifères; les rudiments de bassin et de membres postérieurs chez les serpents; les dents que l'on rencontre chez les embryons des cétacés, alors que l'animal adulte n'en garde pas de trace, et à la mâchoire supérieure des veaux les traces d'incisives qui ne sortent jamais, et mille autres cas pareils. Les embryons des oiseaux laissent voir des dents rudimentaires, exemple saisissant d'hérédité et qui justifie l'idée de la parenté des espèces! L'homme lui-même a retenu du règne des mammifères, auquel il touche, un assez grand nombre de ces legs inutiles: *l'os du coccyx*; *l'os intermaxillaire* supérieur, dont *Goethe* a eu le mérite d'établir l'existence; le *procès vermiculaire* ou sorte d'appendice rudimentaire au tube intestinal etc. *) Mais

---

*) *Hæckel*, qui d'ailleurs appelle *dystéléologie* la science des organes rudimentaires, considère leur existence comme un des arguments les plus décisifs en faveur de *Darwin*, et il y voit «la ruine immédiate de la téléologie ou de la théorie des fins.» Ces organes sont en effet selon lui ou indifférents et inutiles ou nuisibles et alors contraires aux fins. Or on en peut retrouver d'incontestables spécimens dans presque toutes les espèces organiques. Leur présence s'explique, soit par le non-usage de certaines parties, prolongé chez plusieurs générations, soit par la cessation du fonctionnement de ces parties à la suite des changements survenus dans les *conditions de l'existence*. Suivant *Hæckel* la théorie de la «*Création*» vient échouer contre ces faits. Parmi tous les exemples frappants dont la science dispose, *Hæckel* se contente de citer: les yeux rudimentaires des animaux parasites et de ceux qui vivent sous terre ou au fond de la mer; les ailes rudimentaires d'un grand nombre d'oiseaux et de l'ordre entier des insectes que pour ce motif on a nommés *aptères* (sans ailes), bien que *tous* les insectes descendent apertement d'ancêtres communs ailés; la suppression complète des quatre extrémités caractéristiques des vertébrés chez la plupart des

cette persistance de l'hérédité se révèle encore mieux dans le cours de la *vie fœtale*, à une des premières périodes de laquelle entre autres particularités le fœtus présente de chaque côte du cou des *fentes* qui ressemblent absolument aux branchies par lesquelles respirent les vertébrés inférieurs dépourvus de poumons. Les artères s'infléchissent pour entrer en relation avec ces plis, comme si quelque respiration branchiale allait en effet s'établir. Plus tard cette disposition se modifie pour se prêter à d'autres usages. Le *poumon* même des plus hauts mammifères n'est rien de plus que la *vessie natatoire* des poissons développée et compliquée. Chez le *Lépidosire*, dont nous avons déjà parlé et qui tient à la fois du poisson et du reptile, la respiration se fait simultanément par des branchies *et* des poumons; et l'on y voit très clairement que le poumon n'est qu'une vessie natatoire coupée d'innombrables cloisons, avec une issue ouverte sur la bouche. Les caractères *embryonniques* s'interprètent d'ailleurs dans ce sens, aussi bien que le principe d'unité de la formation embryonnale, principe suivant lequel les animaux les plus divers sont tous semblables au premier degré de la vie fœtale et reconnaissent tous pour point de départ une forme fondamentale unique. Le célèbre embryologue *de Baër* affirme que les embryons des mammifères, des oiseaux, des lézards, des serpents, des tortues (c'est-à-dire des classes d'êtres les plus nettement tranchées) commencent par se ressembler tous à ce point que les *dimensions* seules permettent d'établir une différence; et il ajoute que cette ressemblance persiste quelquefois jusque dans les premiers instants de la vie. Bien plus on démontre sans peine, que l'embryon des plus hauts vertèbres, de l'homme, touche en se

---

reptiles et des poissons sans nageoires; la proéminence caudale rudimentaire des oiseaux; enfin le prolongement de la colonne vertébrale chez l'homme et les singes dépourvus de queue. Le *règne végétal* abonde d'ailleurs en exemples de cette sorte.

développant à tous les principaux degrés marqués dans l'échelle de la vie par les êtres placés au-dessous de lui, et non seulement les êtres qui vivent actuellement, mais encore les êtres fossiles ou antérieurs. Un savant, qui est pourtant un adversaire, le professeur *Agassiz*, s'exprime très catégoriquement ainsi: «C'est un fait que je puis maintenant énoncer d'une manière tout-à-fait générale: les embryons et les petits de tous les animaux qui existent aujourd'hui, à quelque classe qu'ils appartiennent, sont la miniature vivante des types fossiles de ces familles.»

Avec les anciennes idées, c'est-à-dire dans la théorie de la création, tous ces phénomènes et ces faits sont plus qu'incompréhensibles, ils deviennent *contradictoires*; au point de vue *théologique* ils sont *préjudiciables*: au lieu que si l'on partage les vues de *Darwin* sur la descendance commune de tous les êtres animés, ces mêmes faits s'expliquent parfaitement, et par surcroit ils fournissent une *preuve* directe en *faveur* de cette descendance. Comment une oie, qui ne nage pas, aurait-elle les pieds palmés? D'où viendraient ces imperfections superflues ou nuisibles à l'organisme, que l'on rencontre en si grand nombre dans la nature, s'il ne fallait les expliquer comme nous l'avons fait? Où serait la raison des analogies relevées par l'anatomie comparée? À quelle cause rapporter l'unité de formation embryonale ou la présence des organes rudimentaires, si nous n'admettions pas pour principe fondamental l'enchaînement nécessaire de tous les êtres animés dans une série progressive, qui comprend depuis les formes les plus basses jusqu'aux organismes les plus achevés? — —

Du reste, il faut dire aussi que *Darwin* — et c'est là un côté défectueux de sa doctrine — ou bien n'a pas eu le courage, ou bien n'a pas eu la logique de poursuivre et de mener jusqu'à ses dernières et extrêmes conséquences son idée de l'origine commune de tous les êtres. Il s'arrête à 4 ou 5 *formes primor-*

diales ou *couples souches* pour le règne animal, autant pour le règne végétal, et il admet qu'à l'origine, dans des temps lointains, excessivement lointains, ces types aient été appelés à l'existence par le créateur. Cependant il ne passe pas tout-à-fait sous silence un point aussi grave de sa théorie; il l'aborde avec assez de franchise à la fin de son livre, où il dit expressément, *que par l'analogie on est conduit nécessairement à n'admettre qu'un type primordial unique*, et qu'il y a de nombreuses raisons de croire «que tous les êtres organiques ne reconnaissent qu'une même origine.» Il n'omet pas non plus de relever cette circonstance si importante dans la question, à savoir qu'on ne saurait trouver une séparation nette ni profonde entre les deux règnes, végétal et animal; mais il se garde d'entamer plus avant le sujet, et il se contente de dire: «Je regarde donc comme vraisemblable, que tous les êtres organisés, qui ont jamais vécu sur cette terre, descendent tous de quelque *forme primordiale*, à laquelle le souffle du créateur a une fois communiqué la vie. Mais cette conclusion repose avant tout sur l'analogie, et il n'est pas essentiel qu'on la reconnaisse ou non.»

Cette dernière assertion n'est d'aucune façon rationnelle, et le professeur *Bronn*, le traducteur de *Darwin*, s'élève justement contre elle, dans une postface à sa traduction, attendu qu'elle suffit à rendre défectueuse et même à ruiner toute la théorie. Si, en effet, l'on reconnait que des actes de création spéciaux ont été nécessaires pour 8 ou 10 premiers couples originels, pourquoi ne pas accepter cette création aussi bien pour *tous* les autres êtres? Et pourquoi s'efforcer en somme d'expliquer leur apparition par une voie naturelle? Car il est assez indifférent au philosophe, que l'acte créateur se soit produit une ou plusieurs fois; pour peu qu'on l'admette, c'est toujours un *miracle* à la place d'une *loi de la nature*. Il ne nous reste donc plus qu'à élargir, jusqu'à ses dernières limites, la théorie de la *descendance* (ou de la provenance commune de tous les êtres organisés), que *Darwin* a édifiée, et à faire dériver l'ensemble du développement organique d'une seule forme élémentaire, la première et la plus simple; peut-être de la *cellule* ou de *l'ovule*. «Et cela devrait-il donc tant nous surprendre, s'écrie *Bronn*, nous qui voyons chaque jour le même phénomène se dérouler sous nos yeux, alors qu'un être organique, même le plus achevé, l'homme, se dégage peu à peu pendant les phases de la vie *embryonnaire* et *fœtale* du sein d'une cellule unique ou de l'ovule!»

Bronn fait allusion ici à un phénomène qui est la meilleure illustration de toute la théorie et qui s'accomplit journellement, sous mille aspects divers, devant nos yeux et en quelque sorte dans nos mains — c'est le développement de tout être organisé pendant les périodes *embryonaires* et *fœtales* du sein d'une cellule unique, *l'oeuf* ou *ovule*, comme point de départ, — évolution qui n'exige qu'un nombre relativement très court, d'heures, de jours, de semaines ou de mois. L'ovule est une vésicule sphérique, très petite, microscopique le plus souvent, composée d'une *membrane* mince, transparente, qui renferme une *substance* visqueuse, et d'un *noyau*, — ce tout servant lui-même de noyau à une vésicule pareille, un peu plus grande. Cet ensemble constitue ce qu'on appelle *l'oeuf*. Et ce mot ne doit pas vous représenter ici *l'oeuf de poule* qu'on emploie à des usages de cuisine. L'oeuf de poule et en général l'oeuf d'oiseau diffère de tous les oeufs, notamment de celui du mammifère, en ce que chez le premier l'oeuf proprement dit ou l'ovule, *qui n'est d'ailleurs pas plus gros que chez le mammifère*, s'entoure d'un *jaune nourricier*, d'une enveloppe d'albumine (blanc d'oeuf) et d'une coquille; c'est-à-dire de tous les matériaux nécessaires à la formation du nouvel animal, au lieu que l'oeuf du mammifère, qui est dépourvu d'une telle enveloppe, doit tirer sa nourriture des milieux qui l'environnent dans le corps de la mère.

Ainsi tout être organique — plante ou animal — a pour point de départ un oeuf, d'où le développement se fait le plus simplement du monde, par le remarquable phénomène de la *division* ou du *sillonnement* du contenu visqueux de la cellule ovulaire, autrement dit, le *jaune*. Le jaune se transforme ainsi en un amas d'éléments organiques dits: *cellules embryonales*. Ces éléments sont aptes à subir dans la suite toutes les transformations possibles, et l'organisme à naître s'édifie sur eux, à mesure que s'ajoutent de nouvelles cellules ou masses cellulaires. Tout le phénomène se réduit donc à une *multiplication de cellules par fractionnement*; et tous les globules séparés, depuis le premier jusqu'au dernier, c'est-à-dire le plus petit, peuvent et doivent être considérés comme autant de cellules.*)

Mais cette question rentre dans le domaine de la science moderne de *l'embryologie*. Pour nous, qu'il nous suffise de savoir, que tous les organismes, aujourd'hui encore, sortent de la forme élémentaire, la première et la plus simple que l'on connaisse — de *la cellule*, et de quelle façon le phénomène se produit. Cette évolution individuelle que nous sommes à même d'observer et de suivre dans toutes ses phases, n'est pas moins admirable et dépend des mêmes principes, que le développement de toute la grande nature organique: laquelle, issue des cellules primordiales formées il y a des millions d'années dans le fond de l'océan primitif, a grandi peu à peu à travers les immenses durées qui séparent le présent de ce passé le plus lointain.

Mais ce n'est pas là encore le dernier mot de la théorie de la descendance. Il reste à savoir *d'où venaient ces cellules primitives?* ou en d'autres termes, à fixer l'origine de la première

---

*) Pour de détails plus précis sur cette question comme sur la théorie des cellules voir surtout les «Tableaux physiologiques» de l'auteur (Leipzig 1861) au chapitre «La cellule» (notamment page 269 et suivantes).

forme organique que Darwin a admise et qu'il suppose avoir été d'abord animée par le souffle d'un créateur? Peut-elle avoir surgi spontanément et par un effet naturel, ou bien faut-il nécessairement qu'elle ait été créée, et que le créateur ait artificiellement déposée en elle l'aptitude aux grands développements qui l'attendaient? — Si l'on devait s'arrêter à cette dernière supposition, ce serait, comme on dit vulgairement, «un grand accroc» pour la théorie. Admettre en effet la nécessité d'un miracle ou accident surnaturel, c'est donner aux naturalistes, qui se placent au point de vue théologique, le droit de dire: Si quelque action créatrice s'est exercée une fois, fut-ce même dans des temps si reculés, la même action a pu aussi bien s'exercer toujours.

Ainsi voilà que nous sommes ramenés à cette importante question, soulevée de tant de façons et résolue dans des sens si divers, la question de la *génération spontanée* (generatio aequivoca) ou de *l'apparition des premières cellules et des formes organiques inférieures* — qui est aujourd'hui l'axe sur lequel pivote toute la science des organismes. Si nous parvenons à établir la possibilité, la vraisemblance, ou mieux la vérité de ce fait, que l'apparition des premiers êtres est un résultat *naturel* de forces *naturelles*, nous tenons par la théorie de *Darwin* et de la descendance la clef de toutes les richesses du monde organique, et nous sommes à même de nous en rendre compte par des raisons naturelles. Car on a aujourd'hui la certitude, que les plantes et les animaux, même ceux qui possèdent l'organisation la plus haute et la plus complexe, ne sont qu'une agglomération plus ou moins compliquée de cette première forme organique élémentaire, la *cellule*; et que par suite de leur embryogénie non seulement elles peuvent, mais encore elles doivent reconnaître *la cellule* pour point de départ.

Une fois d'accord sur ce point de la question, nous n'avons plus à nous occuper de la *génération spontanée* pour des organismes *supérieurs* ou plus achevés, mais seulement pour les êtres organiques les plus bas et les plus incomplets, qui, comme nous le savons, consistent en une cellule unique ou même en un élément plus simple encore. En ce qui concerne les êtres un peu hautement organisés, il ne peut plus être question d'apparition immédiate ou de génération spontanée. Il est vrai qu'autrefois on élargissait le domaine de cette génération jusqu'au point de lui attribuer la création tout d'une pièce, d'êtres inférieurs, animaux ou végétaux, insectes, vers etc., dont on ne savait comment expliquer l'origine. Mais avec les progrès introduits dans la pratique des recherches on dut peu à peu renoncer à cette façon trop commode de traiter la nature; et enfin le microscope fit voir des œufs ou des germes partout où surgissent des organismes, et permit même souvent de découvrir par quelles actions et quelles voies secrètes ces germes sont survenus. On est ainsi arrivé finalement à ces organismes de l'ordre le plus bas, qui se composent d'une seule cellule et qu'on nomme *infusoires*, parce qu'au microscope on les voit se développer rapidement et en masse au sein de toute infusion aqueuse où l'on a fait macérer quelque substance organique. Au sujet de ces infusoires et sur la question de la spontanéité ou de la non-spontanéité de leur apparition s'est engagée comme vous savez une vive discussion entre les naturalistes. Après s'être assoupi quelque temps, le débat a été de nouveau ranimé par quelques savants français et agité même en partie au sein de l'Académie des sciences de Paris. Mais sur cette question, dans la forme où elle était posée, il ne semble pas qu'il fût possible de se prononcer, ni qu'il y eût aucune issue à un procès qui repose sur des expérimentations sujettes à des causes d'erreur innombrables et insaisissables. En effet, tant que l'on ne connaîtra pas exactement les circonstances dont le concours a été ou est encore nécessaire pour déterminer dans la nature l'apparition spontanée des premières cellules, on ne saura pas reproduire ces circonstances en retenant les germes contenus dans l'air, dans l'eau, etc.; et bien plus, il est vraisemblable maintenant, que la cellule elle-même, malgré sa simplicité, a déjà une organisation trop compliquée pour qu'on la regarde comme le produit immédiat de la réunion spontanée de matériaux informes inorganiques. Scientifiquement, cette apparition immédiate serait peut-être un aussi *grand miracle* ou une impossibilité aussi grande que la naissance subite d'un être supérieur du sein de la matière brute. La *cellule* n'est donc elle-même probablement que le dernier terme de toute une série de développements antérieurs, et ce n'est pas en *elle* qu'on doit espérer trouver l'origine de la vie; il faut la chercher plus loin en arrière dans ces formes récemment découvertes, qui ne sont pas encore des cellules et consistent simplement en de petites vésicules animées ou des mucosités à peu près informes. —

Et d'ailleurs, Messieurs, quand même cette donnée ne serait pas exacte, et quand toutes les expériences et tous les expérimentateurs se prononceraient contre la génération spontanée et sa persistance au temps présent, alors même la question ne serait pas absolument insoluble à un point de vue plus général ou philosophique. Il faudrait seulement admettre que, si la génération immédiate ne s'exerce plus aujourd'hui, c'est que les conditions qu'elle exige, se trouvent accidentellement et temporellement faire défaut, tandis qu'elles étaient réalisées autrefois dans les temps primitifs ou primordiaux de la formation terrestre. Cette supposition n'a rien de forcé ni d'invraisemblable, car nous savons bien que la terre a passé par des phases très diverses, dont quelques-unes ont pu se trouver plus propices à la génération spontanée, que l'état présent. En d'autres termes: la génération immédiate repose sur une loi naturelle, qui reste *latente* aujourd'hui ou ne se manifeste pas faute d'un concours de circonstances indispensables, tandis qu'elle a pu dans les temps primitifs s'exercer très largement.

Mais, Messieurs, ainsi que je l'ai déjà indiqué, il est excessivement probable que nous n'aurons pas à user d'un pareil argument, et l'on peut espérer que les progrès incessants de la science nous feront facilement franchir tous ces obstacles. Je puise, pour ma part, dans des considérations générales la ferme conviction que la génération spontanée s'exerce encore aujourd'hui dans son sens le plus général, et que tôt ou tard cette certitude nous sera livrée par la science. Plusieurs naturalistes considérables qui depuis l'apparition de la théorie de *Darwin* se sont appliqués à l'étude de ces questions, sont d'ailleurs du même avis que moi.

Le docteur *Gustave Jager*, entre autres, aggrégé à l'université de Vienne et directeur du jardin zoologique de cette ville, a consacré la *troisième* de ses «Lettres zoologiques» (Vienne 1864) exclusivement à la question de l'apparition des premiers êtres organiques; et il a éclairé cette étude sous le nouveau jour ouvert par la théorie de *Darwin*. Il dit avec beaucoup de justesse, dans son introduction, que sur cette question deux partis carrément opposés se sont trouvés et se trouvent encore en présence, les *supranaturalistes* et les *naturalistes*, et il ajoute:

«Lorsque ces deux opinions vinrent à se heurter pour la «première fois, la connaissance des faits était encore défectueuse «au point de laisser dans l'embarras les savants doués de l'ima-«gination la plus vive et la plus haute pénétration, si bien que «les *naturalistes* amenés à s'expliquer devant leurs contradicteurs «étaient réduits à donner des explications peu satisfaisantes et «qui aujourd'hui semblent presque ridicules.

«Maintenant c'est toute autre chose. La paléontologie, la «géologie, la géographie et les faits acquis à la topographie «végétale, à l'anatomie, à la physiologie et à l'embryologie, for-«ment comme un gigantesque arsenal au service de l'école réaliste.

« Au moment où *Duprein* donna par la publication de son livre le signal d'une nouvelle lutte, l'école réaliste, fortifiée par la connaissance d'une multitude de faits réputés inexplicables, se trouvait déjà maîtresse de la plus grande moitié du champ de bataille. Les supranaturalistes, qui avaient fait une campagne victorieuse sous la conduite de Cuvier, sont aujourd'hui chassés du terrain presque sur toute la ligne; et leurs adversaires les acculent dans leurs retranchements, ébranlés sous les coups d'une logique impitoyable. »

« C'est un grand combat qui se livre actuellement, un combat destiné à faire époque dans le domaine scientifique de la même façon que la guerre de trente ans a marqué sur le terrain de la vie religieuse. Et si l'on admet que c'est dans le champ de la vie organisée, que les plus hauts problèmes de la science doivent trouver leur solution, nous avons le droit de dire que cette lutte est la plus importante qui puisse jamais se rencontrer dans toute l'histoire de la science. »

Pour ce qui est de sa propre *théorie*, *Jæger* pense que les premiers êtres organiques se sont trouvés dans l'eau, et qu'ils se composaient des mêmes éléments que les corps organiques actuels — à savoir principalement de *carbone*, *d'hydrogène*, *d'oxygène* et *d'azote*; et par conséquent du composé d'oxygène et de carbone, *l'acide carbonique*, qui entrait pour une part considérable dans la composition de l'atmosphère primitive et aussi *d'ammoniaque*, composé très riche en *azote*; de sorte qu'une *dissolution aqueuse de carbonate d'ammoniaque* semblerait avoir été chimiquement le point de départ du développement des êtres organisés.

Quant à leur forme, ces êtres n'étaient, suivant *Jæger*, qu'une simple cellule, c'est-à-dire *uniocellulaires*; et ils se nourrissaient, comme aujourd'hui les cellules de la levure de matière inorganique, particulièrement de carbonate ammoniacal. *). On ne peut d'ailleurs pas penser qu'il y ait eu un centre unique de création, mais il faut admettre que le phénomène a eu lieu sur la plus grande partie de la surface terrestre; et la monotonie ou l'uniformité des conditions, qui régnaient alors sur toute cette surface, doit s'être imprimée passablement dans les premières formations organiques — en d'autres termes — la généralité des êtres sortis de la *première* création doit avoir été *uniloculaire*. Cette manière de voir est d'accord avec le fait que ces êtres à une seule cellule se trouvent encore présentement répandus avec la même monotonie sur presque toute la surface de la terre.

En ce qui concerne leur nature, *Jaeger* pense que ces êtres n'étaient ni animal, ni plante, mais une sorte d'intermédiaire, analogue à ces formes dont nous connaissons une quantité et qui tiennent encore actuellement le milieu entre la plante et l'animal. C'est seulement par suite de développements survenus plus tard, que ces premiers types se sont bifurqués en deux grands embranchements: le *règne animal* et le *règne végétal*. Il n'y a d'ailleurs absolument pas jusqu'à ce jour de caractère scientifique tranché, qui distingue l'un de l'autre ces deux règnes; au contraire nous connaissons une multitude de types de transition, qui résident aux plus bas confins de la vie et n'ont pas une nature déterminée, ni comme plantes, ni comme animaux. Cette circonstance a même fait naître l'idée de créer pour eux un règne spécial, celui des *protistes* ou *êtres primordiaux*. *Jaeger* n'admet comme caractère distinctif que la *contractilité* ou faculté de

---

*) Ainsi que nous l'avons donné à entendre, la cellule a déjà une conformation trop compliquée, pour qu'il soit permis de la regarder comme la forme primordiale de la vie; c'est plutôt le *sarcode*, sorte de mucosité, informe, animée, qui entretient déjà un échange de substance avec les milieux fluides qui l'environnent. Les premières cellules ont pu se former de ce *sarcode*, que nous apprendrons à mieux connaitre sous le nom de *plasma*.

revenir sur soi et de se détendre. Une cellule est-elle *contractile*, c'est un *animal*; dans le cas contraire on peut dire que c'est une *plante*. — Mais on trouve aussi des êtres uniloculaires, qui, contractiles à une certaine époque de leur vie, ne le sont pas à une autre époque; ce qui marque évidemment le point de transition entre les deux règnes ou leur point de contact. Car de tels êtres ne sont ni animal, ni plante, mais quelque chose de moyen entre les deux. On rencontre d'ailleurs des êtres *multiloculaires* qui offrent la même particularité ou quelque chose d'approchant: d'où il ressort clairement que nous ne nous faisons des idées distinctes de l'animal et de plante, que d'après les apparences extérieures des innombrables formes supérieures qui frappent journellement nos yeux, sans nous appuyer sur aucune donnée scientifique. Il n'est donc pas étonnant, suivant *Jæger*, que dans les couches terrestres les plus anciennes nous trouvions déjà des plantes et des animaux côte à côte, au lieu que suivant la théorie de l'échelle unique des êtres on se croyait obligé d'admettre que le règne végétal, le plus imparfait, avait dû devancer le règne animal, plus parfait, — ce qui est faux.

De ces organismes à une cellule ont procédé, par voie d'addition ou d'accolement, les organismes *multiloculaires*; et *Jæger* établit que ces derniers (au rang desquels comptent les types les plus élevés de la création) descendent tous des organismes à une cellule. Selon lui toute la paléontologie ou le développement des organismes primitifs offre la similitude ou la concordance la plus frappante avec le développement du germe durant les périodes de la vie *fœtale* et *embryonale*; phénomène qui se déroule journellement sous nos yeux et qui a fait l'objet immédiat de nos études. Ainsi, par exemple, les *plus anciens* types fossiles de poissons n'ont pas de squelette *osseux*, mais un squelette *cartilagineux*, pareil à celui des poissons actuels au premier temps de leur vie; et les squelettes fossiles des vertébrés les plus anciens ne comptent que trois grandes sections (tête, tronc et queue), tout-à-fait comme les mammifères actuels aux premiers temps de leur vie fœtale. — Et si l'on rencontre encore aujourd'hui des types arrêtés à tous les degrés de la vie organique, même les plus bas, Jæger en rend compte par cette raison, que le procédé général de développement, dont les êtres uniloculaires marquent le point de départ, se poursuit aujourd'hui de la même façon que dans les âges primitifs. À la question de savoir si l'on doit espérer retrouver dans la terre les restes de ces premiers êtres, Jæger, sans hésiter, répond négativement — attendu que ces êtres étaient beaucoup trop petits et trop mous, et que d'ailleurs les plus anciennes roches ont subi par l'accumulation des siècles des modifications intimes trop considérables. *)

Un autre savant dont nous avons déjà cité ici diverses opinions et qui, s'appuyant sur les principes de *Darwin*, a fait de très sérieuses études sur cette question, s'est prononcé là-dessus en termes presque identiques, quoique d'une manière plus explicite et plus affirmative. Les recherches approfondies du professeur *Hæckel* d'Iéna, qui semblent appelées à livrer une solution très simple de cette grave question, donnent en effet à penser qu'au-dessous des *uniloculaires* décrits par *Jæger* il existe encore des organismes d'un ordre inférieur, sans structure, sans forme de cellule, sans noyau, sans organes, se nourrissant par *absorption* immédiate et se reproduisant par voie de *section*. Ces êtres ne sont en réalité que de *petites masses d'albumine* contractiles, c'est-à-dire susceptibles de contraction et d'expansion toutefois dans une faible mesure et avec beaucoup de lenteur. Ils touchent de très près au genre des *rhizopodes* (animaux à pieds-racines), qui ont en plus une coque calcaire pour enveloppe. Ils ont la

---

*) On a néanmoins découvert dans une des roches les plus anciennes un de ces animaux primitifs (l'Eozoon canadense), sur lequel nous reviendrons plus en détail.

faculté de changer leur aspect extérieur en faisant sortir de leur corps des prolongements mous, informes, dits *pseudopodes* ou faux pieds. À cause de leur simplicité, *Haeckel* désigne ces êtres du nom de *Monères*, du mot grec μονήρης (simple), comprenant sous cette dénomination des petites masses organiques, albumineuses, informes, homogènes, aptes à la nutrition et à la reproduction, et chez lequelles toutes les fonctions organiques, au lieu de s'accomplir comme chez les animaux supérieurs par le moyen d'organes spéciaux, émanent directement de la matière organique informe.

Pour expliquer l'apparition de ces *monères* ou *globules plastiques* *), desquelles suivant lui tout le reste des êtres vivants provient par simple descendance, *Haeckel* admet, que pareilles à des cristaux dégagés du sein d'une dissolution, elles se développent dans un liquide où se sont déjà formés spontanément des composés *ternaires* ou *quaternaires* de carbone, d'hydrogène, d'*oxygène* et d'azote, — et que le phénomène s'accomplit peu à peu sous l'influence des attractions réciproques.

Haeckel pense que, s'il a été longtemps difficile d'admettre l'idée d'une *génération spontanée* (generatio aequivoca), c'est qu'on ne connaissait pas ces êtres très simples ou *Monères*; au lieu qu'à présent on ne peut plus douter que ces êtres marquent le premier degré de la vie, et que la cellule ou tout organisme cellulaire *les* reconnaisse comme point de départ. Pour ce qui est du procédé même, la transition à la cellule s'accomplit par une condensation du point central, qui devient comme un *noyau* dans la masse plastique de la monère; ce noyau s'entoure peu à peu de la substance visqueuse, et finalement apparait la membrane qui enveloppe le tout. C'est ainsi qu'on expliquait autrefois la formation des cellules par le schème de Schleiden et

---

*) Plasma signifie: masse, substance formatrice

Schwann; la cellule passant, pour se dégager, immédiatement et spontanément du sein d'un liquide où la matière plastique était contenue. *Hæckel* établit toutefois cette distinction que l'organisation cellulaire n'est *jamais* spontanée, mais qu'elle a pour condition indispensable la préexistence des monères. Ainsi se trouve écartée la question de la génération spontanée, telle qu'on l'a posée jusqu'à ce jour. — Par suite de différences relativement peu considérables dans les conditions chimiques ou extérieures, il a pu apparaître au sein de la mer primitive, qui a entouré la terre à peine refroidie, de nombreux types de monères ou de nombreuses espèces indépendantes les unes des autres, et la plupart de ces espèces peuvent avoir été anéanties dans le combat pour l'existence. Un certain nombre cependant a dû se conserver, et celles-là sont devenues les premiers ancêtres du monde organique tout entier. Suivant *Hæckel* chacun des grands groupes d'êtres organiques est sorti d'un genre particulier de monères; ce qui n'empêcherait pas d'ailleurs toutes ces monères d'espèces diverses de résulter de la modification graduelle d'une seule forme, c'est-à-dire d'une monère — *unique*, non quant au *nombre*, mais quant à *l'essence*. «Il se peut, dit *Hæckel*, que, pendant des «milliers d'années, de nombreuses générations de ce premier «animal aient peuplé l'océan primitif dont la terre refroidie «s'était couverte, jusqu'au jour où la variation des conditions «extérieures de la vie, auxquelles ces êtres d'origine commune «durent s'approprier, eût amené des modifications dans leur «masse albumineuse et homogène etc.» *)

---

*) Il vient de paraître tout nouvellement dans la «Gazette d'Iéna pour la médecine et les sciences naturelles» (Volume IV, 1er cahier) une monographie des monères avec dessins, par *Hæckel*. «Il est impossible, dit l'auteur, d'imaginer des organismes plus simples, plus imparfaits que ces monères».

Note de la 2ème édition.

Seulement *Hæckel* ne décide pas si ce phénomène, qu'il nomme *autogonie* ou *génération de soi-même*, dure encore aujourd'hui. La seule chose dont on soit sûr, à son avis, c'est que le fait a dû se produire au moins une fois à l'origine des temps. La paléontologie ne peut d'ailleurs, pour les raisons exposées par *Jæger*, rien nous fournir sur ces premiers commencements. *Hæckel* reconnaît, d'accord avec *Jæger*, qu'il est impossible d'établir une distinction entre la *plante* et l'animal, et il se trouve conduit à admettre une catégorie intermédiaire, celle des *protistes* ou êtres primordiaux. Le seul caractère *essentiel*, par lequel les deux règnes organiques diffèrent, consiste selon lui en ce que la cellule acquiert dans les développements de la *plante* une plus grande consistance que chez *l'animal*. Enfin *Hæckel* résume lui-même sa théorie dans ces quelques paroles: «Tous les organismes, qui peuplent aujourd'hui ou qui ont jamais peuplé la terre, ont été produits dans le cours d'immenses espaces de temps par la transformation lente et le perfectionnement graduel d'un très petit nombre de types primordiaux, (peut-être même d'un seul); et ces types s'étaient eux-mêmes dégagés du sein de la matière inanimée par le procédé d'autogonie attribué aux organismes les plus simples, plastides ou monères.»

Dans sa simplicité et sa vraisemblance cette théorie d'*Hæckel* lève toutes les difficultés dont la génération spontanée (generatio aequivoca) a été l'occasion. Elle se trouve d'ailleurs expérimentalement confirmée par une découverte paléontologique très importante, faite récemment en Amérique; mais dont l'exposé m'oblige à reprendre les choses de plus loin:

On avait cru jusque là, que les roches dites *siluriennes* ou *cambriques* formaient les couches les plus anciennes de l'écorce terrestre; et ce fait paraissait à bon droit surprenant et peut-être même défavorable à la théorie de la descendance. Cependant on pourrait à la rigueur par des raisons géologiques se rendre compte de la présence simultanée dans ces couches inférieures d'un nombre assez considérable de plantes et d'animaux déjà passablement développés, bien qu'appartenant aux espèces les plus basses. Mais *S. W. Logan* découvrit dans le Canada, au-dessus du cours du *Lorenzo*, une série de roches d'une puissance considérable, qui ont dû précéder encore les formations siluriennes ou cambriques les plus anciennes; et qui ont exigé pour arriver à leur état actuel d'immenses espaces de temps. On a désigné ces couches du nom de *formation laurentienne*. Or cette roche *laurentienne*, retrouvée d'ailleurs ça et là en Hongrie et en Bavière, comprend un banc calcaire épais de mille pieds, où se rencontrent des débris organiques. Ces débris sont les coquilles d'une grande espèce de *Rhizopodes*, animaux qui marquent, à peu de chose près, le plus bas degré de la vie, *) et qui ne représentent en réalité qu'une de ces petites masses molles de plasma décrites par *Haeckel*: enrichies seulement d'une enveloppe calcaire. Cette enveloppe s'est conservée et se retrouve mêlée au calcaire d'Amérique, comme les premiers vestiges d'un essai de la vie sur la terre. Naturellement de l'animal lui-même il ne reste rien. Il existe encore en grand nombre de pareils animaux sur le fond de nos mers. Ils consistent en une petite vésicule muqueuse animée, sans structure définie, sans forme de cellule, avec une coquille excessivement mince. Depuis le jour où la lumière du soleil pénétrant l'atmosphère de vapeurs qui voilait la terre, eut excité les premières lueurs de la vie, jusqu'à l'instant présent où l'eau, l'air et la terre sont peuplés d'une variété si riche d'êtres, ces petits animaux n'ont pas changé. On a nommé «Eozoon Canadense» ou *animal aurore du Canada* l'animal

---

*) Les *Rhizopodes* sont un ordre de la classe animale la plus basse, celle des *protozoaires* ou animaux primordiaux.

trouvé au Canada, pour rappeler que lui ou ses pareils ont marqué la première aurore de la vie sur la terre. *)

Ainsi donc avec ces animaux ou avec leur classe nous toucherions au premier ou presqu'au premier degré de la vie, ou, ce qui est plus encore, nous saurions expliquer *par des voies naturelles* le phénomène de la vie, cette merveille, la plus grande de toutes celles que l'on rencontre dans la nature! — Cependant pour ébranler cette opinion on pourrait peut-être encore emprunter à la chimie une dernière objection et nous dire: Mais qui a produit les *composés organiques*, du sein desquels se développent ces premiers êtres, ces globules de plasma ou d'albumine, ces monères, ces cellules primordiales? Pouvez-vous nous faire admettre, que ces composés se dégagent spontanément de la matière inorganique, quand nous savons qu'ils ont besoin pour se produire de l'action de corps *organisés*?

Cette objection, Messieurs, est encore une de celles qui ont perdu leur valeur dans l'espace de ces dix à vingt dernières années. Les grands résultats de la *synthèse* chimique ont ruiné ce dernier refuge des partisans du *vitalisme* en histoire *naturelle* et du *supranaturalisme* dans la *philosophie* de la nature. On forme aujourd'hui chimiquement de toutes pièces et par les seules forces de la matière inorganique les composés organiques les mieux caractérisés, comme l'*alcool*, le *sucre de raisin*, l'*acide oxalique*, l'*acide formique*, les *corps gras*; et même l'*albumine*, la *fibrine*, la *chondrine* — toutes substances qui ne gardent rien de la nature inorganique, ne sont plus *cristallisables*, mais seulement *coagulables*, et desquelles on croyait encore récemment qu'elles *ne* pouvaient se former *que* sous l'action immédiate de la

---

*) *Darwin* aussi compte l'Eozoon dans la classe la plus basse des animaux connus, mais en faisant remarquer que sa coquille indique déjà pour cet animal une certaine supériorité dans l'intérieur de sa classe.

vie. Et ce qui se peut faire dans le laboratoire du chimiste, devient assurément bien plus facile dans l'immense et mystérieux laboratoire où travaillent les forces les plus violentes de la nature! On ne peut donc refuser à la nature la puissance d'organiser la matière brute sans le secours d'êtres organisés, puisque nous-mêmes sommes en état de remplir *artificiellement* une telle tâche. *)

Quelques-uns parmi vous, Messieurs, vont penser peut-être qu'il devrait dès lors être possible de composer artificiellement des êtres organisés, et que nous ne serions plus bien loin du fameux homunculus de nos pères, qui devait sortir tout achevé des creusets du chimiste. Il ne peut cependant être sérieusement question d'un tel rêve, car nous ne serons jamais en état de réaliser artificiellement les circonstances et les conditions si diverses et si difficiles dont le concours est indispensable pour produire un organisme déjà passablement compliqué. Le *temps* surtout nous ferait défaut, le temps dont il faut disposer dans la mesure la plus large et la plus illimitée pour l'accomplissement d'un pareil phénomène. Tout au plus pourrions-nous, en soumettant des composés organiques artificiels à toutes les influences de vie nécessaires, réussir à en tirer ces êtres ou types originels de l'ordre le plus bas dont il a été question. Mais pour ce qui est de l'élévation ultérieure de ces êtres à des types plus élevés, il n'est pas vraisemblable que nous puissions jamais, resserrés comme nous le sommes dans l'espace et le temps, réunir les conditions nécessaires à la production artificielle d'un type quelconque, alors même que ces conditions nous seraient parfaitement connues. Au reste, l'esprit humain a déjà tant fait et de

---

*) Toute la matière organique qui se trouve sur notre terre, remonte en dernière origine à la nature inorganique ou minérale; et longtemps avant que des êtres organisés aient apparu sur la terre, de tels composés organiques ont pu et ont dû même nécessairement se développer à sa surface.

si grandes choses, qu'il dépassera peut-être aussi sur ce point nos plus audacieuses espérances. *) Mais l'homunculus et tout ce qui lui ressemble restera éternellement hors de notre portée, attendu que les types organiques développés et aujourd'hui existans sont le dernier produit d'un pénible travail de plusieurs millions d'années, accompli par la nature elle-même, — travail que nous ne serons jamais en état d'imiter même de très loin. Je vous laisse aujourd'hui Messieurs avec cette consolation; dans notre deuxième conférence nous nous occuperons des objections élevées contre la théorie de Darwin. **)

---

*) «Le génie de l'homme», dit *Georges Pouchet* dans son excellente ouvrage «De la pluralité des races humaines etc.» (Paris 1864), «n'a pas de bornes; qui peut dire où il arrivera? Qui sait si, nouveau Prométhée, créateur à son tour, il ne soufflera pas un jour la vie à quelque espèce nouvelle sortie de ses laboratoires?»

**) À ce propos il est bon de citer ici une observation du professeur *Schaafhausen* de Bonn, consignée dans un mémoire adressé à Milne-Edwards en 1862. *Schaafhausen* examinant au microscope des granulations de $1/2000$—$1/3000$ de ligne d'épaisseur, les vit produire la *monade* ou premier type de la vie animale. Il vit ensuite *la monade se transformer peu à peu en infusoires d'un ordre plus élevé*; et il observa chez des plantes et des animaux le même ordre de faits, s'accomplissant seulement dans la capacité d'une cellule plus grande. Voir pour plus de détails «Force et matière» 9ième édition, pages 73 et 74, en note. Des observations analogues se trouvent consignées chez une foule d'autres auteurs, comme *Pineau*, *Nicolet*, *Pouchet*, *Joly*, *Musset*, *Wymann*, *Mantegazza* etc., qui ont tous vu la genèse primitive ou spontanée s'opérer sous leurs yeux. «Nous-même, ajoute *Georges Pennetier* représant tous ces témoignages dans un excellent traité des animaux microscopiques (Les microscopiques, extrait, etc., Rouen 1865), nous-même nous l'avons plusieurs fois suivi dans toutes ses phases, et nous pouvons affirmer avec Mr. *Schaafhausen*, qu'on peut voir les infusoires se produire aussi sûrement qu'on voit des cristaux se former dans une solution, qui en contient les éléments.» Enfin le professeur *Hallier* d'Iéna a vu un champignon filiforme commun (Penicillium glaucum) affecter dans des milieux différents des formes si diverses, qu'il aurait fallu, pour se conformer aux principes usités, en faire des espèces ou même des genres distincts; «Et des cas pareils, ajoute-t-il, on en registre chaque jour de nouveaux.»

DEUXIÈME CONFÉRENCE.

Messieurs, dans ma première conférence je vous ai rapidement exposé la doctrine de *Darwin* et ses conséquences — et ces aperçus ne peuvent manquer de laisser une impression durable dans l'esprit de tout homme sérieux. Que de graves objections pouvaient être et seraient inévitablement élevées contre sa théorie, personne mieux que *Darwin* lui-même ne l'a pressenti; aussi consacre-t-il à ces objections une bonne partie, et même la plus grande, de son livre; les formulant, pour les réfuter, avec une finesse admirable et une profonde connaissance de la matière. Il profite de cette occasion pour développer plus largement différents points de sa théorie, en les précisant mieux; et il déploie dans l'appréciation des raisons contradictoires une telle impartialité, qu'on ne peut mettre en doute, que la possession de la vérité ne soit son seul but.

L'examen de *toutes* les objections qui ont été faites à *Darwin* ou qu'il s'est posées à lui-même, pourrait nous entraîner beaucoup trop loin. Je me contenterai donc d'en relever *une seule* des plus graves et que je ne puis passer sous silence, attendu que nous l'avons, pour ainsi dire, sous la main, et qu'elle paraît irréfutable au premier abord. Cette objection, la plupart d'entre vous l'ont déjà soulevée dans leur esprit ou se sont au moins intérieurement consultés à son égard. Il ne s'agit d'ailleurs pas de l'objection *théologique*. *Darwin* n'a pas consacré à cet argument de réfutation directe; il a seulement voulu en amoindrir la portée par cette considération, que l'idée d'une création bornée à quelques types, disposés dès l'origine en vue de tous les développements ultérieurs, ferait plus d'honneur à la grandeur et à la sagesse de Dieu que l'hypothèse des actes de création réitérés. Il va sans dire, qu'une explication pareille n'est qu'un *faux-fuyant*, auquel *Darwin* pouvait se dispenser de recourir, s'il n'avait tenu à ménager les croyances bibliques de ses concitoyens, même au détriment de la vérité. En effet toute sa théorie est basée, comme vous savez, sur le hasard le plus aveugle et ne suppose que le concours le moins prémédité des forces et des rapports naturels; il n'y est en aucun point question d'une loi de développement ordonnée par quelque sagesse prévoyante. Si un *ordre* assuré règne dans la nature, cet ordre ne peut être considéré, suivant *Darwin* lui-même, que *comme l'état d'équilibre* dans lequel les êtres vivants se sont peu à peu placés à la suite de la *lutte* engagée entre eux. [La théorie de *Darwin* est donc à ce point de vue la plus naturaliste qu'on puisse imaginer, et elle pose l'athéisme beaucoup plus sûrement que ne faisait celle de son précurseur tant décrié, *Lamarck*. *Lamarck* admettait au moins une loi générale de progrès et de développement, au lieu que *Darwin* fait reposer tout le développement organique uniquement sur une accumulation graduelle d'actions naturelles minces et fortuites, qui sont innombrables.]

Ainsi donc, ce n'est pas cet argument fourni par la *théologie*, mais bien une objection *scientifique*, que je veux examiner avec vous; — objection d'autant plus grave qu'elle ne porte pas seulement contre la théorie de Darwin in specie, mais aussi contre toutes les théories de transmutation, et au point de les rendre toutes impossibles si d'abord on ne réussissait à l'écarter. Elle emprunte d'ailleurs une importance spéciale à ce fait, qu'elle entre sérieusement en question, lorsqu'il s'agit d'appliquer la théorie de la transmutation à l'homme et de déterminer la place qu'il occupe dans la nature et dans le règne animal. Cette objection peut se formuler ainsi:

S'il est vrai, que tous les êtres animés se soient peu à peu formés, par développement, les uns des autres, il a dû y avoir une multitude de *degrés de transition* ou de *formes intermédiaires*, dont il faudrait retrouver les traces ou les débris dans le sol, comme on y retrouve ceux des formes accomplies. Pourquoi ces formes intermédiaires n'existent-elles pas? Ou, si elles existent, pourquoi ne les a-t-on pas trouvées?

A ces questions il y a trois réponses à faire: *Premièrement* l'objection porte à faux, attendu que nous connaissons déjà un grand nombre de formes intermédiaires, et que l'on en découvre de nouvelles tous les jours, particulièrement dans le règne des animaux à *conques*. Ces animaux, grâce à leur enveloppe pierreuse ou calcaire, se trouvent être les mieux conservés de tous les êtres primitifs, et leurs diverses séries sont aussi les plus faciles à compléter et celles qui se raccordent le mieux. On a déjà pu à l'aide des formes conchyologiques transitoires que l'on connaît, composer de longues séries, dont les termes extrêmes diffèrent tellement, que l'idée d'un rapprochement serait inadmissible à défaut d'intermédiaires pour indiquer lentement la transition.*) Et la découverte récente de nouvelles couches de formation a permis de combler des lacunes qui auparavant étaient complètes. C'est ainsi que ces dernières années, en déterminant dans les versants Sud et Nord des Alpes autrichiennes les couches de *Hallstadt* et *St Cassian*, on a découvert entre le Lias et le Trias moyen tout un monde d'animaux marins, com-

---

*) Mr. *Davidson*, l'auteur d'une savante monographie des brachiopodes d'Angleterre, dit que la Spirifera trigonalis et la Spirifera crassa, les deux termes extrêmes d'une série ainsi formée, diffèrent à ce point, que l'idée de les rapprocher répugnerait à toute personne, qui n'aurait pas vu les formes intermédiaires qui les relient.

posé d'en moins 800 espèces, qui comblent d'un seul coup une vaste lacune; et sans doute qu'il reste à faire encore un grand nombre de semblables découvertes. Il faut considérer aussi qu'avant *Darwin* on ne voulait rien savoir des *variétés*; on les rejetait comme un lest inutile, au lieu qu'à présent on commence seulement à les recueillir et à en comprendre le prix.

Au reste, Messieurs, du moment que l'on considère la chose sous son vrai jour, on voit que pour les animaux *supérieurs*, les *mammifères*, par exemple, il n'en est pas autrement que pour les mollusques marins. Ainsi l'Elephas primigenius (Mammouth ou éléphant primitif) n'est que le dernier terme d'une longue série qui ne compte pas moins de 20 espèces d'éléphants primitifs. Ces formes de transition comblent l'intervalle que laissent entre eux le *Mastodonte* (une espèce d'éléphant dont on suit l'origine jusqu'au commencement de la période tertiaire) et notre éléphant actuel. Le *Rhinocéros*, que l'on retrouve partout côte à côte avec l'éléphant, se relie de la même façon avec ses représentants primitifs. L'anatomiste Anglais *Owen* a découvert une quantité de formes fossiles intermédiaires entre les *ruminants* et les *pachydermes*, de façon que la distance énorme, qui sépare le *chameau* du *porc* par exemple, se trouve supprimée.

La découverte récente du remarquable oiseau l'*archæoptrix macrurus* promet un rapprochement entre deux groupes d'animaux, dont les formes respectives sont tout-à-fait distinctes et divergentes, l'*oiseau* et le *reptile*. *)

---

*) À la faveur de cette découverte on peut, si l'on veut, faire sortir les reptiles et les oiseaux, de la même souche, comme Geoffroy-St.-Hilaire l'avait déjà tenté en 1828, alors qu'il faisait dériver les oiseaux des reptiles. L'archæoptrix macrurus a été découvert en 1861 à Solenhofen dans le haut Jura; il fut acheté pour l'Angleterre au prix de 5000 thaler, ce qui prouve assez quelle importance on attachait à cette découverte. La longueur totale de l'animal est 1 pied 8 pouces, sa largeur 1 pied 4 pouces. Il a une queue semblable à celle du lézard, longue de 11 pouces et demi et formée de

Un grand nombre de géologues, zoologues et paléontologues font aussi la faute de chercher des formes intermédiaires entre deux espèces existantes. C'est une erreur suivant *Darwin*: car les formes qui existent actuellement, ne proviennent pas les unes des autres, mais chacune d'elles est le résultat et le dernier terme d'une longue série de développements. Il faut donc, quand on veut relier entr'elles deux formes données, leur chercher, *non pas* un intermédiaire direct, mais quelque ancêtre commun que l'on ne connaît pas. Ainsi, le pigeon paon et le pigeon grosse-gorge ne descendent pas l'un de l'autre, mais les deux se rattachent au pigeon de rocher, et chacun par des intermédiaires qui lui appartiennent en propre. Il n'y a pas non plus de forme qui tienne le milieu entre le *cheval* et le *tapir*; cependant ces deux animaux descendent de quelque ancêtre commun, mais inconnu, qui a pu être très différent de chacun d'eux et qui a disparu depuis longtemps. Une souche beaucoup moins reculée, mais éteinte aussi, relie les quatre formes actuelles du *cheval*, de *l'âne*, du *zèbre* et du *quagga*, bien qu'on n'ait pu découvrir d'intermédiaire immédiat entre ces quatre types d'animaux. On comprend d'ailleurs que les souches communes disparues, auxquelles il faut remonter, sont d'autant plus lointaines qu'il s'agit de rattacher ensemble des formes existantes plus dissemblables.

20 vertèbres minces, allongées, dont chacune porte une paire de plumes, au lieu que la queue des oiseaux actuels, brève et ramassée, ne compte que de 5 à 9 vertèbres courtes dont la dernière seule porte les plumes de la queue. C'est seulement à l'état embryonaire ou pendant la vie fœtale que les oiseaux actuels ont les vertèbres de la queue distinctes; l'autruche par ex. en compte de 18 à 20, qui se réduisent à 9 par la croissance. De plus, l'arrangement en éventail des plumes insérées à l'extrémité des membres antérieurs de l'archæoptrix macrurus est une disposition moins parfaite que celle de nos oiseaux d'à présent; toutes ces circonstances accusent un type lointain de formation d'un caractère embryonaire et qui réduit au moins jusqu'à un certain degré la grande distance qui existe entre l'oiseau et le reptile.

Chose incompréhensible, on a très souvent négligé d'observer cette condition, la première et la plus importante de toutes, pour faire la critique et l'application de la théorie de *Darwin*. De vive voix ou dans des écrits souvent on a émis devant moi des jugements, qui prouvaient qu'on commettait un énorme malentendu. Par exemple, des gens vous disent des choses de ce genre: Quoi! voulez-vous nous persuader qu'un lion peut provenir d'un âne ou un éléphant d'un tigre!!

En effet, Messieurs, si la théorie de *Darwin* tendait à nous mettre dans l'esprit quelque chose de pareil, il serait juste de la reléguer au rang des pures curiosités de la science. Mais elle est assez défendue d'un pareil reproche par cette considération déjà invoquée: que les formes organiques du monde actuel ne descendent pas les unes des autres, mais qu'elles sont seulement les derniers résultats ou les plus récentes extrémités des rameaux venus sur les grandes souches du passé, par suite de l'action lente de la nature exercée durant des millions d'années. Il est naturellement inadmissible que ces types puissent se suivre, attendu que chacun d'eux représente le dernier terme dans une série particulière qui s'est développée pour son compte; mais d'autre part on comprend très bien que ces termes extrêmes existent côte à côte sur le même terrain et au même moment.* C'est de la même façon à peu près que sur un arbre deux feuilles appartenant à des branches différentes sont l'une près de l'autre et se touchent parfois en se balançant au vent, bien que leur point de départ se trouve dans des parties de l'arbre toutes diffé-

---

*) «Les formes organiques qui existent côte à côte, dit le professeur *Hallier* (Théorie de Darwin, Hamburg 1865), se sont formées les unes auprès des autres, mais non pas les unes des autres. Beaucoup de gens se représentent le Darwinisme comme exprimant la possibilité d'une transition d'une espèce vivante à une autre. Celui qui se fait de pareilles idées, prouve qu'il n'a même pas lu le livre de Darwin.»

rentes, et qu'il faille, si l'on voudrait avoir la première origine de chacune, remonter séparément à travers les rameaux, les branches et le tronc, jusque dans des racines distinctes. A ce propos, *Darwin* fait une remarque très juste dans un certain passage de son livre où il dit: « La maxime «natura non facit saltum» (la nature ne procède jamais par bond) ne nous paraît pas juste si nous considérons le monde vivant *actuel* ou les êtres qui habitent *aujourd'hui* la terre; mais elle se justifie aussitôt que nous faisons entrer en compte le passé et que nous nous demandons quelles ont été les *racines* des êtres aujourd'hui vivants? Ces êtres semblent avoir entr'eux de grandes lacunes, mais ce n'est qu'en apparence et parce que les intermédiaires, qui les unissaient, sont morts depuis longtemps. » — En somme, comme je vous l'expliquais dans ma première conférence, tous les groupes ou tous les types divers se tenaient beaucoup plus près les uns des autres dans le passé; au lieu qu'aujourd'hui ils se sont écartés en rayonnant autour du type primitif, et ils semblent ainsi laisser entr'eux des lacunes beaucoup plus grandes. —

Une deuxième et meilleure réfutation de l'argument tiré du défaut de formes intermédiaires se trouve dans *l'état* extraordinairement *incomplet* du *bulletin de la science géologique*. Au début de ma première conférence je vous ai déjà fait remarquer, quelle portion relativement minime de la surface terrestre a été scrutée par la paléontologie, et quelles lacunes considérables en doivent résulter dans nos connaissances sur les êtres primitifs. Les trois quarts ou les trois cinquièmes des couches terrestres de formation se trouvent enfouies sous la mer, et de l'autre quart une grande partie est couverte de hautes chaînes de montagnes ou bien fermée à nos investigations par divers obstacles. Mais les points accessibles eux-mêmes ne nous sont que partiellement et très défectueusement connus. Ainsi, l'immense continent américain, autrefois relié à l'Asie, et qui pourrait, par cette seule raison, nous livrer des éclaircissements précieux, est encore à peu près complètement inexploré. Et d'autre part quelles portions considérables de la surface terrestre ont été primitivement noyées et fouillées par la mer ou les fleuves et les restes qu'elles contenaient totalement détruits! Ne possédant ainsi que des *fragments* de l'histoire du globe, il ne faut pas nous étonner que la succession des races nous semble pleine d'interruption et ne nous soit connue que *par morceaux.* *) Ajoutez à cela, que les êtres organiques ne se conservent le plus souvent que d'une manière fort incomplète, et qu'il faut encore pour cela, dans un lieu donné, un concours d'accidents particulièrement heureux. Les organismes tout-à-fait mous ne se conservent jamais, et les coquilles et les os eux-mêmes disparaissent, s'ils n'ont pas été recouverts, c'est-à-dire assurés à l'avance contre les agents de destruction par l'accumulation lente de dépôts de *sédiment*. Lyell cite dans son «Ancienneté du genre humain» un exemple saisissant pour montrer la rapidité avec laquelle les restes organiques peuvent être détruits. En 1853, lorsque les travaux de dessèchement de la mer de Haarlem furent achevés, on ne retrouva nulle trace d'ossements humains, bien que l'on eût sillonné le sol des canaux dans tous les sens. Et cependant il y avait eu sur cette mer des naufrages et des combats; des centaines de soldats Espagnols et Hollandais y avaient été perdus; une population d'environ 30 ou 40000 âmes avait durant des siècles habité ses bords. Quel-

---

*) «Dans cet état de choses, dit le professeur *Huxley* (Des causes des phénomènes dans la nature organique), et les connaissances que nous pouvons acquérir étant déjà, comme on voit, très incomplètes, on n'a guère fouillé sérieusement plus de la dix-millième partie des lieux accessibles de la terre. Aussi peut-on dire à bon droit, que les notions géologiques sont encore fort incomplètes; car je le répète, il est inévitable, vu la nature même des choses, que ces notions ne soient souverainement incomplètes et décousues.»

-ques débris de vaisseaux, des monnaies, des armes, etc., ou ne trouva rien autre chose."

Tout ce, que nous avons dit, serait déjà suffisant, pour expliquer, comment il se fait que nos connaissances paléontologiques aient tant de lacunes, et pourquoi les formes intermédiaires nous font si souvent défaut. Mais voici une considération nouvelle à laquelle *Darwin* croit devoir attacher une importance capitale: «De la façon dont les faits géologiques sont réglés, dit-il, des lacunes ne pouvaient manquer de se produire, attendu que les diverses formations géologiques sont séparées par d'immenses périodes. En effet, chaque région de la surface terrestre subit sans cesse de nombreuses et lentes variations de niveau; tantôt une région s'élève du sein de la mer, tantôt elle s'y enfonce, et ces mouvements embrassent une grande étendue." *) Ces alternatives ont eu pour effet de rendre intermittentes les indications, que peut fournir la géologie concernant la formation des êtres organiques. Car, pendant la phase *ascensionnelle*, qui est le moment le plus favorable à la formation de nouvelles formes vivantes, il ne se produit pas de ces dépôts sédimenteux grâce auxquels les restes organiques peuvent se conserver, au lieu que ces dépôts se précipitent pendant la période *d'abaissement*. Ainsi lorsqu'elle reparaît au-dessus de l'eau, une région se trouve peuplée d'espèces récentes, qui se sont formées cependant en d'autres endroits, mais

---

*) La justesse de cette assertion ne saurait être contestée. On constate encore à l'âge présent des oscillations lentes de niveau en différents points de la surface terrestre: en Scandinavie, dans l'Amérique du Sud, en Italie etc. A Valparaiso la côte en 220 ans s'est élevée de 19 pieds; à Chiloe le mouvement a été plus sensible encore. A Coquimbo le sol en 150 ans a monté de plusieurs pieds. En général, ces mouvements sont suivis de très longues pauses. On évalue à 200 pieds l'exhaussement du sol de la Scandinavie depuis les temps historiques. Voir pour d'autres exemples «Antiquité du genre humain» par Lyell (traduction allemande de l'auteur, Leipzig 1864.) Note de l'auteur.

elle ne contient pas enfouis les restes, qui permettraient de rattacher ces espèces à celles qui existaient avant l'immersion. Il faudrait pour établir ce rapprochement, qu'on recueillît un grand nombre de types provenant de localités différentes; mais le paléontologue n'est presque jamais en état de le faire. Néanmoins chaque année livre des trésors nouveaux qui confirment la théorie; le nombre des types intermédiaires connus va croissant, et l'on se trouve de mieux en mieux à même de combattre les erreurs du passé. Combien de temps n'a-t-on pas cru, qu'il n'avait pas existé de grands mammifères *avant* l'époque tertiaire, ou qu'il n'y avait pas de singes fossiles! On connaît aujourd'hui une quantité de singes fossiles, et l'on a trouvé de grands mammifères dans les terrains secondaires et même dans des formations plus anciennes. La même chose est arrivée pour les *oiseaux*. Jusqu'en 1858 on n'avait pas trouvé de restes d'oiseaux remontant au-delà de l'époque tertiaire, mais on découvrit alors dans le haut du grès vert de la couche crayeuse (formation secondaire supérieure) les restes d'un oiseau aquatique de la famille des mouettes. C'est à des temps plus reculés encore que remonte l'archaeoptrix macrurus, le remarquable fossile ailé du schiste de Solenhofen qui se rattache à l'*oolithe* de l'époque secondaire. Suivant *Darwin*, on a même reconnu déjà dans le grès rouge l'empreinte du pied de trente oiseaux gigantesques dont on n'a pas trouvé le moindre débris. Et aussi les nouvelles découvertes à mesure qu'elles se multiplient, établissent mieux de jour en jour, que l'apparition soudaine et immédiate d'un nouveau groupe d'espèces (par ex. des vrais poissons osseux de l'époque crayeuse) n'a jamais eu lieu, comme on l'admettait autrefois. *)

---

*) Comme nous l'avons déjà dit souvent, la paléontologie est une science encore au berceau. Chaque jour lui apporte une découverte et lui en fait espérer de nouvelles. Ainsi le savant naturaliste *A. Gaudry* a rapporté à

La troisième et dernière réponse que *Darwin* oppose à l'argument tiré de l'absence des formes intermédiaires, a trait aux conditions dans lesquelles ces formes ont dû vivre. On ne trouve que fort rarement, suivant *Darwin*, les restes des formes de transition, parce que leur solidité et leur durée ont été moindres que chez les types mieux affermis qui sont venus après. Et si elles ont disparu plus facilement et plus vite, on en peut donner deux raisons:

La *première*, c'est que la periode de variation dans les conditions extérieures de la vie, qui est surtout le temps propice à la production de nouvelles formes, en excitant l'action sélectrice de la nature, est relativement très courte, comparée au temps indéterminé pendant lequel persistent les formes organiques une fois qu'elles se sont modifiées et mises jusqu'à un certain point en harmonie avec leur entourage. *Charles Vogt* cite dans ses conférences sur l'homme (Vol. II. page 266—269) un exemple sur lequel je reviens et j'insiste, pour bien démontrer la justesse de cette idée. Suivant *Vogt*, l'ours brun d'à présent descend certainement de l'ancien ours des cavernes de l'époque diluvienne, et nous connaissons très exactement les trois degrés qui font la transition entre ces deux types. Mais il est rare que l'on trouve les restes de ces êtres intermédiaires, au lieu que l'ours des cavernes et l'ours brun se rencontrent en quantité; particulièrement le premier, qui n'a presque jamais fait défaut dans les innom-

---

Paris de *Pikermi*, en Grèce, une multitude de fossiles qui représentent pour la plupart des intermédiaires très intéressants à connaître et dont *G. Pennetier* dans son opuscule sur la mutabilité des formes organiques, Paris 1866, a dressé le bulletin. Par ces découvertes se trouvent reliées entr'elles non seulement des familles de mammifères déjà voisines, mais encore celles qui différent le plus, comme l'*ours* et le *chien*, le *porc* et le *cheval* etc.; tellement que Gaudry lui-même s'écrie avec étonnement: «Où s'arrêtera la paléontologie dans cette voie de découverte d'intermédiaires?» Voir pour plus de détails l'opuscule cité

brables cavernes du temps diluvien que l'on a pu explorer. Cette particularité ne peut s'expliquer que par la variation relativement brusque des milieux et par l'épuisement rapide de ces types intermédiaires dans la lutte qu'ils étaient forcés de soutenir contre ces conditions nouvelles d'existence.

Il faut remarquer d'ailleurs que l'influence de la variation des milieux a toujours atteint son maximum d'effet et de persistance aux endroits où de la *vie dans l'eau* il y a eu passage à *la vie sur terre et dans l'air*. Toute forme vivante qui dans l'histoire de la terre a pu résister à une telle transition, se présente aussitôt comme déjà assez hautement organisée. *Darwin* croit qu'il subsistent encore de ces types de transition; par ex. le Mink (Mustella vison), qui poursuit le poisson dans l'eau pendant l'été et chasse les animaux terrestres en hiver.

La *seconde* raison, pour laquelle l'extinction des êtres intermédiaires ou de transition est plus facile et plus rapide, se trouve dans la simple considération de ce fait, que, la violence de la lutte et l'intensité de la concurrence atteignant leur plus haut degré entre les formes qui se touchent du plus près ou qui ont entr'elles le plus d'affinités, les formes intermédiaires qui sont encore mal affermies, ont le plus d'occasion d'être détruites. Celles au contraire qui par une épreuve prolongée de la lutte se sont le plus différenciées, peuvent vivre aussi le plus facilement côte à côte, parce qu'elles se font une concurrence d'autant moins vive pour satisfaire aux conditions de l'existence. Ainsi donc, pour les formes intermédiaires, les chances de ruine sont d'autant plus grandes, que les occasions de naître sont plus nombreuses; et plus le progrès est prompt et significatif (tel qu'on le voit surtout chez les formes les plus hautes de vertébrés), moins sont visibles ses transitions.

L'extinction des intermédiaires a lieu aussi très positivement dans un autre domaine, qui peut paraître très éloigné de celui dont nous nous occupons ici, et qui a pourtant avec lui beaucoup d'analogie et de grands rapports; c'est le domaine de la *linguistique*. Les diverses *langues* se comportent absolument de la même façon que les *espèces*, se développant et procédant les unes des autres et se faisant concurrence. Toutefois, au point de vue de l'étude de ces lois communes, les langues ont ce grand avantage de varier beaucoup plus vite que les races et les espèces et d'offrir ainsi un champ beaucoup plus accessible à l'expérience et à l'observation immédiates. Les espèces peuvent durer cent mille ans, mais on ne sait pas qu'une langue soit jamais restée vivante plus de *dix siècles*. Cette analogie, aussi intéressante qu'importante, *Darwin* la signale à la page 426 de son livre, mais il n'insiste pas assez. Le géologue *Lyell* au contraire, s'appuyant sur les travaux du fameux philologue *Max Müller*, fait dans un chapitre de son «Antiquité du genre humain» l'application de la théorie darwinienne à la linguistique. Il y démontre péremptoirement, que les espèces dans la nature, et les langues dans l'histoire changent d'après des lois identiques. Toutes les langues subissent les mêmes vicissitudes auxquelles les espèces sont sujettes, et nulle n'est marquée pour une éternelle durée. S'il est difficile de distinguer les *espèces* d'avec les *variétés*, la difficulté se retrouve la même entre les *langues* et les *dialectes*. Aussi les philologues ne sont-ils pas plus d'accord sur le nombre des langues, que les naturalistes ne le sont sur celui des espèces, et en comptent-ils environ de 4 à 6000. On n'a trouvé d'ailleurs aucune définition satisfaisante de l'idée de «langue» opposée à l'idée de «dialecte», pas plus que des deux idées «d'espèce» et de «variété.» Dans l'évolution des langues la «variation» et la «sélection naturelle» sont aussi les deux influences déterminantes souveraines; là aussi de grands effets sont produits par l'accumulation d'une multitude d'influences minces en elle-même et insignifiantes en apparence, telles que l'introduction d'expressions étrangères, la venue d'orateurs ou d'écrivains considérables, les inventions, les découvertes, l'acquisition de nouvelles connaissances, la concurrence incessante qui s'engage entre les différents mots etc. Toutes ces actions finissent par changer la langue, et le fait qui domine dans ce résultat, c'est la *disparition définitive des termes ou des formes intermédiaires*. La traduction de la bible faite par Luther a assuré au dialecte Saxon la prédominance dans toute l'Allemagne, mais aujourd'hui, au bout de 300 ans seulement, Luther est devenu presque incompréhensible. On a observé que dans une colonie, isolée et sans relations, où la concurrence a par conséquent peu de prise, la langue mère se conserve à ce point, qu'au bout de 5 à 600 ans les colons n'entendent plus le nouveau langage, que par suite des relations et du progrès se sont fait les habitans de la mère patrie. Ainsi le prince Bernhard de Saxe-Veimar rencontra lors de son voyage dans l'Amérique du Nord (1818—1826) une colonie allemande dont les relations fréquentes avec l'Europe avaient été interrompues par les guerres de la révolution française (1792—1815), durant un quart de siècle environ. Bien que l'isolement n'eût pas été complet, cependant les colons parlaient un vieux dialecte usité en Allemagne au siècle précédent, et qui depuis y était tombé en désuétude. Une colonie norwégienne fixée en Islande vers le 9ème siècle, ayant gardé son indépendance environ 400 ans, continuait à parler la vieille langue gothique, tandis que par suite de ses relations avec le reste de l'Europe la Norwége avait pris une langue nouvelle dérivée de la première.

La même raison fait que nous ne comprenons plus aujourd'hui *l'ancien allemand*, pas plus que les anglais n'entendent *l'ancien Anglais*, ni les Français le *vieux francais*. Les savants seuls peuvent lire notre grand poëme héroïque national des *Niebelungen*, quoiqu'il ne remonte pas à plus de 700 ans.

À mesure que la civilisation gagne chez un peuple, les progrès de la langue deviennent plus rapides, car le travail se divise davantage, c'est-à-dire que les idées se précisent et chacune d'elles trouve son expression spéciale. *La richesse du vocabulaire* est donc l'indice caractéristique de l'état d'avancement d'une langue et de l'état de culture de l'homme. (D'après certains calculs, fruits du désoeuvrement de quelques-uns de ses compatriotes, Shakespeare aurait le plus riche vocabulaire connu.)

Sur l'*extinction des formes intermédiaires* en linguistique et sur les conséquences que ce fait entraîne, *Lyell* cite un très intéressant exemple qui se trouve bien à notre portée: La langue *hollandaise* est, comme on sait, une forme de transition entre l'*Allemand* et l'*Anglais*. Si donc le hollandais devenait une langue morte, soit que politiquement le pays se trouve absorbé dans un autre soit à la suite de quelque accident physique, la distance, qui existe entre l'*Anglais* et l'*Allemand*, se trouverait considérablement accrue; et les philologues de l'avenir, à supposer qu'ils n'eussent pas connaissance de cette langue éteinte, pourraient croire à peine qu'il y ait eu un lien entre ces langues de deux grandes nations, malgré que ce lien aurait réellement existé. Ainsi c'est bien à la disparition des intermédiaires qu'il faut attribuer les grandes dissemblances, qui apparaissent entre les *langues* aussi bien qu'entre les *espèces* vivantes, et les incompatibilités apparentes, qu'on y observe, n'ont pas d'autre origine. Une langue une fois éteinte n'est d'ailleurs pas susceptible de revivre, pas plus qu'une espèce disparue ne saurait renaître.

Ceux qui veulent entrer plus avant dans l'étude de ces intéressantes analogies, feront bien de consulter outre *Lyell* le livre du professeur *Schleicher*: «La théorie de *Darwin* et la linguistique» (1863). L'auteur, dont les travaux sur l'origine et la formation des langues sont très remarqués, déclare que les principes *darwiniens* s'appliquent de tout point au procédé de développement des langues. Ainsi, presque toutes nos langues européennes ont une souche commune, la *langue mère indogermatique*, sur laquelle se sont développés divers embranchements, qui sont eux-mêmes devenus le point de départ de nouvelles ramifications, et ainsi de suite. Et, comme l'observe *Schleicher*, ce n'est pas là une simple hypothèse, mais un fait scientifiquement établi. Le philologue a seulement dans cet ordre d'études un grand avantage sur le naturaliste, c'est de se mouvoir sur un terrain plus facilement accessible. On peut en effet observer et suivre pas à pas une langue, la langue latine par exemple, dans toute son évolution; et l'on constate sur elle, avec certitude, que les langues varient tout le temps qu'elles sont parlées. Les *monuments écrits* fournissent l'élément indiscutable de cette observation. À *défaut* de monuments écrits une pareille étude serait impossible, et la tâche du savant deviendrait même alors plus difficile que quand il s'agit des *espèces*. Les transformations d'une langue exigeant d'ailleurs beaucoup moins de temps, on comprend qu'il soit aussi moins difficile à l'esprit de les saisir et de les embrasser. De plus, la structure de toutes les langues les mieux organisées laisse voir d'une manière frappante, que leur développement a eu lieu par degrés, en commençant par les formes les plus simples; et qu'elles n'ont connu à leur point de départ que la *partie significative* des mots; c'est-à-dire les termes simples qui rendent les sensations, les images, les idées, etc., sans aucune inflexion grammaticale. Dans le principe ces premières racines se sont formées en quantité, de la même manière absolument que les cellules organiques; ce qui prouverait qu'il y a eu d'abord une quantité de langues mères, toutes soumises au même procédé de développement. Les formes organiques initiales se sont constituées, comme animal ou comme plante, par un procédé unique, et c'est seulement plus tard que leurs développements ont affecté des directions différentes; — il en a été de même des origines des langues.

Les langues doivent avoir eu, suivant *Schleicher*, une existence *préhistorique beaucoup plus longue que leur durée historique* — ce qui est d'ailleurs conforme aux résultats livrés par les plus récentes recherches sur l'ancienneté du genre humain et son existence préhistorique. Il ne faut pas perdre de vue que nous ne connaissons rien des langues avant l'invention de *l'écriture*, et que cette invention marque un degré déjà très avancé dans l'histoire du développement de l'humanité.

Dans le cours de cette période préhistorique de même que pendant les âges historiques, une quantité de langues ont dû s'éteindre; et il s'en est formé aussi de nouvelles, qui se sont développées et étendues au détriment de celles qui les avaient précédées. *Il est même vraisemblable que le nombre des groupes de langues dont la disparition avait devancé l'histoire, et desquels nous ne saurons absolument rien, est de beaucoup supérieur* à celui des langues qui ont survécu. Dans le combat pour l'existence, l'avantage est resté aujourd'hui aux langues *indogermaniques*; elles sont extraordinairement répandues, spécialisées et développées; et elles comptent une multitude d'espèces et de variétés. Par suite de la disparition presque générale des formes *intermédiaires*, par suite des migrations des peuples et pour mille autres raisons semblables, les transitions se trouvent supprimées; de sorte qu'on les prendrait aujourd'hui pour autant de langues essentiellement différentes, existant côte à côte sur le même terrain — exactement comme sont les espèces dans le monde organique! Pour plus de détails, je vous conseille de lire vous-même l'ouvrage que j'ai cité.

Vous voyez, Messieurs, par ce qui précède, avec quelle habileté et quel bonheur aussi *Darwin* a su écarter les difficultés que rencontrait sa théorie (particulièrement la grave objection tirée de l'absence des formes intermédiaires); et vous voyez aussi comment des points en apparence les plus lointains de la science humaine accourent se grouper autour d'elle d'importantes et lumineuses analogies. Ainsi que je vous le disais déjà dans ma première conférence, on a voulu déprécier cette théorie, en lui reprochant de n'être qu'une pure *hypothèse*, autrement dit, une supposition dont on ne peut démontrer la justesse. Mais un pareil reproche ne signifie pas grand'chose, attendu que c'est grâce à de telles *hypothèses* et seulement avec elles, que les plus importantes découvertes ont été faites, et que les progrès dans les sciences, notamment dans les sciences naturelles, ont été obtenus. La seule considération qui doive entrer dans l'appréciation d'une hypothèse, est de savoir si elle repose sur un nombre de faits suffisant, et si elle en est bien logiquement déduite. Or on ne saurait contester, que la théorie de *Darwin* satisfasse à cette condition; et ce qui prouve le mieux sa justesse, c'est que par elle on se rend un compte simple et facile d'une quantité de faits et de rapports inexpliqués et inexplicables sans elle; et même, ce qui à proprement parler importe le plus, on les explique sans recourir qu'à des causes *naturelles* et suivant les voies mêmes *de la nature*. Toute explication, qui n'a pas ce dernier caractère, en réalité n'explique rien; mais elle donne seulement l'aveu et l'expression de notre ignorance; elle néglige les lois naturelles et le fait accompli, pour invoquer le *miracle*, auquel la science répugne à si bon droit. Ce reproche fait à *Darwin* de n'avoir bâti qu'une hypothèse, sonne étrangement surtout dans la bouche des *Orthodoxes* religieux, eux dont la doctrine (fondée sur l'immutabilité des espèces et la création réitérée) mérite bien mieux le titre d'hypothèse, et cela dans le sens le plus défavorable du mot. Car outre que ces derniers ne savent produire aucun fait à l'appui de leur opinion et se contentent d'alléguer la croyance de l'église à certaine puissance extranaturelle et surnaturelle qui aurait créé l'univers et le monde organique — leur hypothèse se trouve dans la plus flagrante contradiction avec les faits réels et les procédés logiques de la science, laquelle ne reconnaît nul rapport de filiation hors l'enchaînement naturel et nécessaire de la cause à l'effet. Ce que nous n'avons pu expliquer encore, reste en attendant un énigme pour nous; mais sans que nous nous adjugions le droit, parce que l'énigme se présente, de l'habiller aussitôt d'un miracle à sa mesure pour fermer l'accès à toute recherche sérieuse.

À mon avis, Messieurs, *Darwin* n'a donc que peu de chose, il n'a même rien à craindre pour sa théorie de ce côté; et ses explications une fois données, les gens éclairés ne peuvent plus, il me semble, mettre en doute, *que des espèces se soient formées et se forment encore par les voies qu'il indique.* — Mais quand nous aurons à nous poser la question de savoir, si les procédés de transformation décrits par *Darwin suffisent* pour expliquer tout le développement du monde organique: ce sera tout autre chose; et aussi peu j'ai hésité tout à l'heure à me prononcer en faveur de *Darwin*, aussi résolument j'avouerai que ses indications ne me paraissent pas suffisantes pour ce but. En effet, si vous essayez la théorie de *Darwin* à tous les cas isolés et à tous les phénomènes de la nature organique, il se trouve toujours un grand nombre de cas ou de phénomènes ou d'effets, que la théorie n'explique pas, ou bien qui semblent en contradiction avec elle, ou qui enfin donnent à entendre que la *nature a effecté encore d'autres* voies pour arriver à la transformation des espèces. Et l'on ne peut douter que ces voies ne soient assez nombreuses, — car il faut admettre que la nature dans sa richesse infinie et son infinie variété poursuit rarement son but par un seul chemin. Je suis sur ce point complètement d'accord avec *Charles Vogt*, qui, traitant de la théorie de Darwin dans la Gazette de Cologne, lui assure d'ailleurs sa pleine adhésion, tout en déclarant que «plusieurs chemins mènent à Rome.» Un des justes reproches qu'on a fait à *Darwin*, c'est d'avoir accordé trop peu d'importance dans la variation des êtres à *l'influence immédiate des conditions extérieures de la vie* et de leurs changements (climat, sol, nourriture, air, lumière, chaleur, distribution de la terre et de l'eau, etc. etc.) — sans doute par prédilection pour sa propre idée et afin de lui faire la plus belle part. Vous avez vu dans ma première conférence, que *Darwin* mentionne il est vrai souvent ces conditions extérieures, mais, et c'est là ce qu'il faut noter, *il ne les fait jamais jouer un rôle, qu'en concurrence avec la «sélection naturelle» qu'il affectionne*. Cependant leur action propre est considérable, et l'on doit admettre que les transformations des êtres organiques ont été énergiquement influencées par les états sans cesse changeants de la surface terrestre; surtout si l'on considère la configuration très variable et très compliquée des continents. Cette action a dû prendre une importance particulière dans les lieux où elle a été secondée par la *migration des animaux et des plantes*. Le phénomène de la migration embrasse la presque généralité des organismes, et les causes, qui le produisent, sont la disette ou le déplacement d'une espèce par une autre ou bien un changement survenu dans le climat ou l'état du sol, etc. Parfois aussi la migration est toute fortuite et involontaire, soit que les eaux ou le vent ou les oiseaux emportent au loin des semences végétales; sans parler d'autres causes analogues.

Par le fait de la migration les conditions extérieures peuvent se trouver changées assez brusquement, et le plus souvent ces transitions amènent des résultats surprenants. *) Pour ne

---

*) Dans un excellent opuscule du professeur *Moritz Wagner*: «La théorie darwinienne et la loi de migration des organismes» Leipzig 1868, l'importance de la migration, au point de vue de la théorie darwinienne,

citer qu'un exemple, tiré de l'espèce humaine et le plus rapproché de nous, pensez que le type *anglais* s'est modifié tellement en *Amérique* et en *Australie*, dans un intervalle relativement assez court, qu'au premier coup d'œil on peut le plus souvent distinguer un Anglais d'avec un Américain ou un Australien. Pour vous faire une idée de l'importance de ces résultats pendant des périodes plus grandes, reportons-nous à l'exemple des peuples et des langues *indogermaniques*, qui ont immigré d'Asie (entre le Gange et l'Hymalaïa) en Europe. Il est établi par des recherches philologiques que les *Suédois* et les *Indous ariens* de l'Inde ont une origine commune, car ils représentent les termes extrêmes du développement de toute la race. Tous les membres de cette grande famille arienne semblent avoir eu leur berceau commun à l'Est ou au Sud-Est de la mer Caspienne; mais quelle différence aujourd'hui entre un Indou et un Suédois ou un Norwégien! — Et quelles transformations, toutes à leur avantage, ont subi dans leur nouvelle patrie les nègres d'Afrique transplantés en Amérique! Leur peau s'est éclaircie, leur esprit a gagné en intelligence et en vivacité. Cependant, d'après la théorie

a été parfaitement appréciée. Suivant l'auteur, *c'est une condition nécessaire de la sélection naturelle*, que les organismes subissent des migrations et fassent des colonies; condition sans laquelle la sélection perd son efficacité propre et son importance. A défaut de migration la sélection resterait inefficace, et les deux phénomènes sont unis par la réciprocité la plus étroite. Les espèces qui n'ont pas de migrations, meurent peu à peu ou ne varient pas, absolument comme certains autres organismes auxquels la nature a donné une trop grande vertu d'expansion. L'auteur, qui a voyagé beaucoup, cite à l'appui de ses opinions de nombreux exemples intéressants; et il trouve que la loi formulée par lui comble une lacune essentielle de la théorie de la transmutation et écarte un grand nombre des reproches qu'on pourrait faire à la théorie Darwinienne. Dans les âges primitifs de la formation terrestre les migrations étaient beaucoup plus considérables; mais elles se sont trouvées restreintes et définies par les soins de l'homme, et l'amendation *artificielle* a pris la place de la sélection naturelle.

Note de la 2ème édition.

de *Darwin* même, un nègre ne deviendra jamais un blanc, ni inversement — comme le croient bien des gens superficiels; attendu que le blanc et le nègre ne descendent pas l'un de l'autre, mais proviennent de formes intermédiaires sans nombre, dont les racines premières se perdent vraisemblablement au sein du règne animal.

Mais sans même recourir aux importants phénomènes de la *migration*, il ne manque pas d'observations directes qui déterminent la part d'influence, propre aux conditions extérieures, sur la conformation des êtres organisés et leurs variations. Ainsi le nouveau continent Australien, qui se distingue des autres contrées par l'état particulier de son climat, de son sol, de son atmosphère etc., possède aussi une faune et une flore toutes spéciales, avec des formes souvent bizarres ou extravagantes.

Les arbres n'y donnent pas de verdure, ils sont garnis de piquants et ne poussent que des feuilles pâles, grêles, qui dirigées verticalement n'arrêtent pas le soleil. Dans l'*Amérique du Sud* le caïman, le puma, l'autruche, le jaguar, etc. sont de plus petite taille que les espèces correspondantes de l'ancien continent. En *Syrie*, en *Perse* tous les mammifères (même ceux de provenance étrangère) se revêtent d'un long poil blanc. En *Corse* les chiens et les chevaux se couvrent de taches. Dans l'île de *Cuba* les porcs ont doublé d'épaisseur, ils ont pris des oreilles droites, et leurs soies sont devenues noires. Les chats primitivement introduits au *Paraguay* y ont changé tellement, que les chats plus récemment venus d'Europe ne s'accouplent pas avec eux sans répugnance. La même chose s'est produite, en sens inverse, pour notre cochon d'Inde, qui descend certainement du Cavia Aperea d'Amérique. Ce dernier animal est à l'état sauvage tout différent du cochon d'Inde domestique qui refuse de s'accoupler avec lui. Tous les chevaux des pampas de l'Amérique du Sud descendent d'un étalon, que les espagnols y ont perdu en

1537; mais ils diffèrent complètement de leur premier ancêtre, le cheval gris, à faible crinière, des steppes de l'Asie centrale, introduit en Espagne par les Arabes. Le pelage et en général la robe des animaux est toujours modifiée suivant la nature du climat. C'est d'ailleurs un fait général que le sol et tout l'entourage d'un animal ont sur son extérieur une action marquée. Les zônes tropicales ou torrides produisent les couleurs vives et éclatantes, tandis que sous les climats froids c'est le blanc qui domine, et tout y revêt une teinte pâle. Les animaux qui habitent les sables, prennent la couleur de ces sables; ceux qui se tiennent sur les troncs d'arbre, ont une couleur d'écorce, ceux qui vivent sur les feuilles, sont verts etc. etc.

Si de tels exemples, que l'on pourrait d'ailleurs multiplier à volonté, suffisent déjà dans les bornes étroites de notre expérience, à faire ressortir l'influence que les conditions extérieures de la vie et leurs variations exercent sur les organismes, il est certain que la même cause, agissant d'une façon lente et continue pendant la durée indéfinie du développement terrestre, a dû amener les modifications les plus profondes dans les organismes animaux et végétaux, surtout si l'on considère quels changements ont dû subir le climat, l'atmosphère, la température, la répartition des eaux, le niveau du sol s'élevant dans certaines contrées tandis qu'il s'abaissait dans d'autres, de nouvelles montagnes surgissant à côté d'autres qui s'abymaient, et des régions entières se trouvant inondées tandis que des mers étaient mises à sec. Un certain nombre de savants, qui n'ont d'ailleurs pas adopté les idées de *Darwin*, accordent une telle importance à l'action des circonstances extérieures et du milieu ambiant, qu'ils ne réclament rien autre pour expliquer toute la succession des espèces dans le passé comme dans le présent. *)

---

*) De ce nombre se trouve *Geoffroy St Hilaire*, qui fait jouer le rôle capital aux variations atmosphériques.

Sans aller jusque là, si l'on prend le juste milieu, qui consiste à faire agir la «sélection naturelle» *darwinienne* d'accord avec les conditions extérieures, la tâche est rendue bien plus facile, et l'on dispose de *deux* principes puissants et assurés pour expliquer la transmutation.

On ne peut d'ailleurs guère se refuser à admettre l'intervention d'un *troisième* principe, peu apprécié il est vrai, jusqu'à ce jour, et négligé par *Darwin*, mais qui s'exerce pendant les phases de la génération sur les êtres organiques en germe et produit ce qu'on appelle le *changement de génération*. Cette idée n'est pas nouvelle, on l'a déjà mise en avant mainte fois; et le professeur *Baumgartner* de Fribourg, entr'autres, a émis en 1855 l'opinion, que les animaux supérieurs pourraient bien être sortis des germes ou des oeufs d'animaux inférieurs par suite de la *division* ou de la métamorphose des germes. Mais sur ce point les observations sont trop peu nombreuses, et les faits intimes, qui s'y rapportent, sont encore trop obscurs pour qu'on ait su quant à présent rien avancer de positif. Grâces cependant à la théorie de *Darwin* et au mouvement qu'elle a provoqué, on est revenu à ces idées fécondes, et des savants, dans le sens véritable du mot, en ont fait l'objet de leurs travaux. Je veux parler ici du rapport lu à la société des sciences physiques et médicales de Würzbourg par l'anatomiste et physiologiste distingué, le professeur *Kœlliker*; rapport qui fut imprimé et publié à Leipzig, 1864.

Après avoir relevé vivement dans ce mémoire ce qu'il juge *défectueux* dans la théorie *darwinienne*, *Kœlliker* fait ressortir aussi les avantages de cette théorie, et il déclare, *que Darwin, en tout cas, a frayé la seule voie* qui puisse aboutir à une solution juste de la question de l'origine des formes organiques. Suivant *Kœlliker*, l'apparition des organismes à l'état d'êtres accomplis est inadmissible. Leur apparition n'a donc pu se faire qu'en vertu d'une loi générale de développement. Mais *Kœlliker* voit le principe de cette loi, non pas tant dans la «sélection naturelle» darwinienne, que dans ce qu'il nomme la *théorie de la génération hétérogénique*; théorie d'après laquelle les oeufs ou germes, fécondés ou non, des organismes *inférieurs* peuvent, dans certaines conditions, se convertir en d'autres formes, quelquefois plus élevées; et non pas par le procédé lent que *Darwin* affectionne, mais plutôt par une *brusque transition*. Kœlliker invoque à l'appui de cette thèse les remarquables accidents du *changement de génération*, de la *parthenogenesis*, de la *métamorphose*, et aussi la souplesse avec laquelle pendant les phases premières de sa formation l'embryon se laisse égarer sous des influences relativement faibles loin des formes de son développement normal. D'où il résulterait que tout le règne organique repose sur un plan fondamental, dans lequel les formes les plus simples ont une tendance à fournir des épanouissements de plus en plus variés.

Quoique je n'admette pas, pour des raisons qui me paraissent suffisantes et d'accord en ceci avec *Darwin*, l'existence d'un plan fondamental, je regarde pourtant l'idée de *Kœlliker* comme très féconde et comme pouvant acquérir une grande portée, pour peu qu'on la développe, en la précisant mieux, par des recherches positives. En tout cas, elle repose déjà sur une nombreuse série de faits qui démontrent la grande susceptibilité des organes reproducteurs ou des germes, des oeufs et des embryons à l'égard des actions et des influences du dehors. C'est ainsi que dans les basse-cours on arrive par certaines pratiques artificielles exercées sur les oeufs, à modifier dans un sens déterminé les résultats de la couvée; et que chez tous les animaux on peut produire à volonté des monstres par une mutilation calculée de l'embryon. La nourriture plus ou moins abondante donnée aux parents a une très grande influence sur le développement des rejetons. Ainsi les *abeilles* par des soins spéciaux et une nourriture mesurée plus largement à des larves de travailleuses, placées d'ailleurs à part, en font sortir des reines; et les *fourmis* à l'aide d'un régime spécial poussent des ouvrières neutres à leur complet développement. — Inversement, c'est ainsi qu'*Edwards* a empêché des têtards de devenir grenouilles, en leur supprimant la lumière. Non pas que leur croissance fut arrêtée, ils atteignaient des proportions monstrueuses, mais à l'état de têtards et avec leur queue. — *Agassiz* dit expressément que, si deux germes *pareils* se trouvent arrêtés par des influences extérieures à des degrés divers de leur développement, il en peut résulter deux genres différents.

Ainsi donc, Messieurs, d'après ce qui précède, s'il est vrai que la théorie *darwinienne* ne suffise pas à résoudre *d'un mot* le grand énigme de la vie organique, et si de nouveaux principes doivent être appelés en cause, je ne crois pas que cela diminue en rien la valeur de la théorie. Dans une question aussi difficile et aussi obscure c'est déjà bien assez d'avoir avancé, ne fût-ce que d'un pas, vers la solution ou seulement d'avoir découvert le chemin pour y conduire. Et quand la science devrait trouver encore d'autres procédés dont la nature peut se servir pour amener les transformations des êtres, ce fait ne saurait amoindrir la gloire de *Darwin* — bien au contraire; car *Darwin* est l'homme qui a placé sur sa voie la science des recherches positives, dans un démêlé que nul avant lui n'avait osé aborder franchement, parmi ceux-là même auxquels cette tâche semblait de droit revenir. En somme, *Darwin* a eu ce mérite, qu'on ne saurait trop apprécier, d'introduire de nouveau une direction *philosophique* dans les sciences naturelles et de battre en brèche un empirisme grossier et inintelligent dont tout le monde avant lui subissait la loi. Avant *Darwin*, on eût dit, à en croire les importants eux-mêmes, qu'il était interdit à ces sciences de faire plus que chercher des matériaux, observer, classer systématiquement, couper, peser, etc. La spécialisation du travail et des esprits poussée si loin à notre époque rendait encore plus difficile toute tentative de généralisation. Il fallait un homme de grande science positive et alliant à son savoir le sens et les aspirations d'un esprit vraiment philosophique, pour oser entreprendre une telle tâche, sans s'attirer l'anathème de tous les empiristes ou sans courir le risque de se perdre encore dans les spéculations vaines et discréditées de l'ancienne philosophie de la nature. Car les spécialistes plongés dans l'étude des détails sont par le fait incapables d'un pareil travail, et d'ordinaire les arbres les empêchent de voir la forêt.

Il était du reste indispensable qu'un homme comme Darwin vint tôt ou tard, attendu que la simple accumulation des matériaux, à défaut d'idée synthétique qui en composât un tout, était parfaitement stérile. Tout au plus en pouvait-on attendre quelques minces applications utiles, soit à l'industrie, soit dans les besoins journaliers de la vie, soit aux autres sciences. Cette introduction de la philosophie dans la science positive a eu encore un autre effet, qu'au point de vue philosophique j'estimerais plus précieux encore que la théorie *darwinienne* elle-même — c'est de bannir définitivement et avec des armes positives du domaine des sciences naturelles ou mieux de la science ce qu'on appelle *l'idée des causes finales*. Depuis longtemps déjà, comme vous savez, quelques naturalistes, doublés de philosophe, avaient attaqué au nom de la logique cette idée funeste qui repose sur des conceptions interverties; ils avaient même réussi à ce point que dans de certaines limites, et notamment en physique, cette idée est à peu près ruinée, et qu'on y évite toutes les formules qui pourraient même implicitement la contenir. Mais il n'en devenait que plus difficile de généraliser ce résultat jusque chez tous les hommes érudits et dans le domaine des autres sciences. Car il s'agissait de bannir cette vieille idée, que dans les écoles on inculque de force — vous le savez, Messieurs, par expérience — à tous les jeunes cerveaux, et suivant laquelle les riches combinaisons de la nature prouvent l'infinie sagesse et l'infinie bonté d'un créateur, à l'égard duquel on conçoit l'univers comme une montre par rapport à l'horloger qui l'a mise en mouvement. Ce sont surtout messieurs les théologiens qui tirent le plus grand parti de cette idée des causes finales. Ils s'en sont fait un thème inépuisable, et ils trouvent enfin que c'est une disposition admirable et pleine de sagesse, que nous ayons le nez au milieu du visage, et que les yeux ne nous viennent pas sur l'orteil.

Il est vrai que pour le profane, qui, ne se reportant pas au passé, ne considère que leur utilité dans les rapports variés de la nature, celle-ci présente une si grande quantité de dispositions avantageuses, d'adaptations justes, de proportions excellentes de termes qui se complètent les uns les autres, en un mot, de rapports qui semblent calculés à l'avance et à dessein, — qu'il n'y a rien d'étonnant à ce que la simple intelligence humaine, avant d'être disciplinée par la réflexion et la logique, et quand l'entente scientifique du mécanisme intime des faits naturels lui fait défaut, arrive à admettre des décrets tracés en haut et des phénomènes réglés en vue de l'ordre de l'univers. C'est tout autrement que la *science* envisage la question; elle ne s'inquiète pas seulement comment les choses se passent et sont ordonnées *aujourd'hui*, mais aussi ce qu'elles étaient *auparavant*, et par quelles voies naturelles ces rapports réglés ont pu insensiblement s'établir? — C'est alors que la *théorie* de *Darwin* livre soudain les explications les plus saisissantes et fournit des preuves qui ne sont pas tirées seulement de la spéculation philosophique, mais qui, appuyées directement sur les faits et les exemples vivants, s'imposent aux esprits *les moins* préparés. Le professeur *Schleiden*, qui n'a pas réussi ces dernières années avec ses attaques aussi maladroites que mal justifiées contre le matérialisme, à cueillir de nouveaux lauriers pour refaire sa couronne passablement endommagée, s'est vu contraint lui-même de confesser ouvertement, après avoir lu le livre de *Darwin*, qu'il n'est plus permis maintenant, sans se risquer, de parler des causes finales dans la nature. *)

Et de fait, Messieurs, vous avez eu dans le cours de ma conférence mainte occasion déjà, d'apprécier sur des exemples les explications données par *Darwin* et l'enchaînement de ses idées; aussi j'aime à croire que vous aurez vu le secret des nombreuses et excellentes concordances et des avantageuses dispositions que présente la nature, dans les faits tels que *Darwin* les a retracés plutôt que dans un ordonnancement préconçu en vue de certaines fins. *D'une part* en effet, la «sélection naturelle» et «la lutte pour l'existence» étant données, pendant le cours de périodes sans fin il ne pouvait pas se faire autrement, que toutes les dispositions et propriétés avantageuses, c'est-à-dire opportunes, que tous les rapports utiles entre les êtres, et plus généralement dans la nature, ne soient provoqués, pour ainsi dire, méthodiquement et ne se trouvent fixés à la longue; — *d'autre part*, en vertu des procédés de développement et de l'hérédité, les êtres retenaient bon nombre de parties ou de dispositions de parties, qu'on ne saurait en aucun cas qualifier d'utiles, mais qui sont au contraire nuisibles ou indifférentes. Comme exemples de ces dernières, *Darwin* signale les oreilles des plantes grimpantes. Pour de telles

---

*) Le professeur *Haeckel* que nous avons déjà cité si souvent, dit pareillement (Morphologie générale des organismes, Vol 1, page 160): «Nous voyons dans la découverte faite par Darwin de la sélection naturelle dans le combat pour l'existence la preuve la plus concluante pour la valeur exclusive des causes mécaniques dans tout le domaine de la biologie; *nous y voyons la ruine définitive de toute conception téléologique ou vitaliste des organismes.*»

plantes ces vrilles sont utiles, et l'on pourrait croire qu'elles ont été ménagées en vue de leur utilité, si on ne les retrouvait chez une quantité d'autres plantes *qui ne grimpent pas*. La peau dénudée de la tête du *vautour* semble être une disposition excellente pour cet animal qui fouille dans les cadavres en putréfaction, mais on la rencontre aussi chez le *dindon* qui n'a cependant pas les mêmes habitudes et se nourrit au contraire avec propreté. On a voulu voir dans les *sutures* au crâne des jeunes mammifères une excellente disposition ménagée en vue de faciliter l'acte de la parturition. Ces sutures à la vérité sont souvent très utiles alors, mais on ne peut admettre qu'elles existent pour cet objet, attendu que l'anatomie *les a trouvées aussi au crâne des jeunes reptiles et des jeunes oiseaux*, lesquels n'en auraient pas besoin puisqu'ils éclosent d'un oeuf. Comme nous l'avons déjà dit, les palmures aux pieds de la frégate et de l'oie terrestre ne sont d'aucune façon utiles à ces animaux; dans leur genre de vie actuel elles leur seraient plutôt nuisibles, mais ils les doivent à l'*hérédité*. Les os concordants dans le bras du singe, dans le pied de devant du cheval, dans l'aile de la chauve-souris et dans la nageoire du phoque ne servent de rien à ces animaux; ce sont seulement les restes d'un héritage qu'ils tiennent d'ancêtres depuis longtemps disparus. La dent empoisonnée de la *vipère* et le tube à pondre de l'*ichneumon* ne sont pas justifiés par des raisons téléologiques ou d'utilité, puisqu'ils sont simplement nuisibles à d'autres êtres animés. L'aiguillon de la *guêpe*, de l'*abeille* n'est assurément pas disposé en vue d'une utilité, puisqu'il amène la mort de l'animal qui le porte, dès que celui-ci en fait usage etc. etc. Dans le corps humain lui-même, que nous regardons par habitude comme l'expression d'une sagesse et d'une prévoyance infinies, et qui nous semble réaliser le plus haut degré de perfection auquel un organisme puisse atteindre, une observation minutieuse fait découvrir toute une multitude de parties, d'agencements ou d'organes sans utilité et parfois même nuisibles; et ces derniers semblent n'avoir d'autre raison d'être, que de donner lieu aux maladies les plus graves et les plus atroces: p. ex. la *glande thyroïde* qui produit le goître; les *amygdales* dont l'inflammation et l'enflûre peuvent amener l'asphyxie; le *procès vermiculaire* qui est chez les enfants la source d'inflammations mortelles des entrailles; le *coecum* qui donne lieu souvent aux stagnations les plus dangereuses; les *glandes thymus*, le *coccyx*, les *mammelles des mâles* etc. etc. Il n'est presque pas, en somme, dans notre corps tout entier une seule disposition qu'une critique impartiale ne puisse s'imaginer plus parfaite, répondant mieux au but et moins dangereuse pour la conservation de la vie ou de la santé. Nous considérons avec étonnement aujourd'hui l'admirable structure de *l'oeil*, cet organe le plus achevé et le plus délicat de tous, duquel on peut croire d'après les preuves données par *Darwin* et les résultats de l'anatomie comparée, qu'ayant eu pour point de départ un simple nerf sensitif, il est arrivé peu à peu de cet état le plus incomplet à l'état actuel, en passant par une série indéfinie de degrés. Et cependant il n'y a pas là encore la perfection, attendu que l'oeil le mieux conformé ne pare que d'une manière incomplète à l'aberration de la lumière. *) La confusion primitive ou l'accouplement des deux tubes digestif et aérien et l'imparfaite occlusion de ce dernier par l'épiglotte sont une disposition souverainement défectueuse, qui peut donner lieu, par l'introduction de corps étran-

---

*) Dans un travail sur la théorie de la vision du professeur *Helmholtz* (Annales Prussiennes 1858) ce savant très distingué dans la connaissance des fonctions des organes des sens cite comme «défauts» de l'oeil: la dispersion des couleurs, l'astigmatisme, les lacunes, les ombres des vaisseaux, l'imparfaite transparence des milieux etc. — défauts évidents qui montrent au moins, que la «perfection» si vantée de l'oeil est tout-à-fait illusoire.

Note de la 2ème édition.

gers dans les voies respiratoires, à l'asphyxie et autres accidents. L'anatomie comparée rend compte de cette disposition.

Chez les animaux même les *penchants* et les *instincts* remarquables, où l'on a si souvent voulu reconnaitre des témoignages insignes d'une prévoyante sagesse qui aurait ordonné l'univers en vue de certaines fins, deviennent tout autre chose, éclairés au jour de la doctrine *darwinienne*. Avec quel enthousiasme n'a-t-on pas exalté, par exemple, dans la donnée théologique l'*instinct voyageur* des oiseaux, en le considérant comme un irrésistible penchant qu'une souveraine sagesse aurait placé en eux pour assurer leur bien-être et leur conservation. Pour peu que l'on aille au fond du phénomène, on lui trouve une cause toute différente et bien naturelle. On voit, que cet instinct est survenu par l'effet des alternatives dans la température et par suite de l'invasion progressive du froid, qui gagna, en s'éloignant du pôle, à certaines époques et dans certaines localités. Car la rigueur croissante de l'hiver déterminait les oiseaux très-mobiles, à se retirer vers le Sud devant les progrès du froid, tandis qu'au retour d'une saison plus douce l'amour du pays natal, si vif chez tous les animaux, les rappelait vers leurs premières demeures et aux lieux où ils avaient grandi. Le même ordre de choses s'est répété chaque année et en s'accentuant toujours davantage; car à mesure que les hivers devinrent plus rigoureux, et que le froid descendit plus bas vers le Sud, les oiseaux furent poussés et se retirèrent plus loin. Cette migration périodique ou ce va-et-vient passa peu à peu en habitude, et l'habitude devenue héréditaire se traduisit dans un instinct qui semble avoir été préparé dans un dessein salutaire, alors qu'il s'est développé de la façon la plus simple et la plus naturelle. — C'est à des causes analogues qu'il faut rapporter le *sommeil* des animaux *hibernants*. Vu leur peu d'aptitude à subir un déplacement, ces animaux, ne pouvant pas ou ne voulant pas fuir devant le froid, se retiraient dans des réduits sombres, où ils dormaient la saison rigoureuse. Le changement de température, qui avait occasionné ce sommeil, se prolongeant un peu à chacun de ses retours, la durée du sommeil hibernal alla s'augmentant de plus en plus, jusqu'à ce qu'enfin l'habitude s'en établit et devint héréditaire. *) — *Darwin* cite encore toute une série intéressante d'autres instincts, comme par ex. celui des oiseaux pour la construction de leur nid; l'instinct bien connu du *chien d'arrêt*, qui n'est autre chose que la prolongation, obtenue artificiellement et devenue héréditaire, de la courte pause que tous les animaux chasseurs ont coutume de faire *avant* de s'élancer sur leur proie; l'instinct qui porte les animaux domestiques à chercher l'homme; l'instinct par lequel le *coucou* dépose ses œufs dans les nids étrangers; l'*instinct* merveilleux et presqu'incroyable, en vertu duquel la *fourmi fait des esclaves*; l'instinct des abeilles à construire leurs alvéoles, d'où l'on a voulu tirer une preuve frappante des vues téléologiques de la providence, mais bien à tort, car cet instinct est un

---

*) Dans la 1ère conférence, au chapitre de l'hérédité, il a déjà été mentionné, que les habitudes, tendances, penchants, etc., acquis pendant la vie, se transmettent et se fixent sur la descendance. Les observations de ce genre ont été faites notamment chez les animaux *dressés*. Chez le *chien de berger* la tendance à tourner autour du troupeau est héréditaire, et chez le *chien d'arrêt* le penchant à rester fixe sur la bête sauvage. Le goût de chasser le rat de préférence à la souris, se transmet chez le *chat*. Les animaux issus de *bêtes de trait* (bœufs, chevaux, etc.) tirent mieux que ceux-là, qui sont nés à l'état sauvage, ou dont les ancêtres n'étaient pas dressés à ce travail. Tous les chevaux de l'Amérique espagnole se sont trouvés peu à peu héréditairement enclins à marcher l'*amble*. Les pigeons culbutants d'Angleterre tiennent de l'hérédité l'habitude de s'élever en vols épais et de se laisser culbuter ensuite dans l'air. Le mouton anglais ne s'est fait qu'au bout de *trois* générations à manger le navet, qu'on avait introduit dans le pays. En général, tous les animaux dressés transmettent leurs dispositions acquises à leurs descendants, qui sont d'ailleurs plus susceptibles d'éducation que les animaux sauvages. Voir pour les faits correspondants chez l'homme mes «Hérédités physiologiques» dans «Science et nature.» (Paris, 1866.)

simple effet de la sélection naturelle; etc. — Crainte de m'écarter de mon sujet, je vous renvoie pour tous ces intéressants détails au livre même de *Darwin*. Au reste ces instincts peuvent changer en même temps que le genre de vie; ce qui indique bien qu'ils ne reposent pas sur une disposition naturelle innée et irrésistible. Entr'autres preuves nous pouvons citer l'exemple du *pic d'Amérique*, qui, là-bas, s'est désaccoutumé de grimper aux arbres, et qui happe les insectes au vol; ou bien celui du *coucou en Amérique*, qui ne fait *pas* comme le coucou d'Europe, bien que l'habitude de pondre dans des nids étrangers appartienne à d'autres oiseaux. —

Je crois, Messieurs, vous avoir présenté en ce qui précède, une exposition passablement claire et, autant que possible, complète de la célèbre théorie *darwinienne* de la transmutation des espèces, théorie qui acquiert chaque jour une importance plus considérable, non seulement pour la science, mais aussi en vue de notre conception générale de l'univers. Quelqu'importante et intéressante que soit en elle-même, et à part toute autre considération, la théorie de *Darwin*, elle n'offre pourtant son intérêt le plus vif et le plus immédiat que de l'instant où nous allons nous demander: cette théorie peut-elle s'appliquer à notre propre race, à l'homme? Et s'il en est ainsi, quelles conséquences devrons nous en tirer? Comment se comporte en outre cette doctrine à l'égard des autres théories admises jusqu'à ce jour touchant le *progrès* dans la nature organique? Les confirme-t-elle? Et alors, quelles sont les lois qui en découlent, autant pour le progrès du monde organique, que pour le progrès du genre humain dans l'histoire? Ces graves questions seront traitées dans mes deux prochaines conférences.

TROISIÈME CONFÉRENCE.

Messieurs!

La théorie de Darwin, telle que je viens de l'esquisser dans mes deux premières conférences, est par elle-même attrayante au plus haut point, sans compter qu'elle peut dans une certaine mesure déterminer nos convictions générales. Car elle nous livre des éclaircissements sur un phénomène des plus surprenants et des plus larges, celui de l'origine et de la formation du monde organique qui nous entoure, en nous donnant les moyens de décider, si c'est par des causes *naturelles* ou dans les raisons *théologiques* admises jusqu'à ce jour qu'il en faut chercher l'explication.

Mais son importance grandit encore, et l'on peut dire que la chose *nous tient au coeur*, du moment que nous nous sommes posé la grave question de savoir, s'il convient d'appliquer à notre propre race, à l'homme, à nous-mêmes, la théorie de la transmutation. Faut-il admettre que les principes ou les règles, suivant lesquelles ont été amenés à la vie les autres organismes, ont aussi prévalu dans nos propres origines et présidé à notre apparition ? Ou bien, nous, les maîtres de la nature, faisons-nous *exception* à ces lois ?

Vous savez, Messieurs, que jusqu'à ce jour le plus grand

nombre des philosophes et même des naturalistes (excepté quelques-uns d'entr'eux appelés matérialistes et les premiers cosmologues de la Grèce) ont professé cette dernière opinion. On regardait l'homme comme un être foncièrement si différent du reste du monde animal, que l'on n'admettait pas qu'il y eût entre les deux le moindre rapport, pas plus au *corporel* qu'au *spirituel*. Et il faut l'avouer, dans l'état défectueux de nos connaissances positives et vu la complète absence de formes de transition, une telle opinion se trouvait, encore récemment, plus ou moins justifiée, — quelque hautement que parût y contredire l'unité générale de la nature et l'idée philosophique de l'univers. Envisagée à un tel point de vue, cette question qui nous touche de si près aujourd'hui: «*D'où vient l'homme? comment a-t-il surgi?*» restait naturellement insoluble par la science ou *transcendante*, c'est-à-dire qu'elle excédait les limites d'une constatation expérimentale. La solution ne pouvait se trouver que dans la *foi* religieuse ou le mythe, qui certes a tenté aussi, vous le savez, les interprétations les plus diverses, desquelles est sortie une diversité non moins riche de traditions ou de récits. Dans les mythes religieux de presque *tous* les peuples nous rencontrons des fictions plus ou moins naïves, plus ou moins ingénieuses, plus ou moins subtiles, sur ce sujet, mais qui toutes du moins nous montrent à quel point l'esprit de l'homme, même le plus inculte, devait dès l'abord se préoccuper de la grande question de l'origine de sa race, ce «mystère des mystères» suivant l'expression d'un philosophe anglais.

Aujourd'hui, grâce aux progrès de la connaissance humaine, nous nous plaçons à un tout autre point de vue; et c'est un des faits les plus remarquables et les plus significatifs de la vie intellectuelle de l'humanité, que la science en soit peu à peu venue à se saisir d'une *telle* question et à prendre solidement pied sur un terrain, qui parut si longtemps lui être interdit tout-à-fait et pour jamais. *) C'est aussi pour nous avertir que nous ne saurions compter trop peu sur le progrès de l'esprit humain, et que nous ne devons jamais désespérer de la solution des problèmes les plus obscurs — ou encore, et surtout, qu'il n'est permis *en aucun cas*, de tracer prématurément, comme maints philosophes l'ont osé, des bornes à l'esprit humain, ni de déclarer, qu'il n'ait pas en lui la force ni le droit de les franchir. Au reste, ceux qui l'ont fait, agissaient d'ordinaire dans un intérêt théologique ou en vue de quelque idée philosophique particulière bien plus que par amour de la *vérité*. La vérité, nous devons nous efforcer de l'atteindre par *toutes* les voies et par *tous* les moyens en notre pouvoir, soit recherches, soit spéculation.

Que s'il s'agit de trancher scientifiquement la question que nous venons de nous poser, à savoir, si les principes de la nature générale s'appliquent également à l'homme, on ne peut, Messieurs, répondre, comme la plupart d'entre vous l'auront déjà fait, que par l'affirmation la plus hardie. Une théorie ou une loi qui s'applique à l'ensemble de la nature organique, doit aussi s'appliquer à l'homme: attendu que les principes, suivant lesquels ce monde a été formé, restent identiques et immuables — du moins, tous les véritables savants s'accordent à le penser. *L'anatomie* et la *physiologie*, c'est-à-dire les deux sciences de la structure et des fonctions du corps animal, ne laissent pas planer le moindre doute sur ce point, que l'homme, anatomiquement et physiologiquement, n'est autre chose que le *plus haut* spécimen du *type vertébré*. On sait d'ailleurs que ce type, rangé par le mérite de sa perfection au sommet de l'échelle animale, descend en

---

*) «Le fait d'avoir reconnu la véritable origine de l'homme, est une «découverte si riche en conséquences dans toutes les branches de la pensée «humaine, que l'avenir tiendra peut-être ce résultat pour le plus grand que «l'esprit humain pouvait être appelé à atteindre.» (Professeur H. Schaafhausen.)

s'éloignant de l'homme par une innombrable série de degrés. S'il existe une lacune anatomique ou physiologique entre l'homme et les mammifères les plus voisins de lui, en tout cas elle n'est pas plus large que les intervalles qui se rencontrent entre d'autres genres de mammifères; elle indique seulement une différence relative, mais non pas une différence *essentielle* ou absolue.*)
On est particulièrement frappé de cette vérité quand on étudie les divers systèmes de classification des zoologues ou des naturalistes, et que l'on considère les vaines tentatives de quelques-uns d'entre eux pour faire de l'homme un règne différent du règne animal et végétal. Tout au contraire *Linné*, le grand législateur de la zoologique systématique, avait saisi le véritable principe, car il faisait entrer dans son ordre supérieur dit des *Primats* (Primates) l'*homme*, le *singe*, et le *demi-singe*.**) Cependant en 1779 *Blumenbach* s'écartait déjà de cette classification et inventait les *bimanes* (c'est le nom qu'il donnait à l'homme) par opposition aux *quadrumanes* (c'est ainsi qu'il distinguait les singes). Il appelait l'homme un «animal erectum binumum»; tous les caractères propres de l'humanité se bornaient

---

*) Dans son livre: «De notre connaissance des causes des phénomènes organiques» le professeur *Huxley*, qui s'est sérieusement occupé de cette question et des recherches qui s'y rapportent, dit qu'«il est en effet facile de démontrer, que sous le rapport de la structure l'homme ne diffère pas plus des animaux placés immédiatement au-dessous de lui, que ceux-ci ne diffèrent d'animaux faisant partie du même ordre qu'eux.»

** La justesse que déjà *Linné* mettait à apprécier cette question, ressort des paroles suivantes qu'il écrivait sur les «anthropomorphes» dans ses «Amoenitates academicae»: «Il peut sembler à beaucoup de gens, que la différence entre l'homme et le singe est plus grande qu'entre le jour et la nuit; mais si ces personnes voulaient établir une comparaison entre l'Européen le plus civilisé et le hottentot du Cap de Bonne Espérance, elles auraient de la peine à se persuader, que ces deux hommes ont une même origine; aussi bien elles ne pourraient se convaincre qu'une noble demoiselle de la cour et un homme des bois livré à lui-même appartiennent à la même espèce.»

donc pour lui à la «station verticale» et à la possession «des deux mains.» Ce système, déjà reconnu par Buffon, fut adopté après Blumenbach par le célèbre *Cuvier*, qui le fit passer officiellement dans la science, d'où il n'a pas encore complètement disparu. Cependant, un grand nombre de zoologues sont retournés depuis à la vieille classification de Linné et ont remis en avant ses «primats», qu'on avait déjà presque oubliés. Ce dernier système est d'ailleurs le seul possible ou le seul dont l'adoption soit légitime, attendu qu'anatomiquement la fameuse distinction entre «*bimanes et quadrumanes*» n'est pas admissible. Le mérite d'en avoir fourni la démonstration rigoureuse revient au célèbre anatomiste anglais, le professeur *Huxley*. *Huxley* a comparé la structure anatomique des os et des muscles de la main et du pied chez l'*homme* et chez le *singe*, et il a montré, que sur une telle question ce n'est pas assez de consulter l'aspect extérieur des parties, mais que l'étude de leur conformation intime est seule décisive. De cette étude il résulte, suivant *Huxley*, que la *main* et le *pied* (chez l'homme et les singes anthropoïdes, notamment chez le gorille) sont conformés d'après des principes identiques; c'est-à-dire que le gorille n'a pas, comme on l'avait admis, quatre *mains*, mais bien *deux mains et deux pieds*. L'extrémité postérieure du gorille n'est rien autre chose, suivant *Huxley*, qu'un pied, muni d'un gros orteil, ressemblant à un pouce et opposable aux autres orteils — c'est-à-dire une sorte de *pied prenant*. *) Et il en est de même pour toutes les espèces

---

*) Cette proposition a été tout récemment attaquée au point de vue anatomique, mais seulement jusqu'à un certain point. Le professeur *Schaufhausen*, qui a traité la question devant le XLI. congrès des naturalistes allemands, s'exprime en ces termes: «Au sujet du gorille on peut concilier les «opinions contraires, attendu que son extrémité postérieure est mi-partie «un pied, mi-partie une main. Le côté du talon est pied, le devant est main. «L'emploi du membre s'accorde bien d'ailleurs avec cette manière de voir. «Ce qui caractérise le pied humain quant à sa forme, c'est qu'il porte, comme

de singes et de demi-singes. Tous ces animaux présentent la disposition caractéristique des os tarsiens; et quant aux muscles, ils ont le fléchisseur et l'extenseur courts et le péronier long. Anatomiquement, cette extrémité postérieure est donc toujours un *pied* et ne peut en aucun cas être confondue avec une *main*. C'est pourquoi *Huxley* rejette, sans hésiter, l'expression de «quadrumanes» et ne considère l'homme que comme une famille spéciale des *Primates* ou *Souveraines*. Il donne aux sujets de cette famille le nom d'«anthropini», pour éviter la confusion avec les autres familles de la même classe ou du même ordre. Au reste, quand bien même le pied de l'homme et le pied des grands singes différeraient encore plus, cela n'indiquerait pas qu'il faille établir entre les deux une séparation plus marquée, attendu que pour la conformation du pied l'*orang-outang*, par exemple, diffère encore plus du *gorille*, que celui-ci ne diffère de l'homme!!

Et si du pied et de la main on passe aux autres parties du corps, comme les muscles, les entrailles, les dents, le cerveau etc., *Huxley* affirme que l'anatomie comparée de ces parties donne un résultat pareil. La *dentition*, qui livre comme on sait, des indications très précises sur la parenté entre les mammifères, est la même chez le gorille et chez l'homme, quant au nombre des dents, à leur genre et à la conformation générale de la *couronne*; les seules différences, qu'il y ait, ne portent que sur des points peu essentiels, au lieu qu'on trouve entre les diverses espèces ou

---

«une voûte solide, tout le fardeau du corps tenu debout. Mais le maintien
«et l'allure du gorille marquent précisément le milieu entre le port vertical
«de l'homme et la démarche du quadrupède. Le gorille se tient ordinaire-
«ment accroupi; qu'il marche ou qu'il coure, son torse reste à peu près ver-
«tical; cependant son corps n'est pas supporté seulement par les extrémités
«postérieures, une partie repose sur l'arrière des mains appuyées au sol.
«Entre l'allure de l'animal et celle de l'homme, nous ne pourons pas nous
«figurer la transition autrement qu'elle se trouve présentée chez le
«gorille.»

les diverses familles de singes de pareilles similitudes et des dissemblances — mais ces dernières bien plus accentuées. *Schaafhausen* observe à l'appui de cette idée, que la première *denture* chez l'homme ou la *denture de lait* offre aussi une similitude frappante avec la denture du singe, attendu qu'à la place des fausses molaires qui viennent plus tard et qui se distinguent par une couronne petite avec de racines jointes, elle porte de véritables molaires avec couronne et racines pareilles à celles du singe. C'est-à-dire que l'homme est ramené par sa première dentition à une formation inférieure qui rappelle son origine, et qu'il n'atteint véritablement à la forme humaine que par sa seconde dentition. Mais encore dans ce second état, les dents de l'homme ressemblent tellement — la grandeur exceptée — à celles des singes supérieurs, «qu'on en peut conclure, que «l'homme s'est autrefois, comme eux, nourri de fruits.» (Schaafhausen.) La structure des singes supérieurs présente d'ailleurs avec celle de l'homme d'assez nombreuses analogies anatomiques, et *Huxley* déclare qu'on trouve fréquemment, à la dissection de certains cadavres humains, des particularités qui rappellent de très près la disposition des muscles chez le singe. «Ainsi donc, «ajoute *Schaafhausen*, ce n'est pas seulement pendant la vie «embryonnaire et foetale, vérité reconnue depuis longtemps, «mais encore dans son état de croissance et même d'achèvement, «que l'organisme garde le souvenir des formes inférieures, dont «les traces ne disparaissent que peu à peu.» Et suivant le même auteur, la structure du singe offre avec celle de l'homme, dans les trois organes des sens les plus nobles (œil, oreille, toucher), des points de ressemblance que n'ont pas les autres mammifères. «Hormis l'homme, dit-il, le singe est le seul animal qui «possède les corpuscules tactiles, par le moyen desquels sont re«cueillies les impressions les plus légères; seul le singe a, comme «l'homme, la fovea centralis et la tache jaune de la rétine; et les vrais singes ont seuls, essentiellement ressemblant à celui de l'homme, le labyrinthe (oreille interne), dont la conformation est déjà complètement différente chez les demi-singes. » —

La dernière, mais aussi la plus sérieuse des tentatives faites dans le but de marquer à l'homme une supériorité anatomique sur le reste des animaux, a eu le cerveau pour objet. Il est vrai de dire que cette nouvelle épreuve n'a servi finalement qu'à faire démontrer plus sûrement, à la suite des recherches les plus exactes, l'uniformité générale de la structure anatomique. Vu l'importance souveraine du *cerveau*, comme organe de la pensée, il me paraît indispensable d'entrer ici dans quelques détails.

Le professeur *Owen*, entr'autres, l'un des anatomistes anglais les plus distingués, qui vivent encore, a essayé il n'y a pas longtemps, d'établir sur cet organe une caractéristique différentielle de l'homme et de l'animal, avec l'intention de créer pour l'homme une sous-classe spéciale dans les mammifères. Il compta trois caractères qui devaient être distinctifs du cerveau humain: 1° les lobes postérieurs du cerveau surplombant et couvrant le cervelet; 2° la corne postérieure des grandes cavités latérales; 3° le petit pied de cheval marin; c'est-à-dire, un renflement blanc, allongé, qui repose sur le fond ou sur la paroi interne de la corne postérieure, et qui part d'une échancrure ou inflexion extérieure correspondante. A cette conformation plus parfaite du cerveau devaient être attachées, suivant *Owen*, des aptitudes intellectuelles particulières et d'un ordre supérieur, qui autoriseraient à faire de l'homme une *sous-classe* spéciale dans les mammifères: les *Archencephala* (de ἄρχω, je domine, et Encephalon, cerveau), par opposition aux *Lyencephala*, *Lissencephala* et *Gyrencephala* (de λύω, je délie, λισσός, uni, et γυρόω, je me courbe).

Aussitôt que le travail *d'Owen* eut paru, en 1847, il devint l'objet de nombreuses réfutations de la part des savants; et le débat, qui se trouva engagé, fit sortir une quantité de publications (je ne citerai que les noms de *Rolleston*, *Huxley*, *Flower* etc.) et provoqua de nombreuses recherches sur le cerveau des singes. Le résultat définitif de ces recherches fut d'établir, que les assertions d'Owen se trouvaient mal fondées de tout point, et que ce savant était arrivé à une partie de ses conclusions en s'appuyant sur des reproductions fausses ou défectueuses d'un cerveau de chimpanzé, éditées par quelques anatomistes hollandais (Vrolik et Schroeder van der Kolk). On reconnut, qu'au contraire tous les cerveaux de singes ont une corne postérieure des cavités latérales, un petit pied de cheval marin, et que les lobes postérieurs du cerveau y débordent le cervelet, quelquefois même davantage que chez l'homme. *) Vous trouverez de plus amples détails sur cette question dans la deuxième partie du travail d'*Huxley* sur la place de l'homme dans la nature.

Quant au *volume* du cerveau, dont il convient naturellement de tenir un grand compte, *Huxley* a démontré, que la différence entre le crâne humain minimum et le crâne maximum du gorille est toujours considérable, mais moins grande cependant que les différences entre les crânes des diverses races humaines. Des crânes humains mesurés par *Morton*, le plus fort cubait intérieurement 114 pouces, le plus faible 63 pouces. Il ne faut pas oublier qu'on a prétendu avoir vu des crânes d'Hindous, qui n'allaient pas au delà de 46 pouces. La capacité interne du crâne de gorille le plus fort n'excède pas 34 pouces. Ainsi donc, le volume du cerveau varierait plus d'une extrémité à l'autre

---

*) Plus récemment, *Owen* avoue lui-même s'être trompé, et il dit textuellement: «...ont fait voir, que toutes les parties constitutives du cerveau humain se retrouvent aussi chez les quadrumanes (singes), bien que modifiées diversement et moins hautement développées.» Toutefois la perfection relative de ces parties chez l'homme paraît suffisante à ce savant pour justifier la création d'une classe zoologique spéciale pour l'homme.

de la série humaine, qu'il ne varie de l'homme au singe! — Pour ce qui est des fameuses *circonvolutions* du cerveau, dont on a voulu faire à l'homme un avantage propre, elles se trouvent dans le cerveau des singes développées à tous les degrés, depuis le cerveau lisse du marmouset jusqu'à celui de l'orang-outang et du chimpanzé, dont les circonvolutions diffèrent très peu de celles de l'homme. La surface du cerveau chez le singe représente pour ainsi dire un canevas ou le plan abrégé du cerveau humain: chez les singes anthropoïdes les détails abondent de plus en plus sur ce canevas; et les différences qu'il y a encore, sans parler toutefois des dimensions, ne portent plus que sur des caractères de second ordre.

Ainsi donc, quels organes ou quel système d'organes que l'on étudie, on arrive toujours à la même conclusion, qui a d'ailleurs été présentée par *Huxley* comme le résultat général et assuré de toutes ses recherches et de toutes ses observations, à savoir: *que les différences de structure sont moins grandes entre l'homme et le singe anthropoïde, qu'elles ne sont entre les diverses familles de singes.*

Le professeur *Hæckel* dit pareillement, que la différence entre l'homme le plus bas et l'animal le plus haut n'est jamais qu'une différence quantitative, c'est-à-dire qu'elle porte seulement sur un nombre ou sur une dimension, et de plus qu'elle est toujours de beaucoup inférieure à celle, qui existe entre les animaux supérieurs et les animaux les plus bas. Il y a même, à son avis, de plus grandes différences entre deux hommes, pris l'un en haut, l'autre en bas de l'échelle humaine, qu'entre les hommes les plus bas et les animaux les mieux organisés. *L'anthropologie*, ou la science qui a l'étude de l'homme pour objet, n'est ainsi aux yeux d'*Hæckel* qu'une branche de la zoologie ou science des animaux.

Ce résultat, Messieurs, suffit parfaitement pour faire voir, qu'il est impossible d'établir une distinction *spécifique* ou *qualitative* entre l'homme et l'animal; et non pas seulement, comme quelques-uns parmi vous pourriez le croire, au point de vue du *corporel*, mais aussi sous le rapport *spirituel* ou *intellectuel*. Car il est aujourd'hui hors de doute, que le cerveau est l'organe de la pensée, et que la force et le développement spirituels varient proportionnellement à la grosseur, à la forme, à la disposition et au développement du cerveau; c'est-à-dire en résumé, que le spirituel et le corporel, chez l'homme et chez l'animal, forment un tout indivisible; et que l'être spirituel ne peut être considéré en quelque sorte que comme un épanouissement suprême de l'organisation.

Il est vrai qu'il se trouve un grand nombre de gens, philosophes, théologiens et naturalistes à vues théologiques, qui repoussent cette conclusion — considérant l'homme comme un être de *préférence spirituel* et affranchi des lois ordinaires qui régissent les choses de la nature. Ils confessent tout au plus que l'homme est *corporellement* un animal, mais au spirituel l'homme est pour eux quelque chose de tout différent, et ils n'admettent pas qu'il puisse être question de lui appliquer directement les lois de la vie animale!

À ces prétentions il faudra répondre, que quand on compare *directement* l'intelligence de l'homme à celle des animaux les plus rapprochés de lui, on obtient à l'endroit de l'*être spirituel* les mêmes résultats, que l'anatomie comparée a livrés pour l'*être corporel*; et nous ajouterons, que les métaphysiciens et les philosophes, lorsqu'ils ont voulu établir une distinction, ont toujours éprouvé les mêmes difficultés que les anatomistes. Il y a aussi peu de ligne de démarcation *spirituelle* entre l'homme et l'animal, qu'il en existe *corporellement*. Les plus hautes facultés de l'intelligence humaine se trouvent en germe dans les régions les plus basses de la vie, et les sentiments humains les plus nobles et les plus profonds: l'amour, la reconnaissance, le plaisir, la colère, la douleur, la haine, le chagrin, etc., sont aussi le partage de *l'animal*. Toutes les qualités, qui font l'excellence de l'homme, reposent dans le monde animal comme à l'état de promesse; et c'est seulement à la sélection naturelle, que l'homme doit d'en avoir eu un plus ample développement. L'homme ne se *distingue* de l'animal qu'en ce, que les traits communs aux deux sont chez lui mieux accusés et plus heureusement desinés; et c'est ce qui a permis aux forces intellectuelles d'empiéter chez lui sur le domaine des bas penchants et des tendances viles. *)

Mais il ne faudrait pas croire pour cela, que ces forces intellectuelles fassent défaut chez l'animal. L'animal compare, déduit, tire des conclusions, s'instruit par l'expérience, réfléchit, etc., tout comme l'homme, — et dans ces opérations son infériorité est seulement quantitative. Les *lois de la pensée* chez les animaux supérieurs sont aussi les mêmes que chez l'homme, et les inductions et les déductions se font de part et d'autre par des procédés identiques. Toutes les institutions politiques et sociales de l'humanité fonctionnent ébauchées dans le monde animal, elles y sont même parfois plus développées que dans l'humanité. En somme *la vie intellectuelle des animaux*, si riche et scientifiquement si importante, a été jusqu'à ce jour trop peu connue et, par suite, trop rabaissée, parce que Messieurs les philosophes, qui s'étaient réservé l'étude de ces questions, comme étant exclu-

---

*) Suivant *Haeckel*, ce qui fait tout l'avantage de l'homme sur les animaux, c'est que le premier possède *plusieurs* organes ou fonctions animales importantes très développées, en d'autres termes, qu'il *réunit* plusieurs propriétés saillantes, qui ne se rencontrent chez l'animal que *séparément*. Par exemple: une structure mieux spécialisée ou plus parfaite du larynx, du cerveau, des extrémités, etc., qui a pour effet la variété du langage, la richesse des aptitudes intellectuelles, le port vertical dans le mouvement, etc.

9

sivement de leur domaine, ont toujours raisonné sur des abstractions, et non pas d'après des expériences. *) Mais celui qui étudie ces choses de près, est frappé par une multitude de traits surprenants qui témoignent jusqu'où peut aller l'intelligence des animaux. Pour s'en faire une opinion, il ne faut assurément pas consulter les savants qui écrivent au coin d'un bureau, mais plutôt les gens qui vivent en contact avec les animaux, comme les chasseurs, les bergers, les fermiers, les maîtres de ménageries, les gardiens, etc., et qui ont occasion d'observer les manifestations de leur intelligence. On apprendra là des choses toutes différentes de ce qui se dit d'habitude. Les animaux n'ont pas seulement de l'intelligence et une sensibilité morale tout aussi bien que l'homme; ils possèdent aussi un langage, qu'à la vérité nous ne comprenons pas; ils ont des sociétés et des états, souvent mieux organisés que les sociétés humaines; ils construisent des édifices et des palais auprès desquels les nôtres proportionnément ne représentent souvent qu'une assez piteuse besogne; ils ont des soldats et des esclaves, des prisons et des tribunaux; ils s'instruisent par l'expérience tout comme nous; **) et le principe de l'éducation

---

*) «Mais toutes les études plus récentes, qu'on a faites sur la nature de «l'âme animale, ont révélé que l'animal mérite d'être placé plus haut qu'on «n'a fait jusqu'à présent; qu'il réfléchit bien des actes que l'on n'attribuait «qu'à un aveugle penchant; qu'à chaque mouvement ou à chaque puissance «de l'âme humaine on peut trouver en lui un trait correspondant, bien que «moins développé, qui est comme la première ébauche de la faculté.» (Schaafhausen.)

**) *Toute* connaissance humaine résulte de l'expérience; il n'y a pas de ce qu'on appelle connaissance *a priori*; et celles, qui parfois *paraissent* telles, ont seulement été *transmises par hérédité*, comme par exemple la science du chien de chasse. J. Stuart-Mill a démontré à l'évidence, que la *mathématique* elle-même, qu'on a regardée si longtemps comme une science *a priori*, est en réalité une science *a posteriori*. De tout cela *Haeckel* conclut à *l'unité absolue de la nature* (organique et inorganique) *et de la science*. Toute science humaine est philosophie empirique ou empirisme philosophique. *Mais toute vraie science est philosophie de la nature.*

des jeunes par les vieux est chez eux aussi en vigueur, avec cette différence qu'ils ne le négligent pas relativement autant que les hommes, chez lesquels il est d'usage, que les écoles et les maisons d'éducation soient *étroites* en raison de la *grandeur* des prisons et des casernes. Ils se façonnent moralement, ils progressent notamment dans le commerce de l'homme (les animaux domestiques en sont un exemple), malgré que l'on ait voulu faire de la résistance à l'éducation une marque distinctive de leur nature. Et quand même il n'en serait pas ainsi, on n'aurait pas encore le droit de dire que c'est là un caractère particulier à l'animal, attendu que nos *sauvages* non plus ne progressent pas, et que les races humaines ne sont pas toutes, tant s'en faut, susceptibles de développement. Le Peau-rouge, l'Esquimau, le Polynésien, le Maori, l'Australien, etc. périssent, comme on sait, au contact de la civilisation, mais la civilisation ne prend pas sur eux. Il n'y a que le *Nègre*, transporté dans l'Amérique du Nord, qui ait pu s'élever au-dessus de l'état ordinaire de sa race, et encore est-ce en esclavage et dans le commerce du blanc (absolument de la même façon que l'animal domestique gagne en vivant à côté de l'homme). Enfin si l'on vient dire que l'homme possède seul un langage pour exprimer des idées abstraites, on n'aura encore rien prouvé, attendu que la philologie comparée enseigne que dans toutes les langues américaines les termes, qui exprimeraient ces idées, font défaut. Il en est de même des langues australiennes, d'une partie des langues de la Polynésie et vraisemblablement aussi du plus grand nombre des dialectes que parlent les nègres de l'Afrique centrale. Et surtout, en établissant une comparaison entre l'homme et l'animal, qu'on ne fasse plus cette faute de prendre, pour l'opposer aux animaux, l'Européen le plus civilisé. Il y a entre les deux un abyme infranchissable. Que l'on choisisse plutôt le sauvage d'Afrique ou d'Australie; celui-là est beaucoup plus voisin de l'animal, bien qu'il soit homme au même titre que nous! Si donc le célèbre professeur de Munich, l'anatomiste et physiologiste *Bischoff*, veut voir une différence spécifique entre l'homme et l'animal (Conférences de Munich) dans ce que le premier n'a pas seulement la *conscience*, mais aussi la *conscience de soi*, et s'il définit bien arbitrairement celle-ci: «la faculté et la nécessité de réfléchir sur soi, sur tous «des phénomènes propres au sujet et sur leurs rapports avec le «reste de la création,» on peut lui demander s'il croit en tout cas, que le Papoua de la Nouvelle Zéelande ou le sauvage des Amazones ou l'indigène des Philippines, l'Esquimau, le Botokoude ou seulement le prolétaire *européen* placé au plus bas degré de l'échelle sociale éprouve le besoin ou s'il aurait la capacité de réfléchir à ces belles choses? Il est vrai que le savant professeur fait à ces Nouveaux Zéelandais, à ces Esquimaux, à ces Botokoudes, etc. l'honneur de les représenter comme «des hommes égarés, sauvages», chez lesquels «le caractère humain propre» ne se serait pas dessiné ou développé. C'est dommage qu'il ait oublié de nous dire, où il a été chercher ses idées sur ce qu'il appelle «le caractère humain propre,» ou bien à quelles sources il veut les puiser, ailleurs que dans l'observation de l'homme lui-même! Il se combat donc avec ses propres armes, quand il avoue, que sa mystique conception du «caractère humain propre» ne se trouve pas réalisée dans des hommes, qui font véritablement et incontestablement partie de l'humanité; sans savoir démontrer plus que ce caractère pourrait être suscité en eux de quelque façon! Les faits les plus concluants établissent au contraire, comme nous l'avons déjà souvent répété, que les races inférieures de l'humanité, races beaucoup plus voisines de l'animal que de cet humain idéal inventé par Bischoff, non seulement sont inaccessibles à la culture, mais encore périssent lorsqu'on veut les y soumettre.

Il faut bien dire aussi que, dans le camp des philosophes

où il s'est fourvoyé, Mr. Bischoff se trouve parfaitement seul avec sa bizarre définition de la conscience de soi. L'homme, à quel que degré qu'il se trouve, et pareillement l'animal a cette conscience de son *moi*, qui est ce qu'on appelle ordinairement la *conscience de soi*. Et, comme le dit *Schopenhauer*, un *véritable philosophe*, il n'y a que des philosophes insensés qui puissent, sans la moindre *apparence* de raison, la refuser à tous les animaux. Il faudrait, s'écrie *Schopenhauer*, qu'un de ces philosophes pût se trouver un jour entre les griffes d'un tigre, pour apprendre vite à ses dépens, quelle distinction l'animal sait faire entre le *moi* et le *non-moi*.

La raison, qui n'est d'ailleurs pas une faculté à part, mais qui représente la résultante des forces intellectuelles: réflexion, déduction et imagination, portées à plus haut point, la raison n'est pas plus que la conscience de soi le privilége exclusif de l'homme. «À d'autres égards encore, dit le professeur *Schaafhausen*, il serait injuste de prétendre poser avec la formule si usitée: «L'homme possède la raison, l'animal en est dépourvu» une barrière infranchissable entre l'homme et l'animal. Com‑ ment oser soutenir que la raison est à tous les hommes un titre égal de supériorité, alors qu'il faut nécessairement lui recon‑ naitre des degrés divers chez les individus et chez les races hu‑ maines? *) Chacun ne possède de raison qu'autant qu'il a d'édu‑ cation. Où donc est la raison humaine quand le cannibale abat son ennemi et s'abreuve de son sang avec volupté? Et au cas

---

*) Ou même qu'elle peut y manquer tout à fait! Dans la Gazette alle‑ mande de Porto Alegre, à la date du 1er février 1865, C. de Coseritz disait des nègres: Nous avons la ferme conviction que la race africaine ne pourra jamais atteindre à la culture intellectuelle des races blanches. La faculté d'abstraire, de systématiser, de suivre les lois rigoureuses de la raison, en se mettant d'accord sur ces lois, leur fait totalement défaut. *Ils sont étrangers à la vie de raison et appartiennent à la vie de na‑ ture*, etc."

«on l'on dirait que, si ce n'est la raison elle-même, du moins c'est
«la prédisposition à devenir raisonnable, qui fait le privilége de
«l'humanité, une fois de plus l'expérience donnerait un démenti.
«Car si nous sommes capables de raison, c'est seulement grâce
«à l'activité de nos sens et au jeu de tous nos ressorts spirituels;
«mais le haut développement de ces forces qui nous place de
«fait au dessus des animaux, est loin de se présenter le même
«chez tous les hommes.» — *Lyell* a donc bien raison de dire:
«Un seul et même principe spirituel, qu'on le nomme *instinct*,
«*âme* ou *raison*, circule de bas en haut dans toute la nature or-
«ganique, en changeant seulement d'intensité, et les facultés,
«même les plus nobles de l'homme, laissent suivre leurs racines
«jusqu'au sein de la série animale.» Selon *Schaafhausen*, c'est
aussi une erreur complète de dire, que l'homme se distingue essentiellement de l'animal en ce qu'il est le seul à s'aider d'instru-
ments. «Nous savons par des rapports dignes de foi, que le singe
«casse des noix avec des pierres, et qu'il sait glisser une pierre
«entre les écailles de l'huître, qui s'ouvre, pour en faire sa
«proie.»

Vous me permettrez, Messieurs, de ne pas entrer dans de
plus grands détails sur ces différences que le vulgaire reconnait
entre l'homme et l'animal. Elles tiennent, vous le savez, une grande
place dans les livres d'éducation et jouent un rôle capital dans l'en-
seignement des écoles. Les pédants ont coutume de les faire
entrer, par 1, 2, 3 et à force de baguette, dans le cerveau d'audi-
teurs qui sont fiers cependant de leur haute dignité humaine. Je
n'en mentionnerai que deux et rapidement; c'est assez pour démontrer l'absurdité de toute la doctrine: *le port vertical dans le
mouvement et le regard dirigé vers le ciel.* Pour ce qui est du
second point, cette belle prérogative de l'humanité est tout simplement un fait *faux*. L'homme ne regarde pas plus constamment le ciel, que l'animal ne regarde constamment la terre;

mais l'un et l'autre regardent droit devant-eux, ce qui est pour eux la seule manière d'être naturelle. Quant à ceux qui tournent le nez au ciel plutôt que vers les objets placés devant eux, on a des quolibets à leur service, en tout cas on ne les compte pas au nombre des penseurs.

Quant à la *démarche verticale*, beaucoup de singes la possèdent, et il est vraisemblable qu'elle se trouverait chez un plus grand nombre, si ces animaux ne vivaient le plus souvent sur les arbres et n'avaient le pied prenant. Chez le *gibbon*, le plus petit de tous les singes anthropoïdes, l'attitude verticale est celle qu'il prend le plus volontiers quand il se trouve à terre. *Castelnau* dit des *lagotriches* (espèce de singes intelligents et faciles à apprivoiser), que si on leur attache les mains derrière le dos, ils marchent sans gêne des heures entières sur leurs extrémités postérieures, en n'ayant besoin d'aucun appui. L'*ateles* ou singe à crochet, qui est très-vif et très-intelligent, se tient aussi fréquemment debout *). Le *chimpanzé* et le *gorille* ne touchent, en marchant, le sol qu'avec les doigts ou avec le revers de leur main, qui se rapproche beaucoup de celle de l'homme; et nous avons dit déjà, que l'allure du *gorille* tient le milieu entre la marche de l'homme et celle de l'animal. Il existe au rebours un assez grand nombre de peuplades sauvages, qui vivent, à l'exemple des singes, plutôt sur les arbres que sur le sol, et chez lesquelles le gros orteil est disposé comme pour un pied prenant absolument à la façon du singe. Ainsi, le pied des *Nouveaux Calédoniens* d'après les rapports de Mr. *de Rochas* leur sert autant pour la

---

*) Le docteur *Weinland* représente l'*ateles* comme ressemblant fort à l'homme et possédant un front bien bâti, de grands yeux intelligents et une physionomie très-mobile et très-expressive. Suivant le même auteur, la figure de ce singe n'est pas, comme celle du *pavian*, la *caricature* du visage humain; c'est plutôt un visage d'enfant bon, simple, ingénu et sympathique. On le prend facilement en amitié.

préhension qu'à grimper aux arbres, attendu que ce pied embrasse les branches comme pourrait faire une main. *Les indigènes des Philippines*, race congénère des Papous de la Nouvelle Hollande, ne dépassent pas 4 pieds ½, ils vivent à l'état sauvage, complètement nus ou vêtus seulement d'une ceinture d'écorce, moitié sur les arbres, moitié sur le sol; ils ont les orteils indépendants, notamment le gros orteil, disposition qui leur permet de se tenir aux branches et à des cordes comme avec leurs doigts. Les *Ajetas*, une de leurs plus sauvages tribus, placent même des sentinelles sur les arbres, etc. On trouve chez les *Malais* de Java, *qui se servent d'ailleurs de leurs orteils et de leurs pieds comme de mains*, certaines aptitudes et des instincts particuliers au singe et qui font totalement défaut chez les races caucasiques, comme d'être exempt du vertige et de dormir volontiers en l'air sur des appuis, etc.*)

Le pied humain n'a sans doute perdu sa mobilité primitive que peu à peu, à force de servir à un autre usage et par l'effet de la chaussure. La preuve en est chez les habitans du midi de la France. L'habitude de grimper aux arbres, pour recueillir les résines, leur procure une telle mobilité des orteils, qu'ils opposent.

---

*) Les Malais sont de plus sujets à une maladie qu'on appelle le *Lieta*, à la manière des singes, et dans laquelle le malade imite tout ce qu'il voit faire. — Un allemand, témoin très impartial de ce qui se passe dans les Indes anglaises, écrit concernant les classes inférieures des habitants de ce pays: «Ces hommes offrent, non-seulement dans toutes leurs habitudes, mais aussi dans leurs attitudes, la plus frappante analogie avec le *singe*, qu'ils ne tuent pas d'ailleurs, car ils croient que c'est un homme enchanté. Je crois pour ma part que c'est plutôt ces hommes qui sont des singes enchantés.» — Et le docteur *Avé-Lallemant* termine ainsi textuellement une description qu'il donne de l'homme des bois du Brésil, c'est-à-dire du *Botokoude*: «J'acquis avec la plus profonde tristesse cette conviction, qu'il y a aussi des singes à deux mains.» (Voyages dans le Brésil septentrional, 1859.)

à la façon des singes, le gros orteil aux autres et ramassent avec le pied les objets les plus petits. (Schaafhausen.)

D'ailleurs, pour l'homme lui-même, l'attitude verticale est loin d'être complètement naturelle, attendu qu'elle n'est pas rigoureusement indiquée par la situation de la colonne vertébrale, qui laisse *d'un même côté* d'elle le corps tout entier. De là vient, que les enfants et les vieillards sont, comme on sait, fort sujets à tomber en avant, et que les enfants n'apprennent que très lentement et très difficilement à marcher debout. Et toutes les déviations pathologiques, malheureusement si nombreuses, de la colonne vertébrale chez l'homme s'expliquent peut-être en dernière analyse par cette circonstance, que tout le fardeau du corps est chargé sur cet appareil osseux, évidé, situé d'un même côté du corps et dont la force n'est déjà pas trop grande.

Un mot encore, pour en finir, sur un caractère *physiologique* auquel on a voulu attacher beaucoup de prix, mais qu'un examen plus approfondi a fait ensuite abandonner comme tous les autres: je veux parler de la membrane *hymen* et du *flux mensuel* que l'on considérait comme deux prérogatives de la femelle de l'*homme*. L'un et l'autre se trouvent chez les singes et même chez d'autres mammifères; et le docteur *Neubert* de Stuttgard a constaté chez plusieurs genres de singes, particulièrement chez des singes de l'ancien continent, une *menstruation* certaine, avec la période normale des quatre semaines, tandis que d'autres genres n'entrent en rut que deux fois l'an. —

Il paraît donc établi par une quantité de faits, qu'il n'existe, ni *corporellement* ni *spirituellement*, de différence *absolue* ou de *qualité* entre l'homme et l'animal, et que les différences y sont seulement *relatives* ou de *quantité*. Du reste, la grande lacune, qui règne entre les deux, deviendra tous les jours plus large et plus profonde, à mesure que la civilisation fera des progrès, et que la mort enlèvera les types intermédiaires. Ainsi la vérité devient d'autant plus difficile à reconnaître que l'homme s'éloigne davantage de sa première origine. Les types supérieurs de singes aussi bien que les races humaines inférieures sont depuis longtemps arrivées à l'*état du dépérissement*; et les unes comme les autres deviennent plus rares d'année en année, tandis que l'homme de la civilisation monte au contraire plus haut et s'étend davantage à la surface de la terre. Si nous nous portons dans l'avenir, au-delà de quelques centaines ou de quelques milliers d'années, la distance, qui séparera l'homme d'avec l'animal, sera beaucoup plus grande alors qu'elle ne nous paraît aujourd'hui; et les savants de cette époque lointaine ne penseraient guère assurément à la franchir, s'ils ne trouvaient dans les livres, dans les collections et les classifications des témoignages d'après lesquels ils puissent se faire une opinion sur le passé.

Au reste, les découvertes des voyageurs et les progrès qui en résultent pour la science ont pour effet d'aplanir la difficulté. Ainsi, à la fin du 18ème siècle et au commencement du 19ème, on savait encore si peu de chose des singes *anthropoïdes* ou singes qui ressemblent à l'homme, que le grand *Cuvier* a pu traiter de *fables* les récits, qui avaient cours sur ces animaux, et les représenter comme autant d'inventions fantaisistes de son collègue *Buffon*. Aujourd'hui l'on connaît déjà *quatre* singes anthropoïdes: le *gibbon*, le *chimpanzé*, l'*orang-outang*, le *gorille*; et la connaissance de ce dernier est une conquête de ces toutes dernières années. Le *gorille* se rapproche beaucoup de l'homme par la taille, par la structure du squelette, la conformation de la main et du pied, par la denture etc. Il atteint presque la taille humaine, et quoique les récits de *du Chaillou* sur la force excessive et la férocité de cet animal puissent paraître exagérés, toutes ses assertions ont été confirmées dans ce qu'elles ont d'essentiel.* De

---

*. Voir pour plus de détails sur le *gorille* et les récits de du Chaillou, le livre de l'auteur: «Science et Nature», page 279.

tous les singes anthropoïdes le *gorille* est en tout cas celui qui se tient et marche debout avec le moins de peine. Cependant, à certains égards, d'autres singes ressemblent davantage à l'homme; le *chimpanzé* par exemple dont le *crâne* et le *cerveau* se rapprochent le plus de la conformation humaine, et le *gibbon* dont la taille n'excède pas trois pieds, mais qui reproduit le plus exactement la structure de notre thorax et l'ensemble de notre maintien.

Vous remarquez, Messieurs, que les traits de ressemblance avec l'homme ne sont pas restreints, et, pour ainsi dire, concentrés sur *une seule* espèce de singes, mais qu'on les trouve répartis sur *plusieurs* espèces. Cette circonstance suffirait à vous montrer, qu'elle est l'erreur de ceux, qui entendent faire l'application de la doctrine darwinienne à l'homme, comme s'il y avait un rapport *direct* entre ce dernier et les grandes espèces de singes, et comme s'il devait exister entre les deux des formes intermédiaires ou de transition. Je vous ai déjà signalé cette erreur dans une précédente conférence, et vous avez reconnu qu'il ne faut pas chercher de transitions entre les formes d'à présent, mais seulement entre ces formes et quelque ancêtre depuis longtemps disparu, qui possédait réunis en lui les différents caractères des espèces actuelles. En vous citant l'exemple de ces quatres formes existantes aujourd'hui, le *cheval*, le *zèbre*, l'*âne* et le *quagga*, je vous disais, qu'à n'en pas douter elles remontent à une même origine, mais qu'il ne faudrait pas pour cela penser à leur trouver des intermédiaires vivants. « Les organismes qui vivent les uns à »côté des autres, dit le professeur *Hallier* (Doctrine de Darwin »et spécification, 1865), peuvent être fort différents, et il n'est »pas besoin de leur chercher des transitions; car s'ils se sont »formés les uns près des autres, ils ne se sont pas formés les uns »des autres. Ils ont un ancêtre commun, mais ils peuvent bien »être eux-mêmes fort différents. »

De même, lorsque, dans l'idée de Darwin, nous faisons sortir l'homme du monde animal, il faut chercher des intermédiaires non pas entre le *gorille* et l'*homme*, mais entre ce dernier et un ou plusieurs ancêtres inconnus, qui ont été le point de départ de deux embranchements, dont les extrémités sont d'*une part* le type humain actuel, d'*autre part* le type du singe actuel. —

Naturellement vous allez me demander, si l'on a déjà trouvé de telles formes de transitions, ou du moins si l'on a fait des découvertes qui indiquent qu'il en ait existé ?

A cette grave question, je réponds *oui*, sans hésiter, et si je puis le faire c'est grâce à la richesse des découvertes scientifiques survenues dans le cours de ces dix dernières années. Mais lors même que ces découvertes ou ces trouvailles n'auraient pas été faites, l'application de la doctrine *darwinienne* à l'homme n'en serait ni moins possible ni moins justifiée. Car on pourrait toujours et on devrait alors répéter ce que je vous disais dans ma deuxième conférence, en réponse à *l'objection tirée du manque des formes fossiles intermédiaires*. Vu l'état défectueux de notre bulletin géologique, cette objection est sans valeur; et l'on s'en rend encore mieux compte dans le cas particulier dont il s'agit. En effet, les contrées dans lesquelles vivent les grands singes anthropoïdes, celles par conséquent où il faudrait surtout s'attendre à rencontrer ces intermédiaires, sont restées à peu près complètement fermées aux investigations paléontologiques; — ce sont les zones tropicales du continent africain et les îles de Java, de Bornéo et de Sumatra. On ne sait absolument rien encore des mammifères du pliocène et du pliocène postérieur de ces contrées. Mais en Europe, dans les couches du miocène — c'est-à-dire dans des formations remontant à une époque où le climat de l'Europe était beaucoup plus chaud qu'il n'est aujourd'hui — on a découvert des débris fossiles de singes; bien que l'on crût encore fermement il n'y a pas longtemps, *qu'il n'y avait* pas de *singes fossiles*, comme d'ailleurs on niait le fait de l'existence des *fossiles humains*, qui cependant ne fait plus maintenant le moindre doute. Dans un temps relativement très court l'Europe a livré *six* espèces de singes fossiles, dont quelques-unes réunissent au moins en partie les caractères des singes et ceux de l'homme actuels. *Rütimeyer* a trouvé dans le terrain tertiaire de la Suisse un singe fossile, qui offre réunis en lui les caractères de *trois* groupes de singes vivants (les catarhines, les platyrhines et les makis). Il faut mentionner aussi le dryopithecus de Lartet, un gibbon ou singe à longs bras, dont les restes ont été trouvés en petit nombre au pied des Pyrénées françaises en 1856, dans les couches du miocène supérieur. (Le musée de Darmstadt possède de cet animal un fémur trouvé à Eppelsheim dans la Hesse rhénane. Ce singe était plus grand que le gorille, sa denture aussi ressemblait plus à la denture de l'homme que celle du chimpanzé: il se rapprochait donc davantage de l'homme que tous les anthropoïdes actuels.

Et Messieurs, si l'on a fait de telles découvertes en *Europe*, où l'on avait à peine le droit de les espérer, que ne doit-on pas attendre des contrées équatoriales qui sont à proprement parler la patrie des grands singes — et particulièrement dans les couches du pliocène et du pliocène postérieur! On comprend d'ailleurs, que ces formes moyennes ou intermédiaires disparues n'aient pas pu se maintenir longtemps, et qu'elles aient succombé par l'action de la vive et étroite concurrence, qui dut s'engager entr'elles et l'homme dans le combat pour l'existence. —

On a donc trouvé, d'une part, des singes fossiles plus voisins de l'homme que ceux vivant aujourd'hui, et l'on espère en trouver d'autres qui fournissent un témoignage encore plus éloquent; mais d'un autre côté on a découvert, aussi dans le cours de ces dix dernières années, un grand nombre d'*hommes fossiles* et d'ouvrages humains, qui font reculer jusque dans un lointain, qu'on n'avait pas soupçonné, *le moment de l'apparition du genre humain sur la terre*. Les 4 ou 5000 années reconnues par l'*histoire* se réduisent à bien peu de chose, quand on les compare à l'existence *préhistorique* de l'humanité. La complexion anatomique de ces restes contribue d'ailleurs à amoindrir encore, pour une part, la lacune qui existe entre l'homme et l'animal. Un examen plus approfondi de cette intéressante question m'entraînerait trop loin, et je me permets de vous renvoyer aux travaux de *Lyell*, *Charles Vogt*, *Huxley*, *Pouchet* et autres savants qui ont étudié la question. Je vous dirai seulement, que tous les crânes et ossements humains remontant à des temps très reculés, notamment le fameux crâne de Néanderthal et la mâchoire inférieure fossile trouvée récemment par *Dupont* dans la caverne de *la Naulette*, sur la Lesse, en Belgique, sont d'une conformation très inférieure, analogue à celle des animaux et se rapprochant de celle du singe; c'est-à-dire qu'ils accusent une origine animale. Tout en admettant d'une manière générale, que *Schaafhausen* est dans le vrai lorsqu'il dit : «l'homme-singe, que nous finirons certainement par rencontrer un jour, n'a pas encore été trouvé;» en admettant que les fossiles humains les plus grossiers que l'on connaisse, soient d'une organisation peu inférieure à celle des sauvages actuels les plus bas, on peut dire que la raison principale — sans compter l'état incomplet de notre bulletin géologique — en réside dans ce fait, que les circonstances géologiques se prêtaient mal dans des temps plus reculés à la conservation des ossements humains, tandis qu'elles sont devenues plus favorables pour les hommes contemporains du mammouth et des animaux des cavernes. «C'est pourquoi l'on ne peut espérer de retrouver les débris humains les plus anciens que par le concours des circonstances les plus extraordinaires.» (Schaafhausen.) On peut cependant croire fermement que ces découvertes ne feront pas défaut à la science;

et sur ce point je me range à l'avis de *Georges Pouchet*, qui dit dans un excellent mémoire sur les études anthropologiques. (Philosophie positive de Littré No. 2, 1867):

«La paléontologie humaine nous laisse déjà entrevoir qu'elle pourrait bien un jour, remontant le passé, nous mettre en face de tels êtres que nous ne saurons plus bien, s'ils sont hommes ou singes anthropomorphes.»

Dans un passage de son excellent livre sur *la Pluralité des races humaines* (Paris 1864) le même auteur s'exprime ainsi: «Qui oserait *aujourd'hui* prétendre, que *demain* on ne trouvera pas quelque crâne, qu'il faudra bien placer, bon gré malgré, entre les singes anthropomorphes et l'homme?»

En tout cas, Messieurs, il est certain, que *toutes* les découvertes jusqu'à ce jour et *tous* les faits acquis à la science, quelque petit qu'en soit relativement le nombre ou quelque insuffisante qu'en paraisse la portée, parlent du moins tous dans *un même* sens, c'est-à-dire: en faveur d'une union plus étroite de notre nature avec l'animalité! *Pourquoi n'a-t-on pas rencontré un seul fait qui donne à entendre le contraire!* Pourquoi n'a-t-on encore rien trouvé qui rappelle le paradis de la bible ou une forme humaine plus accomplie que la forme actuelle? Quelque type parfait, créé par Dieu, et dont nous ne serions que les descendants, dégénérés par le péché?? Simplement, parce que c'est impossible, et parce qu'il ne peut rien y avoir qui contredise aux clairs résultats de la science ou à la grande unité de la nature! «La nature est une, et tout le travail des sciences modernes est précisément de tendre à l'unité.» (G. Pouchet l. c.)

Le fait étant bien établi dans son ensemble, il ne reste plus à se poser que cette dernière question: De quelle façon et par quels moyens l'intelligence supérieure et la forme de l'homme se sont-elles dégagées de l'intelligence et de la forme animales?

Il est scientifiquement impossible, faute d'éléments suffisants, de faire là une réponse directe ou positive. On peut cependant éclaircir une partie de la question et discuter au moins le point de savoir, si le fait s'est produit *soudainement* ou *peu à peu*. *Lyell*, qui soulève cette intéressante question dans son livre sur l'ancienneté du genre humain et qui la traite même avec assez de détail, *Lyell* croit, selon toute apparence, qu'un tel développement s'est plutôt produit brusquement. Et à l'appui de cette opinion il rappelle la subite apparition des quelques génies qui ont surgi dans l'histoire, sans avoir été précédés d'ancêtres d'importance ou de valeur, qui aient en quelque sorte annoncé leur venue. Il se peut, suivant *Lyell*, que de la même façon les qualités humaines se soient manifestées par élans chez quelques individus ou quelques types animaux, d'où est sorti un embranchement plus rapproché du type humain. Cette hypothèse contient comme un écho d'une théorie dont nous avons déjà parlé, la théorie de la génération ou du développement hétérogénique du professeur *Kœlliker*.

On peut admettre cette hypothèse, si l'on veut; mais je ne crois pas que cela soit *nécessaire*. Le développement lent suffit à tout expliquer. De plus, les génies ne tombent pas du ciel, comme *Lyell* semble l'admettre; ils sont dus à l'action de lois naturelles déterminées et à un concours particulier de circonstances favorables, au nombre desquelles la nature des parents et le mélange heureux de leurs qualités contraires jouent un des plus grands rôles. Ajoutez à cela l'éducation la famille, la position, le moment, etc., toutes conditions à défaut desquelles une nature de génie ne saurait percer. Mais le monde n'entend que rarement, ou mieux il n'entend jamais parler des génies, auxquels ces faveurs, ces soutiens, ces stimulants ont fait défaut. D'ailleurs c'est dans la nature une loi qui paraît tout à fait générale, que les *petits* et les *enfants* des animaux, des singes et des hommes appartenant aux races inférieures sont relativement beaucoup plus favorisés que les adultes, non seulement pour la conformation du crâne, mais aussi pour les dispositions spirituelles, que ce crâne comporte, et pour l'aptitude à recevoir la culture. Les jeunes singes notamment ont dans la courbure de leur crâne gracieusement arrondi une grande ressemblance avec les enfants; et c'est seulement avec l'âge que s'accusent mieux les caractères du singe, les creux et les saillies, la forme anguleuse et la prédominance de la face sur la boîte osseuse du cerveau. Le même fait se produit au moral chez les grands singes, qui sont plus rudes, plus farouches, plus indomptables et plus brutalement rebelles à l'éducation à mesure qu'ils deviennent plus vieux; mais leurs *petits* sont tout le contraire. D'après un grand nombre de récits, dignes de foi, la même observation a été faite sur les enfants nègres. Dans leurs écoles ces enfants montraient une intelligence, une souplesse à la culture et une facilité d'esprit surprenantes; mais la puberté réveillant en eux dans toute sa force la nature grossière du sauvage, tous ces résultats étaient perdus. De tels faits nous donnent au moins le droit d'admettre, qu'il se trouve dans la *jeunesse* une *disposition* spéciale à recevoir le développement; et l'on se figure bien que dans certains cas il ait pu suffir d'une excitation due à un concours favorable de circonstances extérieures, pour qu'un type se soit élevé par la souplesse du jeune âge à un développement supérieur physique ou moral.

Ainsi, Messieurs, à quelle conclusion aboutit la théorie de la transmutation appliquée à l'homme? Cette conclusion est-elle bonne ou mauvaise? flatteuse ou humiliante? déplaisante ou agréable? Monsieur *Wolfgang Menzel* a-t-il raison de s'écrier avec horreur dans une critique dirigée contre moi: «l'homme un fils du singe! une machine faite pour la bestialité!» ou bien faut-il adopter l'opinion d'*Huxley*, qui pense que loin de voir dans la basse origine de l'homme un déshonneur ou un motif de découragement, nous devons, en considérant et notre origine et ce que la culture a fait de nous, ressentir seulement un plus vif désir d'atteindre un but toujours plus grand et plus élevé?

Je partage complètement pour ma part cette dernière manière de voir, et je veux terminer ma conférence par ces belles paroles de *Lange*, l'auteur de l'«histoire du matérialisme»:

«Il est peu philosophique de rougir avec Pline de la misère «de notre origine. Car ce qui nous y paraît commun, est précisément ce qu'il y a de plus précieux et à quoi la nature a appliqué l'art le plus grand. Et quand même l'homme sortirait «d'une source plus basse encore, il n'en serait pas moins le plus «noble des êtres!»

QUATRIÈME CONFÉRENCE.

Messieurs!

Nous examinerons aujourd'hui la théorie Darwinienne et la théorie de la transmutation dans leurs rapports avec la doctrine et les lois du progrès dans la *Nature* et dans l'*Histoire*.

Je vous ai déjà dit dans une conférence précédente, que le progrès est un résultat *fréquent*, mais non pas nécessaire, du changement; et comme preuve, je vous citais les *types stationnaires* d'animaux marins inférieurs, auxquels la sélection naturelle ne profite pas ou ne profite que dans une très faible mesure, à cause de l'excessive simplicité de leur organisation et de l'uniformité des milieux qui les entourent. Je vous ai signalé même quelques exemples d'organismes rétrogrades; et je disais entre autres choses que la sélection naturelle donne lieu dans certains cas à un recul de toute l'organisation. Je puis ajouter que quelques groupes, notamment dans les classes inférieures du monde animal, ont possédé primitivement une organisation supérieure à celle qu'ils ont aujourd'hui, et en même temps plus variée.

En présence de tous ces faits et de quelques anomalies d'un autre ordre, *un certain nombre de savants nient absolument le progrès dans la nature organique*. Même des partisans décidés de *Darwin* et de sa doctrine se sont rangés à cet avis, et *Lyell* lui-même, quoique partisan de la doctrine du progrès, s'exprime très dubitativement sur différents points. Bien qu'ils soient obligés de reconnaître le progrès dans l'intérieur de certaines classes ou genres, ses adversaires prétendent que cela ne prouve aucunement que le développement suive en tout et pour tout une marche ascendante.

Les savants, surtout les savants anglais qui ont le plus agité cette question, se trouvent donc divisés en deux camps: *les partisans de la théorie de la transmutation et les partisans de la théorie du progrès.* Il en est parmi les premiers qui nient le progrès; en revanche il s'en trouve parmi les seconds qui se prononcent contre la transmutation. Comme de juste, ces derniers sont des théologiens qui n'admettent pas le progrès, *tel qu'ils l'entendent*, sans l'intervention divine. Les mêmes divergences se sont produites en Allemagne, et là comme en Angleterre on s'est parfois montré plus hostile à la doctrine du progrès, qu'à la théorie de la transmutation, bien que le contraire eût paru plus raisonnable. L'animosité a été vive surtout et l'est encore du côté de certaine doctrine géologique, assez neuve, dont le professeur *Bischoff* de Bonn s'est fait le premier l'initiateur. Les partisans de cette doctrine vont jusqu'à nier, en bloc, tout progrès dans le monde organique; et ils ne trouveraient pas étonnant que l'on rencontrât aujourd'hui des débris humains dans les roches *siluriennes* ou *devoniennes*, c'est-à-dire au sein des couches réputées jusqu'à ce jour les plus anciennes ou à peu près les plus anciennes de toute la formation terrestre. Cette manière de voir est d'ailleurs étroitement liée à leur opinion géologique. Se refusant à considérer toute l'histoire de la terre autrement que comme un éternel va-et-vient, un retour perpétuel des mêmes accidents, ils sont naturellement amenés à découvrir la même uniformité dans le monde organique et à prétendre, que jamais sur la terre rien n'a différé essentiellement de ce qui s'y trouve aujourd'hui. On comprend cependant que la *géologie* n'est pas seule compétente, et que la *paléontologie, l'anatomie*, la *phy-*

siologie, l'*embryologie*, etc. doivent être aussi consultées. C'est seulement à la condition que les résultats de *toutes* ces sciences aient été mis à profit, qu'il est possible de se prononcer à coup sûr.

Parmi les représentans de cette idée, l'un d'eux Mr. *Otto Volger* s'est placé au premier rang par un ouvrage intitulé «Terre et Éternité» (Francfort s M. 1857), puis par un mémoire lu à l'assemblée des naturalistes de *Stettin* de 1863. Selon lui, l'ancienne théorie, admise jusqu'à ce jour, d'un «*règne primaire des poissons*,» d'un «*règne secondaire des lézards*,» d'un «*règne tertiaire des mammifères et des oiseaux*» et d'un «*règne quaternaire de l'homme*» se trouve complètement ébranlée et mise en pièces à la suite de découvertes plus récentes; et les origines des différentes classes d'animaux sont reculées dans un passé beaucoup plus lointain. On connaît maintenant des mammifères et des oiseaux de l'époque secondaire; des sauriens du calcaire conchylien; on a trouvé des lézards dans le schiste cuivreux et même dans l'anthracite de l'époque primaire etc. Il existe encore aujourd'hui des formes de transition, en dehors de celles que l'on rencontre à l'état fossile; telles sont les *chauves-souris* qui tiennent le milieu entre les mammifères et les oiseaux, les *cétacés* qui sont des mammifères avec le corps du poisson etc. Il existe même aujourd'hui des êtres ou des natures *composées*, que l'on considère comme des types appartenant aux âges primitifs, et qui étaient destinés à se décomposer en se développant. Il n'est pas rare, que dans les temps primitifs certains groupes soient survenus *avant* d'autres qui leur étaient pourtant *inférieurs*; s'il y a progrès dans certains cas, il y a rétrogradation dans d'autres, et l'on remarque, que les formes supérieures alternent avec les formes inférieures, souvent sans qu'il y ait apparence d'une loi. Il se produit donc véritablement, suivant *Volger*, dans les formes organiques un renouvellement perpétuel, dont on ignore encore la loi; mais il n'y a pas un procédé général de développement ascendant. *Volger* est ainsi du nombre de ceux qui admettent la transmutation dans son sens le plus général, mais qui rejettent le progrès.

Tout récemment, dans son «Histoire de la terre» (1866), le professeur Dr. *F. Mohr* a émis des idées analogues. La distinction qu'on a établie jusqu'à ce jour entre les diverses périodes terrestres, d'après leur ordre chronologique, lui paraît reposer sur une base fausse. Dans le monde organique, il y a bien en détail progrès et rétrogradation, avant l'anéantissement complet, mais cela n'est pas vrai de l'ensemble. Ici, le progrès et la rétrogradation se compensent toujours l'un l'autre, et l'idée d'un progrès éternel n'est rien qu'un rêve bienfaisant. Suivant *Mohr* et les autres adversaires du progrès, il en serait absolument de même en ce qui touche l'*histoire*. Et, chose remarquable, ce sont les mêmes raisons ou des raisons semblables qu'ils allèguent et dans le domaine de l'histoire et dans celui de la nature. Je vais vous les exposer rapidement.

Les arguments pris dans la nature se formulent ainsi:

1° Les organismes et les animaux marins primitifs les plus bas (rhizopodes, infusoires, foraminifères, éponges, algues, etc.) sont aujourd'hui conformés identiquement comme ils l'étaient déjà au commencement du monde. Où donc est ici le progrès? *)

---

*) De même, les espèces de brachiopodes les plus anciennes connues égalaient déjà, dans tous les points essentiels, celles qui vivent à présent; avec cette différence toutefois, qu'elles étaient alors plus nombreuses et étalaient une variété de formes qu'elles n'ont plus aujourd'hui. — *Huxley* (De notre connaissance des causes des phénomènes organiques, page 126) prétend, qu'il y a eu aussi de ces *types stationnaires* chez les *poissons*, au moins pour certaines périodes géologiques, durant lesquelles ces types restaient invariables, bien que tout changeât autour d'eux. — Le plus ancien mollusque que nous connaissions, est le genre des Brachiopodes *Lingula*, sorte de coquille qui se trouve dans toutes les couches terrestres et qui vit encore aujourd'hui, mais sans donner d'embranchements.

2° On trouve déjà, réunis ou rapprochés, dans les couches de formation les plus profondes, des représentants des 4 ou 5 grandes classes du monde organique, c'est-à-dire des *plantes*, des *animaux primordiaux*, des *rayonnés*, des *mollusques*, des *articulés* et même des *vertébrés*; tandis que, suivant la doctrine du progrès, le plus parfait aurait dû toujours procéder le moins parfait. Ainsi les *plantes* devraient se rencontrer les premières, puis les *animaux primordiaux*, et ainsi de suite jusqu'aux vertébrés, qui auraient dû n'apparaître qu'en dernier lieu. On trouve d'ailleurs quelquefois dans les formes *les plus anciennes* un haut degré d'achèvement. Ainsi, les plus anciennes plantes marines que nous connaissions, appartiennent de préférence aux formes les plus hautes de leurs familles respectives, qui sont d'ailleurs elles-mêmes bien imparfaites et situées très bas sur l'échelle des êtres.

3° Nous rencontrons très souvent pour la première fois dans des couches relativement plus récentes des genres ou des espèces inférieures, en tant qu'espèces, à celles qui les ont précédées; et dans le règne animal certains représentants de classes ou d'ordres inférieurs s'élèvent bien au-dessus des classes plus hautement organisées. Au dire d'*Agassiz* un certain nombre d'*échinodermes*, de la classe des rayonnés, ont une structure plus complexe que tel représentant des mollusques ou des articulés, ou peut-être même que quelques vertébrés; et dans la classe des articulés on trouve des *insectes* dont il serait difficile d'établir la supériorité sur bon nombre de *crustacés*, bien que ces derniers marquent un échelon beaucoup plus bas dans l'échelle générale des êtres. Quelques *vers* sont aussi, sous ce rapport, supérieurs à certains crustacés; et les acéphales les plus parfaits semblent mieux organisés que quelques gastéropodes ou limaçons, etc. etc.

Enfin et quatrièmement, un grand nombre de genres et de

groupes organiques avaient atteint dans les temps primitifs un degré de perfection que leur développement est loin d'offrir aujourd'hui, — ce qui évidemment n'aurait pu avoir lieu, si le progrès s'exerçait d'une manière constante et sans interruption; il y a donc eu au contraire rétrogradation. Que l'on considère, disent les adversaires de la théorie du progrès, le règne si riche et si varié des mollusques de l'époque *primaire* et le développement et la variété de formes que les *céphalopodes* et les *brachiopodes* ont eue alors! tandis qu'à présent ces deux groupes ne fournissent plus que les maigres séries de mollusques que nous connaissons. On tombe parfois dans ces temps reculés sur certaines formes extraordinairement développées et d'une haute organisation, comme le *lys de mer* (Encrinus liliiformis) de la formation permique et triasique. La coquille de cet animal se composait de plus de 30,000 pièces distinctes, groupées de la manière la plus avantageuse pour la satisfaction de tous ses besoins. — Ce n'est d'ailleurs pas seulement chez les mollusques qu'il en est ainsi, mais dans toutes les classes d'animaux. Les *reptiles* de l'époque *secondaire*, quelques-uns d'entre eux du moins, ont, autant que cela se peut, une organisation beaucoup plus parfaite que tel représentant actuel de cette classe, le crocodile par exemple. Les reptiles comptaient alors un nombre infini d'espèces, chez lesquelles certains types atteignaient une taille monstrueuse; ce n'est que plus tard et devant les formes vertébrées plus parfaites, qu'elles se sont retirées. Les oiseaux et les *mammifères* de l'époque *tertiaire*, qui vient immédiatement après, présentent un développement gigantesque, sur lequel les formes actuelles sont souvent bien en retard. — Dans une de mes conférences précédentes il a été mentionné des cas de rétrogradation chez des espèces isolées, comme les *vers intestinaux*, les *parasites* etc.

Les exemples, qu'on cite ordinairement, de rétrogradation dans l'intérieur d'une classe, sont les *serpents* pour la classe.

des reptiles; les *oiseaux géants* et les *oies à graisse* à cause de l'atrophie de leurs ailes pour la classe des oiseaux; enfin les *cétacés* chez les mammifères, etc. —

Pour la critique du progrès dans l'histoire, on se place à un point de vue identique, et voici à peu près quelles objections on met en avant:

1) À travers tant de siècles et de siècles écoulés, certains peuples sont restés jusqu'à présent ce qu'ils étaient à l'origine; et nous retrouvons en eux aujourd'hui encore la culture de *l'homme préhistorique*, contemporain du mammouth, de l'ours des cavernes, du cerf géant, du rhinocéros primitif, etc. Il est des peuples qui combattent encore avec des armes de pierre et travaillent avec des outils de pierre, qui habitent des huttes de feuillage ou des cabanes de pilotis, et qui croupissent enfin, enfoncés dans l'existence animale, sans aucun avancement matériel ou spirituel. On ne voit là ni progrès, ni développement, mais rien qu'une perpétuelle immobilité.

2) D'autres peuples après s'être élevés une fois à un certain degré de civilisation, y sont demeurés stationnaires; et depuis mille ans et plus ils n'ont pas fait un pas en avant. L'exemple des *Chinois* est le plus frappant de tous.

3) Enfin les peuples sont encore plus nombreux, qui ne sont parvenus à un haut degré de culture, que pour se replonger ensuite dans des ténèbres plus profondes. Comparez, disent les adversaires de la doctrine du progrès, comparez les beaux temps de l'antiquité classique, les âges florissants de la Grèce et de Rome avec les siècles de décadence artistique et scientifique qui les ont suivis. Opposez le siècle d'un Périclès à l'obscur et superstitieux moyen-âge; songez à des pays comme l'Egypte, la Perse, l'Inde, l'Asie Mineure, l'Afrique romaine, la Grèce, l'Italie, l'Espagne, le Mexique etc.; à des villes comme Babylone, Ninive, Ecbatane, Persépolis, Rome etc. etc.; et récapitulez les nom

breuses et grandes décadences, dont l'histoire a gardé le souvenir. Remarquez aussi que dans le domaine de l'histoire aussi bien qu'en paléontologie chaque jour amène des découvertes nouvelles, qui reportent la civilisation dans des temps inconnus et toujours plus lointains, comme on le voit en Egypte.

Même sur le terrain *spirituel* et *moral*, où l'on regarde le progrès comme particulièrement efficace, à plusieurs égards nous avons reculé au lieu d'avancer. Ainsi, que l'on compare la maturité politique des Grecs et des Romains avec l'état de tutelle et de minorité auquel nous sommes; la philosophie *indépendante* avant le christianisme avec ce qu'elle devint plus tard quand elle se fut faite l'humble servante de la théologie; ou bien les nombreuses et nobles vertus civiques des anciennes républiques avec le goût des jouissances frivoles, les tendances égoïstes et l'amour exclusif du gain, légitime ou illégitime, qui sont les sentiments développés dans notre état politique et social; que l'on considère enfin, que le développement de ce que nous appelons chez nous le *droit*, n'a pu aboutir après plus de mille ans, qu'à l'élévation de la violence physique et de la force brutale sur le trône des nations les plus civilisées!*)

Dans l'*histoire* les choses se passent donc comme dans la *nature*. C'est-à-dire, qu'on y voit bien un perpétuel changement dans les temps, dans les lieux et dans les hommes; qu'il s'y produit en effet des alternatives continuelles de progrès et de reculs, d'édifications et de ruines, de croissance et de stagnation, de production et de mort, mais qu'en réalité l'idée d'un éternel progrès ou d'un procédé général de développement ascendant n'est qu'un

---

*) Les dernières et extrêmes conséquences de cet état de choses sont le *césarisme* et le *militarisme* qui règnent aujourd'hui en Europe. Les peuples, gagnés de jour en jour par cette épidémie, n'en ont pas seulement leurs forces *matérielles* ruinées; ce mal opprime aussi leur conscience et menace d'étouffer en eux enfin toute culture *intellectuelle* et *morale*.

beau rêve, et que tout se meut plutôt dans un cercle éternel, fermé sur lui-même à la façon du serpent allégorique qui se mord la queue. Ou bien encore les choses se passent comme sur un théâtre, dont les acteurs et les décors changeraient sans cesse et où tout semblerait plein d'activité, bien que tout resterait à la même place.

Cette manière d'envisager l'histoire s'est rencontrée même dans la poésie, où elle a inspiré un des plus beaux morceaux de notre grand lyrique *Rückert*. Rückert fait voyager par le monde *Chidher*,[*] personnage de la mythologie persane, doué d'une éternelle jeunesse et il rend dans des strophes magnifiques l'impression produite par le spectacle du perpétuel renouvellement de ce qui a été :

Chidher, l'éternelle jeunesse, dit :
Je passais près d'une ville.
Un homme cueillait des fruits dans le jardin.
Je lui demandai depuis quand la ville était là ?
Il dit, puis reprit sa besogne :
« La ville est de de tout temps à cet endroit
« Et elle y restera toujours. »

De nouveau, après cinq cents ans,
    Je passais par le même chemin.

Alors, je ne trouvai plus trace de la ville.
Un berger solitaire jouait du chalumeau.
Le troupeau broutait le feuillage et la feuille.
Je lui demandai : depuis quand la ville a disparu ?
Il dit, puis reprit à souffler dans son roseau :
« Ceci pousse quand cela se dessèche :
« C'est ici de tout temps mon pâturage. »

---

[*] Chidher, Khedher ou Khizir est le nom d'un prophète qui avait bu à la source de la vie éternelle, et que l'on a souvent confondu avec le prophète Elias, qui a joui pareillement d'une éternelle jeunesse. Suivant la tradition arabe, Chidr était général d'un souverain de l'ancienne Perse, Khrikhobad. Prophète en outre, il a bu à la source de vie, et il vivra maintenant jusqu'au dernier jour. Alexandre le grand chercha cette source, qui devait se trouver dans le Caucase, mais en vain.

> De nouveau, après cinq cents ans,
>   Je passais par le même chemin.
>
> Alors, je trouvai une mer qui battait ses vagues,
> Un pêcheur jetait ses filets;
> Et comme il se reposait du coup difficile,
> Je lui demandai depuis quand il y avait la mer?
> Il dit, en riant à ma question:
> « Depuis aussi longtemps que les vagues écument ici,
> « On pêche et on a pêché dans ce port. »
>
> De nouveau, après cinq cents ans,
>   Je passais par le même chemin.
>
> Alors, je trouvai une forêt,
> Et un homme dans la solitude.
> Il abattait un arbre avec la cognée.
> Je lui demandai quel âge avait cette forêt?
> Il dit: « La forêt est un asile éternel;
> « Déjà de tout temps j'ai habité ici,
> « Et ces arbres y croîtront toujours. »
>
> De nouveau, après cinq cents ans,
>   Je passais par le même chemin.
>
> Alors, je trouvai une ville — et bruyante
> La place retentissait de la voix du peuple.
> Je demandai: Depuis quand la ville est bâtie?
> Où sont la forêt, la mer et le chalumeau?
> Ils crièrent sans écouter mes paroles:
> « De tout temps, ç'a été la même chose ici,
> « Et ce sera éternellement la même chose! »
>
> Mais encore, après cinq cents ans
>   Je veux repasser par le même chemin.

Eh bien, Messieurs, si nous voulions nous en rapporter à ceux qui nient le progrès, toute l'histoire de la terre et toute l'histoire du genre humain ne seraient qu'une application de cette admirable conception du poète. Conception d'ailleurs bien justifiée, même pour les partisans du progrès! car à leurs yeux elle doit montrer que sur la terre et dans l'humanité les plus grands changements de la nature et de la vie se succèdent en effet, seulement dans des périodes si longues, que celui qui s'y trouve enfermé, loin d'en avoir conscience, se croit au contraire environné d'immobilité; tandis qu'un dieu éternel, dont l'œil embrasse tous les âges, en juge autrement. Quant à cette divinité du poète, c'est en réalité la *science*, dont le regard plonge au delà du temporel et de l'éphémère et perçoit à travers la succession variée des phénomènes l'*éternel*. Scientifiquement on pourrait seulement faire au poète *Rückert* le reproche d'avoir choisi ses périodes *trop courtes*. Au lieu de 500 ans, s'il avait pris 5000 ans, sa poésie, loin d'en souffrir, n'eût fait qu'y gagner en élévation, et même elle eût touché de plus près la vérité.

Maintenant, Messieurs, si ce point de vue était exact, et que les objections faites au progrès fussent fondées de tout point, nous nous trouverions en présence du fait le plus triste et le plus décourageant que la science ait jamais révélé. Et bien que la vérité soit au-dessus de toutes considérations humaines ou divines, et que rien ne soit capable de nous la faire aliéner, il faut avouer qu'elle serait achetée dans ce cas au prix d'un sacrifice moral très grand et encore plus douloureux. Notre propre existence, celle des peuples, des races la vie de toute la nature serait donc simplement, depuis les millions d'années que court l'histoire de la terre, un retour perpétuel du même ordre de choses, répété sans commencement ni fin, sans but et sans accomplissement. Ainsi donc les individus, les races, les nations et les systèmes surgissent et disparaissent comme les vagues de la mer, sans laisser de leur existence d'autre trace qu'une place vide, sur laquelle une vague nouvelle vient aussitôt reprendre le même jeu avec le même résultat sans fin.

Heureusement, Messieurs, d'après tout ce que nous savons, nous sommes en droit de dire avec une certaine assurance, que cette idée d'une immobilité éternelle ou mieux d'un perpétuel mouvement ou échange *sans* aucun progrès *est fausse et doit être fausse nécessairement;* et que, dans la nature aussi bien que dans l'histoire, les faits parlent au contraire pour un progrès éternel — bien qu'il soit infiniment lent, rapporté aux idées et aux calculs de l'*homme*. Ce qui n'empêche pas que ces objections ne soient fondées et n'aient leur prix. Elles prouvent du moins, que les choses ne sont pas aussi simples, ni aussi faciles à expliquer qu'on l'avait cru et qu'on le croit encore souvent. Dans les sciences naturelles par exemple on a longtemps admis, que tous les êtres organiques formaient de haut en bas une série simple et régulière, et qu'il n'y avait eu pour le passé et le présent qu'une seule phase ascendante de développement. Cette série, dont l'*homme* était le dernier terme, devait avoir commencé par la monade ou l'éponge ou quelques-unes des formes végétales les plus basses. Ainsi les plantes, considérées alors comme les êtres organiques les plus bas, avaient existé les premières; puis venaient les animaux inférieurs; des animaux primordiaux étaient sortis les rayonnés et les mollusques; des mollusques les articulés; des articulés les plus bas vertébrés ou les poissons; des poissons les reptiles; de ceux-ci les mammifères et oiseaux; puis enfin l'homme. On admettait, qu'un ordre pareil avait été observé dans l'intérieur même des classes, et que toute forme y avait procédé de la forme immédiatement inférieure.

Cette théorie d'*une* série simple ou d'une ligne ascendante continue «a fait son temps», comme dit le Dr. *Weinland* (Jardin Zool. I. No. 3); elle n'est plus soutenable et se trouve en contradiction avec tous les faits, particulièrement quand il s'agit *de la transmutation d'une grande classe à une autre*.

La marche du développement organique et du progrès, qui s'y rattache, a été toute autre et bien plus compliquée. Il y a eu, non pas *une* seule, mais un grand nombre de séries parallèles. Issues, il est vrai, originellement des mêmes racines ou de la même racine, elles se sont par la suite ramifiées à l'infini, en tant que nombre et que diversité. Avant d'aborder l'exposé de cette intéressante question, je vais essayer de répondre, en les prenant une à une, aux diverses objections qu'on a faites à la théorie du progrès.

Et d'abord, pour ce qui est de l'argument sur lequel O. Volger a tant appuyé, à savoir que des formes d'une organisation supérieure, autrement dit des formes occupant une place supérieure dans l'échelle générale des êtres, se rencontrent dans des couches terrestres de plus en plus anciennes, où l'on ne s'attendait pas autrefois à les trouver, — à supposer que le fait soit exact ou fidèlement observé — la théorie du progrès n'en subit aucune atteinte. Seulement les origines de la vie organique et de ses divers embranchements se trouvent reportées à des temps plus lointains ou reculées dans des périodes géologiques plus anciennes. Il faut admettre que le développement organique s'accomplit depuis un temps d'autant plus long que nous rencontrons plus tôt une organisation déjà supérieure. Cela ne souffre d'ailleurs pas de difficultés, attendu que *le temps* ne fait pas défaut en géologie, et que, loin de connaître les couches de formation les plus anciennes, nous devons au contraire nous attendre à en découvrir toujours de plus vieilles. Sans parler du *système cambrique*, qui est antérieur au silure et dont la formation extraordinairement épaisse a dû exiger des millions d'années, mais dans lequel la vie n'a laissé que des traces fort incertaines, — on a découvert tout récemment en Amérique, ainsi que je vous le disais dans ma première conférence à propos de l'Eozoon Canadense, une immense série de stratifications cristallines auxquelles on a donné le nom de *formation Laurentienne*. Ces roches sont antérieures aux plus anciennes formations d'Europe, que l'on s'était trop hâté de regarder comme primordiales. On y a trouvé les débris fossiles d'un être organisé l'Eozoon Canadense. «Nous avons toute raison de croire,» disait *Sir Charles Lyell* dans son remarquable discours d'ouverture prononcé à la réunion des naturalistes anglais à *Bath*, en 7bre 1864, «que les «roches où se trouvent ces débris animaux, sont aussi vieilles, «pour ne pas dire plus vieilles, que telles formations d'Europe «dites *azoïques* ou dépourvues d'animaux; c'est-à-dire qu'elles «ont précédé celles-là même que l'on croyait avoir devancé toute «création organique.» *)

Nous sommes d'ailleurs fondés à admettre, que la vie n'a pas commencé là seulement où nous trouvons les débris organiques en plus grande quantité, car il a dû s'écouler des milliers de siècles avant qu'elle ait été à même de laisser après elle, au sein des roches, une trace durable de son passage. Les premiers essais échappent donc à notre observation, et les roches, que l'on a considérées jusqu'à ce jour comme marquant le point de départ des formations géologiques et qui ne contiennent nulle trace ou seulement des traces incertaines de la vie, doivent, vu leur

---

*) Dans sa «Géologie du présent» le professeur *Cotta* parle en ces termes des découvertes faites dans le Canada:

Sir W. E. Logan a découvert dans le Canada des couches, où se rencontre l'Eozoon Canadense, et qui doivent se trouver à 18000 pieds au-dessous des roches *siluriques* les plus profondes de cette contrée. Ces couches sont déjà en partie cristallines. On les a classées en *laurentiennes supérieures*, qui contiennent des bancs calcaires et sont épaisses d'environ 1000 pieds; et en *laurentiennes inférieures* qui ont peut-être 20000 pieds d'épaisseur et se composent de Gneiss, de Quartz, de conglomérat et de calcaire granuleux. L'Eozoon se trouve dans les quartiers de calcaire cristallin. Les bancs, épais de 18000 pieds, qui s'étendent entre la couche silurique et la couche laurentienne, et qui répondent à peu près au système *cambrique*, portent en Amérique le nom de roches *huroniques*.

Ces formations laurentiennes qui se retrouvent d'ailleurs en Bavière et en Bohème, sont les plus anciennes que l'on connaisse, renfermant des débris organiques.

Sous les dépôts de sédiment, qui contiennent des restes organiques encore reconnaissables, s'étendent ordinairement et en très-grande épaisseur les produits cristallins de la métamorphose schisteuse des dépôts les plus anciens. Les débris organiques, qui s'y trouvaient contenus, sont devenus méconnaissables par suite de la métamorphose.

immense épaisseur, avoir mis un temps énorme à se constituer. Et si nous ne trouvons pas en plus grande quantité les traces de la *première* existence des êtres organiques, cela tient d'une part à ce que leur petitesse, leur peu de solidité et leur imperfection rendaient ces êtres incapables de se conserver, et d'autre part à ce que les roches elles-mêmes ont subi une transformation intime d'autant plus marquée, qu'elles sont plus anciennes ou qu'elles gisent depuis plus longtemps dans le sein de la terre. On doit s'attendre pourtant, et je vous l'ai déjà dit, à trouver encore des roches toujours plus *anciennes*, comme l'indique bien la découverte toute récente de la formation Laurentienne.

Hæckel (l. c.) va même jusqu'à déclarer que ces couches neptuniennes ou siluriques, qui ont jusqu'à ce jour passé à tort pour les plus anciennes, et dans lesquelles nous trouvons déjà des spécimens hautement développés et bien différenciés des diverses races animales, sont au contraire de formation relativement récente. Il pense que dans le cours de la géologie organique le temps qui s'est écoulé avant le dépôt de ces couches, a dû en tout cas être beaucoup plus long que la période qui a suivi. L'épaisseur considérable des deux systèmes, cambrique et laurentien, lui paraît en fournir une preuve directe.

Toute cette discussion, Messieurs, a aussi l'avantage d'ôter beaucoup de sa force à l'objection tirée de la rencontre simultanée de représentans des 4 ou 5 grandes classes animales dans les couches terrestres les plus profondes. En effet, ne connaissant pas ou ne connaissant que très imparfaitement jusqu'ici les couches en réalité les plus profondes ou les plus anciennes non plus que les êtres vivants qu'elles ont contenus, nous ne sommes pas autorisés à conclure, d'après la nature de ce que nous trouvons dans des couches de formation relativement récente, à la négation du progrès. Nous devons admettre au contraire, qu'à la formation de ces couches la vie régnait déjà depuis des millions d'années; c'est-à-dire depuis le temps nécessaire au développement lent et à la spécialisation de quelques grands embranchements.

Bien plus — et cette considération est plus importante encore — l'objection repose en partie sur une donnée inexacte: à savoir que les 4 ou 5 grandes classes du règne animal auraient procédé les unes des autres, la plus basse étant issue du règne végétal; et naturellement alors ce serait un fait en contradiction avec la doctrine du progrès, que les couches les plus anciennes ou seulement les couches très anciennes continssent réunis des représentants de toutes ces classes et du règne végétal. Mais, je vous le répète, cette donnée est fausse, car les grandes classes ne se sont pas formées *les unes des autres*, mais les unes *à côté des autres*; de la même façon que les rameaux d'un arbre ou d'un buisson. Ainsi les rayonnés ne sont pas les ancêtres des mollusques; ni les mollusques des articulés; ni les articulés des poissons ou vertébrés; et le règne végétal a été encore bien moins la souche du règne animal. Au contraire les plantes et les animaux, issus des mêmes éléments placés dans des conditions pareilles, se sont dès l'origine développés parallèlement. Et il se peut très bien que dès l'origine se soient rencontrés déjà, à l'état d'essais ou d'ébauches, les principaux embranchements des *invertébrés*, ou qu'ils aient surgi du moins de très-bonne heure sur la souche commune originelle. Aussitôt formé, chacun d'eux s'est développé pour son compte sans garder aucun rapport direct avec les autres et en s'éloignant à chaque pas de son premier modèle. *)

---

*) Le professeur *Haeckel* a essayé de tracer sur huit tableaux les différents arbres généalogiques des embranchements des deux règnes, végétal et animal. Chacun de ces arbres laisse échapper d'un tronc commun trois branches principales, dont l'une représente le *règne animal*, l'autre le *règne végétal* et la troisième, comme forme intermédiaire entre les deux

Mais il n'en a pas été ainsi des *vertébrés*, c'est-à-dire du plus haut embranchement du règne animal, qui gravissent, bien qu'en restant fidèles à un plan primitif général, tous les degrés compris depuis les formes les plus basses jusqu'aux formes les plus élevées; et qui représentent l'expression la plus claire du progrès. Car leurs *premières* ébauches ne se trouvent *d'aucune façon* dans les couches de formation les plus profondes, que l'on a regardées jusqu'à ce jour comme les plus anciennes. Il est donc inexact en fait de dire, comme on l'entend si souvent répéter, que tous les grands embranchements du règne organique se trouvent dans les formations siluriennes. *Lyell*, qui fait autorité en cette matière, se trouve, sur ce point, d'accord avec presque tous les autres auteurs. Il s'exprime en ces termes: «Pour les représentants fossiles du *type poisson*, on «croyait, avant 1838, qu'ils ne remontaient pas au-delà des ter-«rains houillers. Mais depuis on les a suivis jusque dans les «formations *devoniennes* et même dans les formations *siluriennes* «supérieures. Cependant on n'a pas jusqu'à ce jour trouvé de «trace de poissons, ni d'autres vertébrés dans les couches silu-«riennes inférieures, quelle que soit d'ailleurs la richesse de ces «couches en fossiles invertébrés; non plus que dans la zone pri-«mitive de Barrande qui est encore plus ancienne. D'où il faut «conclure que le type vertébré faisait complètement défaut ou «du moins était très rare dans ces périodes les plus anciennes «connues, que l'on a souvent prises à tort pour les périodes pri-«mordiales, *alors qu'elles ne représentent, si la théorie de la for-*«*mation terrestre est juste, que les derniers termes d'une longue*

premiers, le règne des *Protistes*. Pour le règne animal, l'arbre se ramifie en coelentères, échinodermes, articulés, mollusques, vertébrés; et le rameau des vertébrés se subdivise lui-même en poissons, amphibies, reptiles, oiseaux et mammifères; parmi ces derniers l'homme figure comme spécimen le plus haut et le dernier venu.

«série d'âges déjà peuplés d'êtres vivants.» (Lyell, âge du genre humain, page 338 de la traduction allemande.)

Il est à remarquer aussi, que les poissons les plus anciens que nous connaissons, ne représentent que les degrés inférieurs du type; ce sont les *poissons dits cartilagineux*. Ce n'est que bien plus tard qu'apparaissent les *ganoïdes* et les vrais *poissons osseux*. Bien que les poissons fassent partie du groupe le plus haut du règne animal et *qu'ils soient du type vertébré*, ils ont commencé par des êtres d'une organisation si basse, qu'on ne les prenait pas d'abord pour des poissons, mais pour des *vers* ou des *limaces*. Tels sont l'*Amphioxus* et la *Myxine*. L'Amphioxus lanceolatus ou *poisson lancette* se trouve encore aujourd'hui dans la mer du Nord et paraît descendre de ces formes primitives inférieures. Il n'a ni crâne, ni cerveau distinct, ni coeur, ni sang coloré; enfin son organisation le place anatomiquement bien loin derrière les types les plus parfaits de mollusques et d'articulés, qui appartiennent cependant à des *classes* fort *inférieures* à celle des vertébrés.*) Je pourrais vous citer une quantité d'exemples de ce genre, desquels il ressort clairement, que les différentes classes ne se raccordent pas par leurs termes extrêmes; mais que chaque type, une fois détaché de la souche première commune, poursuit pour son propre compte le déve-

---

*) «Le poisson lancette a extérieurement l'aspect d'une feuille lancéolée, «très mince, incolore ou d'un éclat rougeâtre, transparente et d'environ «deux pouces de long. On reconnaît cependant que cet amphioxus est un «vertébré à sa moelle épinière et à la baguette cartilagineuse qui se trouve «au-dessous, autrement dit la corde dorsale (chorda dorsalis). — Évidem«ment cet étrange petit animal est le dernier reste survivant d'une classe «inférieure de vertébrés, qui à une époque géologique très reculée (avant «le temps du silure) était très richement développée; mais dont il ne pou«vait se conserver de débris fossiles à cause de l'absence de parties solides.» (Haeckel: Apparition et arbre généalogique du genre humain. Berlin, 1868.)

Note de la 2ème édition.

loppement dont il est susceptible; et enfin qu'un type est souvent mieux disposé qu'un autre pour le développement. Le type vertébré est évidemment celui qui possède au plus haut degré cette disposition à s'organiser; aussi a-t-il laissé loin derrière lui toutes les autres classes, bien qu'il ait commencé lui-même, comme je vous l'ai dit, par des formes bien *inférieures* aux représentants les plus hauts de ces classes.

Vous ne trouverez donc plus surprenant, Messieurs, que certains groupes, certains embranchements ou certaines familles aient pu avoir, dans les temps primitifs, une organisation plus achevée que certains de leurs contemporains d'une série supérieure — et parfois même que leurs représentants actuels. Il est en effet évident, que toutes les séries d'êtres ou la plupart d'entre elles ont eu, comme les individus, certain cycle de vie à courir. Une fois cette carrière fournie, elles sont demeurées au point où elles se trouvaient, ou bien elles ont rétrogradé; tandis que d'autres auprès d'elles, poursuivant leur course commencée ou même ne se mettant en marche que longtemps après, arrivaient à un état relativement et absolument supérieur. Tel on voit dans un arbre les branches d'en *bas* mourir ou rester ce qu'elles sont; alors que les branches plus hautes grandissent, poussent des rameaux et s'élèvent chaque jour davantage. «C'est «une loi générale, dit *H. Tuttle*, que les espèces existent aussi «longtemps qu'elles restent capables de se développer encore. «Mais aussitôt devenues stationnaires elles commencent à dé-«cliner et périssent avec le temps.» *)

---

*) «D'après une loi reconnue par M. M. *Verneuil* et *d'Archiac*, dit le professeur *Le Hon* dans ses prolégomènes au Darwinisme d'Omboni, «la durée d'une espèce est directement proportionnelle à son extension «géographique. Et d'après la loi de développement numérique, démontrée théoriquement par Mr *d'Archiac*, l'espèce apparait et se multiplie jusqu'à «un maximum numérique, à partir duquel elle rétrograde et disparait. On doit tenir compte de ces deux lois dans l'étude de la théorie Darwinienne.»

On ne peut mettre en doute que ce développement des espèces ait toujours eu lieu par voie ascendante; car c'est un principe général d'expérience, que dans les temps primitifs aussi bien qu'à présent ce sont, dans les limites de chaque série, les formes les plus simples qui ont apparu les premières, pour ne se développer ensuite que peu-à-peu. Or si la doctrine du progrès était fausse, c'est en partie le contraire qui aurait eu lieu.

Avec *cette* simple explication, Messieurs, vous pouvez, une fois pour toutes, vous rendre compte des nombreuses contradictions et anomalies et même des cas de rétrogradation, que présente la paléontologie, sans pour cela renoncer à la doctrine du progrès. Car il est hors de doute, au moins pour la généralité des cas, que les séries ou les groupes *supérieurs* pour l'ensemble de leur développement sont aussi venus les *derniers*; et qu'ainsi le règne animal est supérieur au règne végétal qui l'a devancé en général; que le type vertébré est supérieur au type invertébré formé avant lui; et qu'enfin, parmi les vertébrés eux-mêmes, les formes les plus parfaites ont toujours été les plus tardives. Les reptiles sont venus après les poissons, les mammifères et les oiseaux après les reptiles, et après les oiseaux l'homme. Il en a été ainsi pour le détail dans chaque classe de vertébrés, et personne n'a encore osé dire, que cet ordre ait jamais été renversé dans la nature. Chez les animaux *invertébrés* eux-mêmes, bien que les lois du développement géologique y soient moins nettement accusées et qu'on y observe maintes irrégularités dans le progrès et le recul, les formes les plus simples précèdent cependant toujours les formes les plus accomplies; comme on en a une preuve claire dans les céphalopodes, qui sont l'ordre le plus haut de la classe des mollusques. Et si, aux premiers âges de la formation terrestre, les formes étaient plus variées chez les mollusques qu'elles ne sont aujourd'hui, il faut bien remarquer, qu'à mesure, que ces groupes *inférieurs* s'appauvrissaient, les

types *supérieurs* au contraire allaient s'enrichissant davantage.
— On invoque encore contre le progrès ce fait, que certaines espèces primitives, comme le lys de mer dont nous avons déjà parlé, avaient une organisation très compliquée. Mais la *complexité* n'est pas encore en elle-même la marque d'un développement supérieur. Tout au contraire le composé précède souvent le simple, car la nature s'efforce toujours de distribuer sur des formes distinctes les propriétés accumulées d'abord dans une organisation unique et de faciliter, par cette *division du travail*, un plus grand développement dans chaque direction séparée. Ce principe de la division du travail est fondamental dans la nature, aussi bien que dans la vie sociale politique et industrielle de l'homme. Un être se trouve d'autant mieux en état de remplir un but que son organisation toute entière répond plus exclusivement à cette destination ; et mieux les différentes fonctions d'un organisme sont *spécialisées*, autrement dit, attribués à des organes spéciaux, et plus on a de raisons de regarder cet organisme comme supérieur. Chez les animaux les plus bas la masse du corps remplit toutes les fonctions, sans organes spéciaux, par un simple échange de matière, tour à tour empruntée et rendue aux milieux ambiants. Les animaux supérieurs au contraire ont un organe distinct pour chaque fonction ; le cœur pour la circulation, les poumons pour la respiration, le tube intestinal pour la digestion, les reins pour la sécrétion des liquides, le cerveau pour les fonctions spirituelles, etc. ; et c'est là précisément ce qui fait la supériorité de ces animaux.*) — Pour en finir avec cette

---

*) Dans cette division du travail ou dans cette *spécialisation* toujours croissante des organismes aussi bien que des rapports terrestres et des conditions de l'existence *Hæckel* voit l'unique cause du progrès. Selon lui, le progrès ne repose pas sur une loi de développement, qui pousserait toujours en avant l'organisation et qui aurait été établie par le créateur, mais il est l'effet immédiat et nécessaire des actions *mécaniques* et *naturelles*

question je veux encore vous mettre en garde contre une erreur. Le *type vertébré*, chez lequel ainsi que je vous le disais tout à l'heure, le progrès est le plus frappant, ne forme pas une simple série, mais il comprend une quantité de sous-ordres ou de séries particulières, où l'on voit certains groupes, parvenus à leur dernier état d'achèvement, surpasser d'autres groupes destinés cependant à un développement bien supérieur. Cela est vrai surtout d'un groupe des vertébrés supérieurs, qui est le plus intéressant de tous et le plus important pour nous, puisqu'il comprend l'homme, — je veux parler du groupe des quadrumanes ou mieux des *Primates*, suivant l'expression de Linné et d'Huxley réadoptée aujourd'hui. Ce groupe, au sommet duquel se trouve l'homme, et qui comprend une longue série de formes intermédiaires (les singes anthropoïdes par exemple tout à côté de l'homme), plonge ses racines par ses représentants inférieurs non pas dans les régions les plus *hautes*, comme on pourrait le croire, mais bien dans les régions les plus *basses* du *type des mammifères placentaires*. C'est un exemple d'une série très élevée *par elle-même*, qui confine cependant à un échelon assez bas. *Huxley*, qui divise les *Primates* en *sept* sous-ordres ou familles, caractérise bien ce fait lorsqu'il dit:

«De tous les ordres de mammifères aucun peut-être ne com«prend un plus grand nombre de degrés que l'ordre des pri«mates, par lequel on descend insensiblement du couronnement «et du plus haut sommet de la création à des créatures qu'un

reconnues par *Darwin*. *Le plus souvent* ces actions ont pour résultat un progrès. Souvent aussi il en est autrement, et c'est une rétrogradation qui a lieu; de sorte que loi de progrès et loi de divergence ne sont d'aucune façon *synonymes*. C'est seulement en masse que l'on peut dire aussi bien dans la nature que dans l'histoire, que le progrès est constant et général, mais dans le détail il se produit souvent de grands reculs. Il n'y a en réalité, suivant *Hæckel*, ni *plan*, ni *but* dans le développement organique.

«seul pas sembler séparer des mammifères placentaires les plus
«bas et les moins intelligents.» *) Puis il ajoute: «On dirait que
«la nature elle-même, ayant pressenti quelles seraient un jour
«les prétentions de l'homme, ait voulu que l'intelligence hu-
«maine soit amenée par son propre triomphe à évoquer, comme
«autrefois à Rome, les esclaves chargés de rappeler au triom-
«phateur *qu'il n'est que poussière!*»

J'aurais encore à mentionner comme dernière objection
faite à la doctrine du progrès, si toutefois c'est là une objection,
l'argument tiré de l'existence des *types permanents* ou *stationnaires*, dont il a été déjà fréquemment question. Je vous disais
dans ma première conférence que, selon toute vraisemblance, ces
formes primordiales les plus basses n'ont pas cessé de *surgir à
nouveau* durant le cours de tous les âges. Et quand cela ne serait pas, leur présence ne prouverait encore rien contre le progrès *dans la généralité*, mais seulement contre le progrès *dans
le détail*. Attendu que, si ces formes infimes restent invariables
à cause de l'extrême simplicité de leur organisation et à cause
de l'uniformité constante des conditions très simples de leur
existence, il est d'autres êtres qui, grâce à une organisation plus
haute et à des conditions de vie plus variées, poursuivent un
progrès incessant. Et ce fait doit d'autant moins nous sembler
étrange, que nous l'observons pareillement dans l'*histoire* et dans
la vie des peuples. Ce que représentent dans la *nature* ces êtres
les plus bas, qui ne changent jamais, l'*histoire* nous le montre
dans les peuples stagnants ou *peuples de nuit*, autrement dit,

---

*) Les mammifères placentaires sont ceux dont le fétus est nourri par
le moyen d'un placenta. Par opposition à ceux-ci et au-dessous d'eux, les
marsupiaux ou animaux à bourse portent et allaitent leurs petits dans une
bourse placée sous le ventre. Les mammifères placentaires forment le plus
haut embranchement du type mammifère, qui est lui-même le plus haut
embranchement du type vertébré.

les races passives ou nègres, qui en sont encore aujourd'hui au même degré de culture ou plutôt de rudesse, qu'il y a des milliers d'années. Il existe encore dans l'intérieur des grands continents, comme sur les îles des zones tropicales, une multitude de peuples sauvages, qui par la culture spirituelle et morale, aussi bien que sous les autres rapports, s'élèvent à peine au-dessus de l'animalité.*) Il en est d'autres, pour lesquels la civilisation est encore ce qu'elle a été en Europe chez l'homme *préhistorique*, dont l'occupation principale était de façonner de grossiers coins de pierre pour se battre soit contre les animaux, soit contre son semblable, et de travailler le bois et l'os pour différents besoins. Ces sauvages actuels n'ont pas plus d'histoire, de tradition ni de progrès, que n'en avaient les hommes préhistoriques d'Europe. Toute leur existence ne va pas au-delà d'une morne végétation, éternellement arrêtée au même point; et c'est à peine si quelques besoins les mettent au-dessus de l'animal. Ce rapprochement fait bien voir que dans la nature humaine pas plus que dans la grande nature il n'y a de penchant irrésistible et inné vers le progrès; mais que ce dernier n'a lieu que par un certain concours de circonstances, tant extérieures qu'intimes.

Cet état de rudesse primitive des peuples sans culture, rudesse dont le caractère est une persistance presqu'invincible, ne

---

*) Suivant une assertion du Dr. méd. *P. Gleinsberg* (Exposition critique de l'histoire des origines de l'homme, Dresde, 1868), assertion dont nous laissons d'ailleurs la responsabilité à son auteur, on a récemment «reconnu en Abyssinie une race de nègres à *queue*. La capacité de leur «crâne n'a pas encore été mesurée, mais leur voix qui rappelle celle de «l'animal, leur taille de nain, leur musculature grêle (on dirait que leur «peau est tendue immédiatement sur le squelette), la disproportion qui «règne entre la masse de leurs extrémités et la grandeur du tronc, etc., les «rapprochent tellement du singe, qu'ils ne s'en distinguent peut-être que «par le langage, la denture, et la conformation du pied.»

Note de la 2ème édition.

pouvait cependant empêcher et n'a pas empêché, que, conformément à ce qui se passe dans la nature, d'autres races ou d'autres branches de la grande famille des peuples se soient frayé le chemin du progrès et y aient constamment avancé jusqu'à une certaine limite.

Voici d'ailleurs un autre fait historique tout-à-fait analogue à un phénomène que nous avons décrit dans la nature, et qui ne doit pas s'interpréter autrement. De même que nous rencontrons dans les couches terrestres les plus anciennes ou du moins dans celles réputées telles jusqu'à ce jour des formes douées déjà d'une organisation relativement supérieure, de même, dans les temps les plus reculés, nous pouvons entrevoir, autant que l'histoire nous renseigne, des civilisations déjà très développées. Il convient de citer ici l'*Egypte*, cette contrée merveilleuse, berceau de toute civilisation et de toute science. Vous savez, Messieurs, à quels grands et intéressants résultats ont conduit les recherches et les fouilles des savants dans cette antique contrée; et je vous rappellerai seulement en peu de mots, que tous ces résultats ont encore été mis dans l'ombre par les travaux les plus récents du français *Mariette*, qui a découvert des sculptures, des inscriptions, des statues remontant à 4000 ou 4500 ans *avant* J. Ch. Il a trouvé en même temps aux parois des tombeaux et des nécropoles de cette époque des dessins et des inscriptions, à la vue desquels on est forcé de reconnaître que dans ces âges, historiquement si reculés, l'Egypte était déjà parvenue à un très haut degré de civilisation. *) Nous nous expo-

---

*) L'an 450 *avant* J. Ch. les prêtres égyptiens montrèrent à *Hérodote*, contre les murs du grand temple de *Thèbes*, 345 cercueils contenant les momies des grands prêtres, qui, de père en fils, s'étaient succédés au commandement de la ville, pendant ce même nombre de générations. Cela représentait une dynastie sacerdotale de plusieurs milliers de siècles. (*J. Braun:* Histoire du développement de l'art chez les peuples de l'antiquité.)

serions ici à faire la même faute qu'en géologie, si de la rencontre d'un état si avancé de culture à une époque si lointaine nous voulions conclure à la négation du progrès! Notre conclusion doit être toute autre, et nous devons nous persuader au contraire, que ces âges de l'ancienne Egypte n'étaient que les dernières étapes parcourues par une longue succession de races, desquelles l'histoire ne nous a rien appris. Heureusement sur cet exemple, en raisonnant ainsi, ce ne sera pas une simple hypothèse que nous aurons faite; car nous savons, grâces aux dernières recherches sur l'ancienneté du genre humain, que l'*histoire des 4000 ou 6000 ans qui nous sont connus, n'est rien*, si on la compare à l'existence *préhistorique* du genre humain. L'existence de l'homme sur la terre ne remonte pas seulement au diluvium ou *déluge*, qui marque une époque immédiatement antérieure à la nôtre dans la formation terrestre; mais, le plus vraisemblablement, elle remonte par delà toute cette période jusqu'aux dernières ou aux moyennes subdivisions de la grande période tertiaire.

Cette expérience, si nous l'appliquons, par un retour, aux choses de la nature, confirme pleinement la justesse du point de vue auquel nous les avons envisagées. —

Nous pouvons, Messieurs, écarter de la même manière toutes les autres objections que l'on a élevées contre le progrès dans l'histoire. Les peuples ou les empires, qui, après avoir atteint un haut degré de civilisation, ou bien ont péri ou bien sont restés stationnaires ou bien enfin ont peu-à-peu rétrogradé, répondent à ces séries ou à ces groupes, que je vous ai signalés dans l'histoire du monde organique, et qui, ayant touché à un certain terme d'achèvement, ont fermé leur cycle de vie, pour faire place à d'autres rameaux, plus jeunes et plus forts, de la grande série de développement. C'est ainsi que dans l'histoire la Grèce a remplacé l'Egypte, Rome a remplacé la Grèce, les races germaniques ont remplacé Rome sur la grande échelle du progrès ; et le progrès n'en a souffert qu'une interruption momentanée. L'Europe elle-même, avec toute sa civilisation si haute et son intelligence si développée, sera un jour, assurément, dépossédée et remplacée par une branche plus jeune et plus vigoureuse de la grande souche humaine. Et l'on dirait déjà que cette branche mûrit pour l'avenir du côté de l'occident lointain. De grandes cités, des noms brillants peuvent périr, de riches contrées, de hautes civilisations peuvent disparaître çà et là et céder la place à des peuples ou à des états de choses moins avancés ; cependant les nouveaux-venus apportent toujours en eux les germes d'un développement final supérieur. De sorte que le recul est local et momentané, tandis que le progrès est persistant et général. Et si l'avancement de ces nouveaux-venus est subordonné à la condition qu'ils se nourrissent en quelque sorte des atomes ou des éléments disjoints de ceux qui les ont précédés, sans fournir cependant leur continuation directe, — la comparaison commencée peut se poursuivre, car les groupes organiques les plus récents dans la nature tirent aussi le plus grand parti du développement supérieur atteint par leurs devanciers, néanmoins sans se rattacher à eux par une transition immédiate. — Quant à ces autres organisations qui se trouvent dans la nature, aujourd'hui comme aux temps primitifs, (les marsupiaux et plusieurs types de poissons, par exemple), et qui, après avoir atteint un certain degré de développement, s'y tiennent sans avancer plus — l'histoire de la vie des peuples nous livre pour eux une claire et intéressante analogie. C'est le célèbre empire du milieu, la *Chine*, dont la civilisation antique et dans son genre extraordinairement avancée n'obtient cependant plus de nous aucune attention, parce que nous savons qu'elle est stationnaire et qu'elle ne marchera plus avec le cours des siècles. Par le fait, elle est inévitablement condamnée à périr *avec le temps*.

Le progrès humain, qui n'est d'ailleurs, dans nos idées et suivant les principes de la théorie de la transmutation, qu'une *continuation* du progrès du monde organique des temps primitifs et des périodes de formation terrestre, — le progrès humain a été comparé à une spirale ascendante, qui, tournant toujours, semble en partie suivre un mouvement rétrograde, bien qu'elle s'élève constamment et d'une façon régulière. Il eût été meilleur de choisir l'image d'une ligne ascendante en zig-zague, dans laquelle les éléments dirigés en avant alternent constamment avec ceux tournés en arrière, la direction générale du mouvement étant d'ailleurs de bas en haut. On pourrait encore recourir à la comparaison que nous avons déjà souvent employée — un arbre qui grandit, et sur lequel les branches les plus anciennes ou celles qui s'échappent le plus bas, sont continuellement remplacées, après avoir atteint une certaine hauteur, par d'autres branches plus jeunes et plus vigoureuses. Le premier épanouissement de ces dernières s'est fait bien au-dessous du point auquel ont touché les extrémités des branches plus anciennes; mais aussi leurs sommets finissent toujours par dépasser les pointes de ces rivales. *)

*) C'est à cette figure que *Darwin* recourt de préférence pour caractériser la marche du développement organique. Il compare les branches vertes et bourgeonnantes de l'arbre aux espèces actuelles. Les branches plus vieilles représentent les espèces éteintes. Tous les rameaux, qui poussent, cherchent à opprimer les autres; et les grandes branches ont été elles-mêmes autrefois des rameaux bourgeonnants. De tous les nombreux rameaux qui ont existé à l'origine, il n'en reste plus que deux ou trois, qui portent maintenant tous les autres. Mainte branche ou maint rameau s'est desséché ou a disparu, ou bien reste stationnaire, etc. Ces branches desséchées et tombées représentent tous les ordres, familles et espèces qui ne vivent plus aujourd'hui, mais qui se trouvent à l'état fossile. Cet ordre de choses, suivant *Darwin*, n'implique pas *en soi* le progrès ni le perfectionnement, mais seulement la mutabilité constante. De sorte que les espèces peuvent varier, sans *nécessairement* se perfectionner.

Il faut avouer, Messieurs, qu'un progrès qui se poursuit de la sorte, si on veut le rapporter à l'étroite mesure de notre existence, ne paraît pas s'accomplir *rapidement*, mais au contraire avec une excessive *lenteur*. De même, l'histoire du monde passé ne peut se compter que par des millions d'années; de même, tous les éléments du progrès ne se développent ici qu'à la faveur d'immenses durées. Mais qu'est le *temps* dans le cours éternel de la nature et de l'histoire?? L'homme est avare de la minute, parce qu'il voit approcher sa fin d'heure en heure et de jour en jour. Mais le monde va se développant d'éternités en éternités, et les millions d'années ne lui sont rien plus qu'un jour!!

Je vous ferai remarquer en finissant, que le principe de la culture se *condense* d'autant plus, c'est-à-dire qu'il gagne d'autant plus en intensité et en ténacité, qu'il s'exerce sur des formes plus hautement développées. La raison en est simple et la même dans la *nature* et dans l'*histoire*. En effet, plus l'organisation et les circonstances extérieures de la vie sont variées, et plus haut sont portés les besoins, l'intelligence, les idées et tout ce qui en dépend; mais plus nombreuses aussi et plus puissantes se trouvent, tant au dedans qu'au dehors, les excitations et les moyens de perfectionnement. *Lyell* dit très bien à ce propos, que, dans notre siècle, le progrès artistique et scientifique croît en rapport géométrique de la civilisation et de l'instruction générale; et qu'il diminue au contraire ou se ralentit, dans la même proportion, à mesure que l'on recule plus loin dans le passé. «De sorte que le progrès accompli pendant *dix siècles*, comptés «à une époque reculée, répond, à peu près, à celui qui plus tard «n'exige *qu'un siècle* à se produire.» «Dans des temps plus re- «culés encore, ajoute *Lyell*, l'homme devait ressembler davan- «tage à l'animal par la tendance inhérente à toute race, à imiter «en tout celle qui l'a précédée;» c'est-à-dire par le penchant à la stabilité. Pour peu que l'on compare le progrès des *villes* avec celui des *campagnes*; on reconnaît que les choses ne sont pas autrement dans notre propre vie. En effet, dans les *campagnes*, où font défaut les excitations, tant de l'intérieur que du dehors, l'individu possède ordinairement à un très haut degré le respect de l'ordre de choses établi.

Nous ne trouverons donc plus surprenant que dans les âges *préhistoriques* il ait pu s'écouler des milliers d'années, peut-être des milliers de siècles, sans que l'homme soit parvenu à un état de culture avancée ou seulement à posséder une *histoire*. Tandis que plus tard, une fois que la civilisation a fermement pris pied dans l'humanité, l'allure du progrès devient toujours de plus en plus rapide. C'est la même chose dans le monde organique. Chez aucun type, en effet, ou chez aucun spécimen animal le progrès ne se montre mieux accusé, plus régulier, plus rapide, que sur le plus haut et le plus achevé de tous, celui du *vertébré* ou plus particulièrement du *mammifère*. Le progrès le plus grand, relativement, dont on ait l'exemple, dans la nature aussi bien que dans l'histoire, est celui par lequel l'*homme* s'est dégagé des types supérieurs mammifères. Et la grande distance que nous trouvons maintenant entre ces derniers et l'homme civilisé et cultivé, ne doit pas nous étonner; car l'être qui avait pu franchir le pas qui mène à l'*homme*, était susceptible d'autres développements. Placé une fois sur la voie de la civilisation, chaque pas devait l'éloigner plus rapidement de son premier modèle.

Heureusement l'homme a un assez grand nombre de frères attardés encore aux plus bas échelons de son passé, pour qu'il comprenne que ce qu'il est et ce qu'il possède, ne lui vient pas d'un don gratuit d'en haut; mais que tout cela n'est que le fruit d'une culture lente et d'un pénible développement. Considération bien propre à le stimuler dans cette voie! — Où ce progrès doit-il finalement aboutir, on ne saurait le préciser. Seulement il est pour moi comme certain, que rien n'est impossible à l'homme, s'il sait tirer tout le parti de ses forces et de son intelligence; et qu'il parviendra à un développement de ses aptitudes, et qu'il étendra particulièrement sa domination sur la nature bien au-delà des bornes que celle-ci *nous* semble aujourd'hui lui assigner.

Je ne voudrais cependant pas clore cette conférence, sans vous exposer brièvement et sous le jour de la théorie darwinienne les vues qu'un savant anglais a récemment développées sur *l'avenir du genre humain*. Mr. *Alfred Wallace*, un proche parent de Darwin pour l'esprit et les idées, s'exprime donc ainsi:

Dans son état primordial et avant le développement de ses forces intellectuelles l'homme, qui habitait sans doute déjà les continents brûlants du tropique aux temps de l'Eocène et du Miocène,*) l'homme était soumis comme l'animal à la loi de la sélection naturelle. Mais il se déroba à l'action de cette loi au fur et à mesure que par elle son esprit, son cerveau, ses vertus sociales se développèrent davantage. Il est donc vraisemblable, qu'il n'a presque plus varié corporellement une fois en possession du langage. Par l'appui réciproque que procure la vie en société, par la préparation des vêtements, de la nourriture, des armes, de l'habitation, etc. l'homme a neutralisé jusqu'à un certain point l'influence des circonstances extérieures. Et il a enlevé son aiguillon au combat pour l'existence, en protégeant les faibles et ceux qui étaient sans défense, au lieu de les tuer; et en permettant par la *division du travail*, que le moins capable ou le moins vigoureux fût à même de gagner de quelque façon sa vie dans la communauté. Il sauve le malade et le blessé, au lieu de les laisser périr comme fait l'animal. Tout cela met l'homme en

---

*) Première et moyenne subdivision de la grande époque tertiaire.

état de se trouver toujours accommodé à la nature qui l'entoure, bien que son corps n'ait pas changé essentiellement.

Du jour que la première peau de bête eut été arrangée en vêtement, que le premier javelot eut été façonné pour la chasse, le premier grain semé, ou que la première plante eut été plantée — une grande révolution s'accomplit dans la nature, révolution jusque là sans exemple dans tous les âges de la terre. Car un être était apparu qui ne devait plus nécessairement changer avec l'univers, mais qui dominait jusqu'à un certain point la nature, puisqu'il savait observer son action, la régler et se mettre de lui-même d'accord avec elle, non pas par une variation de son corps mais par un progrès de son esprit.

Ainsi, peu à peu, l'homme ne se contente pas de se soustraire lui-même à l'empire que la sélection naturelle exerce sur tout le reste de la nature, mais encore il en vient à supprimer ou à modifier cette influence sur les autres êtres. Nous pouvons prévoir un temps où il n'y aura plus que des plantes et des animaux *cultivés*, et où la sélection pratiquée par l'homme aura remplacé, sauf dans la mer, la sélection de la nature.

Mais, ces influences dont l'homme a pu affranchir son corps, il les subit toujours dans sa vie spirituelle. D'où il doit nécessairement résulter, que les races qui se seront élevées spirituellement le plus haut, resteront seules à la fin, déplaceront les autres et domineront la terre. Jusqu'à ce qu'il n'y ait plus en fin de compte qu'une seule race homogène, dont les plus humbles représentants seront ce que sont aujourd'hui les esprits les plus avancés, ou peut-être encore quelque chose de mieux. Chaque individu alors trouvera son bonheur dans le bonheur de son prochain, et la liberté sera complète, attendu que personne ne songera à empiéter sur son voisin. Les lois restrictives et les peines n'auront plus de raison d'être, et des associations volontaires pour tous les services publics utiles rendront superflues les lois de rigueur usitées jusqu'à présent. Enfin, par le développement de toutes les aptitudes intellectuelles de l'homme, la terre deviendra de vallée de douleur, de théâtre des passions déchaînées un paradis si beau, que jamais illuminé ou poëte n'en a rêvé de pareil!

Messieurs, si cette théorie que pour ma part je ne veux pas adopter en *tous* points et que je ne vous ai d'ailleurs exposée que dans ses traits généraux, — si cette théorie est juste, elle pourra offrir à maint d'entre vous un riche dédommagement pour ce qu'il a pu croire perdre de sa dignité d'homme, quand nous avons fait l'application de la théorie de la transmutation à notre race. Et, bien que suivant cette théorie nous n'ayons pas la perspective de devenir, par le progrès éternel et la sélection darwinienne, une espèce d'anges avec des ailes, disons en tout cas, qu'un regard tourné vers l'*avenir* du genre humain est plus consolant pour notre orgueil qu'un coup d'œil sur son *passé*.

Je
vous ex
matéria
sent. C
fois en
qu'il ré
qui le f
après l
terre —
que qui
l'amène
ment on
d'où vie
création

CINQUIÈME CONFÉRENCE.

Messieurs!

…e propose, dans mes deux dernières conférences, de
…ser la connexité de la doctrine *darwinienne* avec le
…me et la philosophie matérialiste du passé et du pré-
…te connexité me paraît aussi claire que naturelle. Une
…t que l'homme est parvenu à se reconnaître, pour peu
…hisse sur lui-même et sur les choses qui l'entourent, ce
…ppe le plus et s'impose le plus impérieusement à lui
…grande nature manifestée dans les *cieux* et dans la
…est lui-même, c'est sa race et le reste du monde organi-
…i est proche. Et la première question que la réflexion
…se poser est celle-ci: D'où viennent ces êtres? Com-
…ls surgi? Qui les a créés? Et l'homme en particulier,
…-il, ce maître de la terre et ce chef-d'œuvre de la

…hors de la science et sans le secours des recherches
…s il est impossible de faire à ces questions une ré-
…faisante et d'expliquer naturellement les phénomènes
…ntourent. Il n'est donc pas surprenant que les plus
…*versions sur la création* soient pleines, chez les diffé-
…les, d'inventions le plus souvent mystiques, qui s'éga-
…e domaine du merveilleux, de l'étrange, du surnaturel

et qui sont enc…
imagination juvé…
mière jeunesse …

Voici, d'ap…
Arméniens la tr…
 « L'être prim…
reconnaître, dé…
dans toute sa gl…
pensée, l'*eau;* e…
qui devint un œ…
les mille rayons…
sous la figure d…
œuf, après un …
solaires, il se m…
de l'œuf il cr…
d'avec l'eau. Pu…
l'une en un être…
qu'il revêtit en …
réceptice, afin …
participantes d…
tion, les armé…
vellement de l'…
ensuite consac…
Pâques.

Chez les …
création, que…
simple. Les h…
terre était d'al…
peu à peu reti…
fille sous la fo…
un peu de terr…
puis se couvrit…

femmes. Une partie des poissons, qui nageaient auparavant à la place où est maintenant le sol, restèrent à sec et furent changés en pierre. Et c'est pourquoi l'on trouve si fréquemment des pierres qui ont été des poissons ou d'autres bêtes. —

Vous connaissez tous la *cosmogénie des juifs*, sur laquelle reposent nos croyances religieuses. Elle se définit dans les six jours bibliques, dans lesquels a été créé le monde; et elle représente la création de l'univers comme l'acte volontaire d'un être personnel, qui, après avoir créé la lumière le *premier* jour, n'en crée pas moins le soleil, la lune et les étoiles au *quatrième* jour seulement! et qui forme enfin l'homme «à sa propre image.» Chez les juifs, Dieu est *au-dessus* de toute matière et porte en lui-même la raison et le principe de toute chose. Il crée donc l'univers de *rien* — contrairement aux croyances des peuples de race non-sémitique, qui admettent comme principe de tout une *matière primordiale* éternelle, et dont toutes les religions commencent, comme il est prouvé par une déification des forces naturelles, particulièrement de la lumière ou du soleil.*) Ainsi, suivant le professeur *Dieterici*, on trouve au fond de tous les mythes *indiens* la notion d'une matière éternelle avec une force éternelle qui lui est inhérente; c'est-à-dire un chaos primordial au sein duquel se développe la force créatrice. C'est seulement

---

*) La langue de la grande famille *arienne* ou *indogermanique* possède le radical «div», qui signifie: lumière, luire ou luisant. De ce radical commun dérivent tous les noms dont les peuples indo-germaniques se servent pour désigner Dieu. En sanskrit, Dieu se dit «Devas» ou «Deva», et le ciel «Dyaus.» Le grec θεοσ (Dieu) ou διοσ, d'où plus tard on a fait ζευσ; le latin deus ou diovis, devenu ensuite jovis ou jupiter; le gothique tius, le français «dieu», l'italien dio, l'espagnol et le portugais dios, sont tous de même dérivation. Dans le haut allemand ancien dieu se dit: zio, en slave-lithuanien: diewas, et dans la langue scandinave de l'Edda: tivar. Dans le vieux poëme héroïque de l'*Edda* le mot: *tivar* signifie aussi par extension: dieux et héros; et le mot *tyr*, qui en est un dérivé, désigne, comme on sait, le dieu de la guerre chez les peuples du Nord.

plus tard, que de cette notion de force s'est formée la conception d'un créateur à la matière et la dominant.

C'est de même sur une matière primordiale, à laquelle une force primordiale est inhérente, autrement dit sur le chaos, que repose le mythe des anciens *Parsis* ou *Perses* et dont se développent leurs deux principales divinités: *Ormuz* et *Ahriman*. *Ormuz*, le dieu de la lumière, crée le monde en six jours, comme dans la bible, mais en suivant un ordre plus logique. Le premier jour il crée la lumière et le ciel étoilé; le second jour l'eau, les nuages, etc.; le troisième jour la terre, les montagnes et les plaines; le quatrième jour les plantes; le cinquième les animaux; et enfin le sixième jour l'homme.

Les *babyloniens* admettent, qu'à l'origine tout était eau et ténèbres, peuplées d'êtres monstrueux de toute sorte. Mais le dieu Bel sépara de ce chaos le ciel et la terre, fit les étoiles, puis il confia aux dieux le soin de créer les hommes et les animaux.

Les Egyptiens croyaient pareillement à un *oeuf-univers*, duquel le dieu *Phta* sort pour créer le monde. —

Cette séparation profonde, qui divise, comme je viens de vous l'indiquer, les croyances et les conceptions humaines en deux groupes opposés, cette séparation règne d'un bout à l'autre de l'histoire de l'esprit humain; et encore maintenant elle est aussi vive que dans ces vieilles cosmogénies, qui allaient chercher l'origine de toute chose les unes dans la *matière*, les autres dans un *Dieu* vivant et personnel. C'est le même antique dualisme, qui exerce encore en partie son funeste empire sur le monde actuel, et qui se traduit dans le présent par les antithèses de force et matière, spiritualisme et matérialisme, naturalisme et supra-naturalisme. —

En face de ces notions d'un caractère plutôt *religieux* nous en trouvons d'assez bonne heure de purement *philosophiques*.

Et ces dernières se rapprochent souvent d'une façon merveilleuse des idées que la science d'aujourd'hui nous a faites sur l'apparition du monde et de ses habitans. On serait tenté de dire, que les peuples, au temps de leur enfance forts d'une simplicité et d'une faculté d'intuition immédiate que le supranaturalisme n'a pas encore gâtées, ont pu s'élever à certaines conceptions, auxquelles l'humanité ne devait revenir ensuite qu'à son âge mur, mais alors avec plus de lumière et en y apportant la rigueur scientifique. Ou bien est-ce peut-être, que ces premiers philosophes n'étaient pas des spécialistes, comme nos savants d'aujourd'hui, mais que chacun d'eux, possédant à lui seul toutes les connaissances de son temps, pouvait avoir sur l'ensemble une vue plus libre et moins bornée. Ils étaient aussi pour la plupart médecins ou naturalistes, et leurs occupations même les ramenaient avant tout sur le terrain de l'observation et de l'expérience — tandis qu'après eux la philosophie s'érigea en science pour son propre compte et crut devoir puiser en elle-même tous ses éléments. — Cependant, même parmi les sectateurs de cette dernière philosophie, où la spéculation domine, il s'en trouva toujours quelques-uns, qui revinrent de temps en temps et guidés par des principes purement spéculatifs au matérialisme dont ils professèrent plus ou moins ouvertement les doctrines. Nous les passerons rapidement en revue tout à l'heure. Si les philosophes matérialistes ont en général eu le dessous, sauf à certains moments, avec les écoles opposées, cela s'explique en partie par la puissante influence du *christianisme*, qui rendit longtemps impossible toute philosophie indépendante; en partie aussi par l'absence de notions positives suffisantes. Tant que les matérialistes n'ont pas été à même de justifier par des raisons palpables leurs idées sur les rapports *naturels* de l'existence, et particulièrement sur l'apparition *naturelle* du monde organique, il leur a été impossible de se gagner l'esprit des masses, auxquelles les spiritualistes offraient une satisfaction plus grande. Des hommes même d'un si grand esprit et d'un si grand savoir, un *Aristote* ou un *Voltaire*, ne dédaignaient pas de reprendre contre le matérialisme ce vieil argument sans cesse répété et qui ne manque jamais son effet sur la multitude, à savoir que l'œuvre suppose nécessairement un ouvrier, l'édifice un architecte.

Aujourd'hui, Messieurs, il en est tout autrement; et c'est ce qui fait, qu'à mon avis un lien si étroit existe entre *Darwin*, sa théorie et la philosophie matérialiste. Car bien qu'il faille reconnaître, que la seule théorie *Darwinienne* ne suffira pas de longtemps, à rendre pleinement compte de l'apparition du monde organique avec toutes ses particularités (je vous ai dit là-dessus ce qui est nécessaire, en vous laissant expressément remarquer, que l'on doit invoquer encore d'autres causes), — c'est pourtant *Darwin*, qui le premier a frayé la seule voie véritable et qui a démontré à l'évidence, qu'une explication naturelle n'est *pas impossible*, comme *avant* lui on pouvait le croire. Cependant, même *avant* Darwin, ceux qui croyaient à l'unité intime de l'ensemble des phénomènes, *philosophiquement* pouvaient déjà ne pas mettre en doute que l'apparition du monde organique fût un phénomène naturel, et qu'en particulier *l'apparition de l'homme* dût être rapporté aux mêmes causes. Moi-même plusieurs années avant *Darwin* j'ai exprimé cette opinion avec toute l'assurance qui était alors permise!!

Mais on comprend que de telles déductions philosophiques, tirées de principes généraux, n'ont de la valeur que pour un petit nombre d'hommes instruits ou même de penseurs; tandis que la grande majorité (celle qui, suivant l'expression du philosophe *Berkeley*, ne pensant pas elle-même, veut avoir cependant une opinion) exige d'autres preuves où le fait tienne plus de place, et surtout des *explications*. Grâce à *Darwin*, on peut fournir du moins dans une certaine mesure ces preuves et ces explications.

Et alors les innombrables fantaisies et les spéculations des théologiens et des philosophes d'autrefois sur l'apparition du monde organique simplement s'écroulent; et le champ reste libre à une philosophie naturaliste ou matérialiste, qui puise ses derniers arguments dans la nature même et dans le fond des choses.

Il est clair, après tout cela, que la philosophie matérialiste est redevable de beaucoup à la théorie darwinienne, et qu'elle ne saurait trop lui donner de son attention; non seulement à cause du rapport que nous avons signalé entr'elles, mais aussi parce que cette théorie a la première marqué la voie, suivant laquelle une saine philosophie de la nature peut être réédifiée et retrouver son ancien éclat. Il est vrai qu'une pareille tâche doit s'entendre tout autrement que ne l'avait compris l'ancienne *philosophie de la nature*, qui, exagérant outre mesure de faibles similitudes et négligeant les plus grandes dissemblances, discréditait en somme par ses spéculations vides et vaines toute philosphie de la nature. La théorie *darwinienne* mène au contraire à une philosophie, qui n'est pas seulement de la philosophie, mais de la science, et dans la meilleure acception du mot.

Maintenant que nous avons ce point assuré, et que nous connaissons l'importance et le prix de notre théorie pour une conception de l'univers, qui se suit comme un trait de lumière depuis l'origine de la pensée humaine jusqu'à nos jours, où le positivisme et les sciences lui donnent encore une plus grande valeur, — maintenant, dis-je, Messieurs, il sera pour nous d'un grand intérêt de jeter un coup d'oeil rapide sur la série de ces hommes, qui, aux différentes époques de l'histoire, ont eu ces opinions ou des opinions semblables et les ont ouvertement professées. Nous y saluerons plus d'un nom fameux, et chemin faisant nous aurons la satisfaction d'observer que du point de vue simple et naturel, auquel ces hommes se plaçaient, ils se sont rencontré sur les mêmes idées fondamentales; d'où est résulté dans leur philosophie une grande clarté et une rare concordance d'opinions. En dehors d'eux, l'histoire de la philosophie n'est au contraire qu'un chaos inextricable de systèmes contradictoires et souvent absurdes, dont l'étude laisse à la fin cette impression, que toute philosophie serait impossible, et fait penser au mot fameux de l'élève dans le Faust de Gœthe:

> Tout cela m'absourdit
> Comme si j'avais un moulin dans la tête.

Il est vrai, que messieurs les philosophes parlent d'eux-mêmes en d'autres termes et dénoncent pour des calomnies tout ce qu'on dit sur leur compte. Mais enfin où en sont-ils arrivés avec tous leurs efforts? Ils en sont arrivés là, qu'un de leurs coryphées même a pu déclarer aux applaudissements de tout le monde, que «L'histoire de la philosophie est une histoire de l'erreur avec quelques rares traits de lumière.» (O. F. Gruppe: «Le présent et l'avenir de la philosophie en Allemagne.» 1855. Jamais on n'a rien dit de plus vrai, et la seule école philosophique, que ce jugement n'atteigne pas, est précisément celle dont nous avons à nous occuper ici. Considérons d'abord le

Matérialisme de l'antiquité.

On cherche habituellement les plus anciens philosophes et les premiers matérialistes chez les *Grecs*, qui les premiers ont bâti à proprement parler des systèmes philosophiques, et qui dès l'abord se sont occupés surtout de *cosmologie*; ce qui fait, que les philosophes grecs d'avant Socrate sont ordinairement appelés *cosmologues*. Mais on sait aujourd'hui, que longtemps avant la civilisation grecque il y a eu en *Orient* des centres d'intelligence très importants et très avancés, et cela donne à penser, que la civilisation grecque si fameuse n'est pas *autochthone*, c'est-à-dire qu'elle s'est pas formée d'elle-même, comme on l'a cru longtemps, mais qu'elle a été en grande partie apportée d'Orient, particulièrement d'Egypte. Consciencieusement, nous devons donc nous demander, si les idées philosophiques matérialistes se rencontrent déjà dans les deux contrées où l'antiquité orientale se trouve surtout représentée, dans l'*Egypte* et l'*Inde?* — Les sources sont malheureusement rares en ce qui concerne la philosophie *de l'Inde;* on dit cependant, que quelques philosophes indiens étaient déjà avancés dans le matérialisme jusqu'au point de considérer l'univers comme résultant des actions contraires de deux principes primordiaux éternels, la *matière* et la *forme*, qui reviennent ensuite constamment en cause dans l'histoire de la philosophie matérialiste. — Par une singularité remarquable, le matérialisme et l'athéisme sont moins dans la philosophie des indiens que dans leur *religion*. Je fais allusion surtout à la célèbre doctrine de *Boudha* ou de *Gautama*, qui fut fondée l'an 600—543 avant J.-Ch. par *Boudha* ou *Gautama*, fils d'un roi de l'Inde.

Cet intéressant système, auquel la critique moderne a seule accordé l'attention qu'il mérite, et qui est d'ailleurs encore le plus répandu de tout l'orient, est suivant *Koeppen* une religion sans dieu créateur ou conservateur de l'univers, sans service divin, sans culte, sans sacrifices, sans cérémonies, sans prières — en un mot sans tout l'appareil usité dans les religions; et il ne repose que sur la discipline, la morale et l'humanité pure, autrement dit sur la vertu. Le Boudhisme se trouve en germe dans la philosophie ou la doctrine de Sankjah, qui consacrait déjà le matérialisme le plus complet, n'admettant ni un seul dieu, ni plusieurs dieux, ni ce qu'on appelle une âme universelle, mais professant au contraire l'éternité d'une matière impérissable, mue par deux grands principes, la *nature* et l'*âme*, et qui se trouve, entraînée par les forces naturelles qui lui sont inhérentes, dans un courant d'échange incessant. La mort n'est qu'apparente, il n'y a en réalité qu'un perpétuel changement. Dans la doctrine de Sankjah l'*âme* humaine seule reste un être existant pour lui-même et distinct du corps; et ainsi *nature* et *esprit* sont deux termes opposés.

Le *Boudhisme* reconnait les mêmes principes. Il n'admet comme ayant une existence réelle, que le fameux *Prakriti* ou matière primordiale, au sein de laquelle résident les deux forces du *repos* et de l'*activité*. Cette dernière force a déterminé l'*apparition de l'univers*, qui est un fait de nécessité naturelle, une conséquence de la loi d'enchaînement de l'effet à la cause, un être enfin qui n'existe que par la destruction et la transformation continuelles de ce qui a une fois été.

Le Boudhisme se mit ainsi en pleine opposition avec le *Brahmanisme* qui, par un effort de spéculation spiritualiste, déclare que la matière n'existe pas, qu'elle est une simple apparence et une illusion des sens (la Maya), à laquelle il rattache le dualisme indien du corps et de l'esprit, ainsi que la doctrine fanatique de la mortification de la chair, de la négation philosophique de l'univers et de toute existence. *)

Mais par sa direction *pratique* et par sa morale plus encore que par sa doctrine le Boudhisme s'est mis en opposition avec le Brahmanisme. La morale du Boudhisme était excessivement

---

*) Cette spiritualisation du Brahmanisme semble d'ailleurs n'être qu'une phase déjà tardive de son développement, attendu qu'il a commencé, comme toutes les religions, par une déification des forces de la nature, et que, dans le principe, Brahma fut près comme synonyme de matière, c'est-à-dire, de matière et en même temps créateur ou moteur de la matière. Il est dit textuellement dans les Vedas: «De même qu'à une seule petite boule d'argile on reconnaît toute l'argile, et comme il n'y a en réalité qu'une seule argile; de même, o mon ami, qu'à un seul bijou d'or on reconnaît tout l'or, ou à un seul couteau tout l'acier — il en est de même de Brahma; il est la substance et la cause de toute chose; il est la matière qui se transforme elle-même; il n'est pas seulement la cause de toute chose, il est lui-même toute chose.

Le principe du brahmanisme alla se spiritualisant de plus en plus, tandis que la philosophie de Sankjah et le boudhisme qui en dérive, s'attachaient à la matière et la relevaient davantage.

populaire et tournée en vue de *l'affranchissement* et de *l'humanité*. Les vertus, qu'il prêchait, sont l'amour, la compassion, l'humilité, la pitié, la bienfaisance, la patience, la chasteté, l'amour du prochain, la défense de l'opprimé, la douceur, particulièrement envers les animaux, le bannissement de la haine, de la vengeance, etc.; et il les recommandait à part toute considération de récompense ou de châtiment, pour le seul amour du bien. Il enseignait en outre *l'égalité* et la *fraternité* de tous les hommes, l'abolition des castes odieuses et de tous les priviléges de naissance ou de position. «Le corps d'un prince, disait Boudha, ne vaut pas plus que celui d'un esclave.»

Boudha s'est essentiellement distingué de tous ses prédécesseurs en laissant de côté le *Sanskrit* ou langue savante, pour écrire dans la langue du peuple, — ce qui était le bouleversement de toute théologie d'alors. Il a rejeté les *Vedas* ou livres sacrés et chassé les dieux et la multitude des esprits brahmaniques, sans tomber toutefois dans le fanatisme ou l'intolérance. Modération d'autant plus estimable, que le *Boudhisme* s'attribuait de lui-même le caractère du cosmopolitisme le plus large et se posait d'avance comme la religion universelle. Aussi eut-il ses missionnaires dans toutes les contrées du monde, tout comme le christianisme en envoie encore aujourd'hui. Car son but était la fraternité et l'égalité de *tous* les hommes et la régénération de *tous* les peuples par un système, qui, comme nous allons le voir, leur promet l'affranchissement de toutes les souffrances et douleurs de l'existence par l'entrée dans le *Nirvana* ou néant. Aussi *Boudha* voulait bannir du monde entier la misère, tandis que les Brahmanes, dans un pur esprit sacerdotal, n'avaient souci que d'eux-mêmes. Il ne faut pas s'étonner, dans de telles conditions, que le Boudhisme se soit rapidement gagné de nombreux partisans, et qu'il se soit répandu sans bruit chaque jour davantage.

Dans son excellente histoire de l'antiquité, *M. Duncker* raconte qu'*Açoka*, roi de Magadha, fut 250 ans avant J.-Ch. le premier souverain, qui érigea le Boudhisme en religion d'état. Il usa cependant envers les dissidents d'une douceur conforme à l'esprit de la nouvelle doctrine et ne persécuta pas les Brahmanes ou les prêtres. Il ne mit jamais à mort aucun prisonnier, comme c'était l'usage général en Orient, et *même on croit qu'il abolit la peine de mort!!* Il avait fait planter des arbres fruitiers et élever des fontaines sur le bord des routes et le long des chaussées pour rafraichir les voyageurs; il hébergeait les pauvres et il fonda des hôpitaux — non seulement pour les *hommes*, mais aussi pour les *animaux* vieux et malades.

Tout autres étaient les idées et les pratiques des Brahmanes, dont le Boudhisme menaçait de ruiner la considération. Avec l'aide des princes ils déchaînèrent contre le boudhisme une large persécution, qui sévit dans sa plus grande violence du 3ème au 7ème siècle après J.-Ch. et qui, après les plus sanglantes atrocités, eut pour résultat d'étouffer le Boudhisme dans l'Inde ancienne, c'est-à-dire dans son propre berceau. Mais le Boudhisme ne fit que s'étendre davantage vers les pays voisins, Ceylan, la Chine, le Japon, le Thibet, la Mongolie, à ce point qu'il est encore presqu'aujourd'hui la religion la plus répandue du globe. On compte 450 millions de Boudhistes pour 475 millions de Chrétiens.

Mais cette suppression du Boudhisme dans l'Inde ne fut pas absolue, et en réalité elle ne put se faire que parce que les Brahmanes eurent l'habileté d'accueillir certains éléments boudhiques et de les assimiler à leur propre doctrine. En somme, le *boudhisme* exerça dans la suite sur les développements du Brahmanisme une action si profonde, que ce dernier en vint à adopter pour son compte les deux principes fondamentaux du boudhisme, *l'éternité de la matière* et le *Nirvana*.

Le *Nirvana* offre comme l'épanouissement et le résumé du boudhisme tout entier. On a beaucoup discuté sur la valeur propre de ce mot; il n'est cependant pas douteux, qu'il exprime l'idée de *rien* ou *de néant*, et qu'à ce titre le Boudhisme représente le nihilisme le plus complet et personnifie l'universelle douleur. Suivant *Boudha*, le monde n'est composé que de mal. Toute chose est vaine et doit périr. Les quatre grands maux sont la *naissance*, la *vieillesse*, la *maladie* et la *mort*; la vie elle-même est un martyre, et pour échapper à ces maux et se soustraire à ce martyre, l'homme a le devoir de s'affranchir peu à peu par la religion et la philosophie de tout sentiment et de toute idée, afin de revenir finalement au repos du vide ou du néant. Un autre objet capital du Nirvana est aussi l'affranchissement des souffrances de la *résurrection*, idée qui tient comme on sait une grande place dans les croyances de l'Inde. Le Nirvana est donc en lui-même un état de délivrance, de cessation de la pensée et de la conscience, un retour à l'inanité générale, paisible, au néant primordial (Çunja), qui est représenté comme l'état de suprême félicité.

Les brahmanes transformèrent ensuite le Nirvana des Boudhistes jusqu'à en faire découler l'oisiveté absolue de l'individu. L'homme dit *Om, om*, et par la contemplation intime et l'effacement du moi il retourne insensiblement en Dieu ou en Brahma; toutefois ce retour n'est possible qu'aux Brahmanes. —

Mais si le Brahmanisme s'est assimilé des éléments boudhiques, réciproquement le boudhisme a emprunté beaucoup à son rival, ensuite il a dégénéré et perdu la pureté primitive de sa doctrine en pénétrant plus avant dans les masses; il s'est environné peu à peu de tout cet attirail désordonné de saints, d'images, de reliques, de cloîtres, d'ascétisme ou de mortification, de clergé et de hiérarchie, qui, malgré l'opposition des deux doctrines, lui donnent une si grande ressemblance avec la religion catholique. *Boudha* lui-même devint bientôt l'objet d'un culte divin, et, comme par ironie, les anciens dieux du brahmanisme, qu'il avait voulu anéantir, se groupèrent autour de lui en forme de «cour.»

En dépit de cette dégénérescence, les principes de ce remarquable système religieux ont encore une telle force, qu'on voit ceux, qui les reconnaissent, et les brahmanes eux-mêmes user de tolérance à l'égard des partisans d'autres croyances. Le docteur *Haug*, professeur de Sanskrit au collège anglais de Puma (présidence de Bombay), raconte que les brahmanes, s'attaquant au fanatisme religieux et au prozélytisme des chrétiens, lui disaient: «Ce fanatisme est le signe certain de la faiblesse et de l'étroitesse d'esprit; un sage ne persécute jamais personne pour des opinions religieuses» — et ils ajoutaient: «Vous vous mettez en pleine dépendance vis-à-vis Dieu, — nous, au contraire, ne nous reposons que sur nous-mêmes. Le christianisme vient d'un peuple de race *sémitique*; cette race est de beaucoup inférieure à la nôtre et n'a pas une seule idée philosophique, qui ne soit empruntée; jamais nous n'accepterons de pareilles croyances.» Les brahmanes ne pouvaient surtout pas s'accommoder de la génèse biblique.

Ainsi, Messieurs, quand on prétend, que le *christianisme* a proclamé le *premier* les deux grands principes de *l'amour* et de la *religion universelle*, vous voyez que c'est une erreur, et que ces principes étaient posés déjà longtemps auparavant. Peut-être même le *christianisme* n'a-t-il fait que les emprunter à l'Inde. Le philosophe *Schopenhauer*, qui soutient que le christianisme a du sang indien dans les veines, et que ce sang lui est venu par l'Egypte, dit en propres termes: «Le christianisme n'a fait que professer ce que toute l'Asie savait déjà *depuis longtemps* et ce qu'elle savait mieux.» On n'ignore pas en effet, que les préceptes de la morale mosaïque se trouvent déjà tous chez les Boudhistes:

et suivant *Burnouf* (le Lotus de la bonne foi, 1852) la fameuse parabole de l'enfant prodigue est présentée déjà, bien que sous une forme différente, dans les écritures boudhiques au livre du «lotus de la bonne loi.» — D'ailleurs, sur beaucoup d'autres points le christianisme a de frappantes analogies avec le Boudhisme et le Brahmanisme; il suffit d'énumérer l'ascétisme (mortification), la séparation et l'antagonisme de la nature et de l'esprit, l'idée sombre et monacale de la perversité absolue de la chair et de la désolation de la vie terrestre, la solitude, la vie monastique, le cloître, etc.

Il ne se trouve donc rien d'essentiellement nouveau dans le christianisme; et tous les principes de sa morale étaient connus longtemps avant lui. «Il n'y a, dit le célèbre historien anglais *Buckle*, qu'une ignorance grossière ou une mauvaise foi calculée, pour soutenir que le christianisme a livré à l'humanité des vérités morales nouvelles.» — Les *dogmes* même, que l'on considère comme son bien propre, ne sont qu'un *emprunt*; tel est par exemple, le fameux dogme de «l'immaculée conception,» qui a ranimé tout récemment de si vives discussions. Mille ans ou deux mille ans *avant* le Christ on avait déjà raconté la même chose de la fille d'un roi d'Egypte. — Pareillement l'idée chrétienne de la *Trinité* paraît, selon *Rath*, avoir déjà trouvé place dans les croyances religieuses du peuple Egyptien. —

Pour en finir avec l'Inde, passons aux anciens *Egyptiens*, desquels *Rath* dit dans son histoire de la philosophie des pays occidentaux, que l'idée, chrétienne ou juive, de la *création du monde du néant* était pour eux une absurdité, c'est-à-dire qu'elle leur répugnait souverainement comme insensée. Ils admettaient l'existence de *quatre* êtres fondamentaux ou causes premières d'essence impénétrable: la *matière*, l'*esprit*, l'*espace* et le *temps*, dont l'union constitue une divinité première ou primordiale. De ces quatre principes le seul qui nous intéresse pour le but que nous nous proposons, est la matière ou matière primordiale, qu'ils appellent *Neith* et qu'ils se représentent animée et douée d'une force existant par elle-même et continuellement agissante. L'inscription de la statue de Neith à Saïs : «Je suis tout ce qui a été et sera», trahit une conception foncièrement matérialiste, qui se révèle mieux encore dans le nom de «la grande mère» donné à *Neith*.

Suivant la génèse des Egyptiens, une partie de la matière contenue dans la divinité première se sépara ensuite en un tout indépendant et forma l'Univers. Dans cette doctrine, l'Univers n'est donc rien d'absolument nouveau et ne représente qu'un développement et une transformation de ce qui existait déjà de toute éternité — conformément à ce que la science moderne est venue nous enseigner plus tard. Cet univers a la forme d'une boule et s'appelle aussi «l'oeuf universel.» C'est dans lui que se forment les *divinités intérieures à l'univers*, et non pas à titre de divinités créatrices, mais seulement comme produits subséquents de la matière primordiale. L'univers s'achève ensuite peu à peu *durant le cours de périodes immenses*; et il y a là une théorie complète de l'apparition du ciel et de la terre, qui semble avoir servi de canevas à la version biblique de la création. —

Si du matérialisme *religieux de l'orient* nous passons au *matérialisme* purement philosophique *de l'occident*, nous trouvons d'abord en *Grèce*, dans la période de la *philosophie* dite *présocratique*, une série de philosophes très remarquables et qui passent communément pour être les fondateurs de toute philosophie; cette série embrasse près d'un siècle et demi, depuis les premières années du 6ème siècle jusqu'à *Socrate*, dont la naissance tombe en l'an 469 avant J.-Ch. *Tous* ces philosophes se sont donné pour tâche d'expliquer l'apparition de l'univers, d'où ils ont gardé le nom de *cosmologues*; et *tous* ils n'ont invoqué que des causes matérielles physiques, en admettant une matière primordiale de laquelle tout est sorti; *) aucun d'eux ne connait le dualisme imaginé plus tard d'esprit et matière, de corps et âme, etc. En conséquence ils sont tous *monistes* (c'est ainsi qu'on appelle les philosophes qui admettent un seul principe), et sur un grand nombre de questions ils se rapprochent d'une façon surprenante des principes de la science moderne. Que si les philosophes grecs sont arrivés si juste dès le début, nous en pourrons trouver la cause d'une part dans la disposition réaliste de l'esprit grec, hostile à tout dualisme — d'autre part dans cette circonstance, fort judicieusement relevée dans l'histoire de l'antiquité de *M. Duncker*, que la philosophie de la Grèce ne découle pas, comme chez les autres peuples, de la théologie et d'un état sacerdotal, mais qu'elle n'a d'autres sources que la contemplation de la nature et l'observation physique et astronomique. Selon *Duncker*, la Grèce a eu dans ses *premiers* naturalistes ses premiers philosophes. — Le plus ancien d'entr'eux est *Thalès* de Milet, que les Grecs eux-mêmes s'accordent à regarder comme le père de la philosophie, et qui passe dans l'histoire pour avoir été le fondateur de l'école *Ionique*. Né vers l'an 635 avant J.-Ch., il avait commencé son instruction en Egypte dans le commerce des prêtres et dans l'étude de leur sagesse antique. *Thalès* expliqua les débordements du Nil par des raisons naturelles; il mesura la hauteur des pyramides par leur ombre; il fixa l'année, comme les Egyptiens, à 365 jours, et il sut même prédire un éclipse de soleil à ses compatriotes émerveillés! Il apprit seulement chez les Grecs, que la lune tire son éclat du soleil, et il estima qu'elle est 720 fois plus petite que lui. Il

*) Nous avons déjà observé au commencement de cette conférence, combien était répandue dans l'antiquité cette conception d'une *matière primordiale* préexistante à toute chose; et l'on peut admettre que c'est dans une telle idée, que les cosmologues grecs ont puisé leur première nourriture spirituelle et les éléments de leur science.

divisa le ciel en cinq zônes, et il tint les étoiles pour des corps semblables à la terre, mais remplis de feu. C'est lui aussi le premier qui ramena les Grecs du ciel poétique, que leurs rêves avaient peuplé de dieux, à l'univers réel, existant. Mais non content d'avoir dépouillé le ciel, il purgea aussi la terre de ses maîtres invisibles. N'envisageant la nature que comme un *tout*, il prétendit, que toute chose était sortie de l'eau. Dans l'eau se trouvait l'origine et la matière première de tout ce qui est; tout venait d'elle et tout subsistait par elle. La terre qu'il considérait déjà comme un globe, opinion très juste dont s'écartèrent ses successeurs, était flottante sur l'eau, et c'est à l'action de cette eau sous-terrestre qu'il rapportait les tremblements de terre.

Dans la voie ouverte par *Thalès* et suivant sa puissante impulsion, se pressèrent après lui un groupe de ses compatriotes — désireux tous de trouver dans la nature et la matière l'explication de l'univers. Un des plus jeunes contemporains de *Thalès* *Anaximandre* (né 610 av. J.-Ch.) construisit les premiers chronomètres et entreprit de relever les contours de la mer et du continent, — en d'autres termes — il eut l'idée de la première carte géographique, et il la traça sur une table d'airain. Il s'appliqua à déterminer avec plus de précision les courbes, les distances et les dimensions des astres; et il considéra la terre comme un plateau circulaire, suspendu immobile au centre du monde, et sur lequel les créatures vivantes s'étaient développées par degrés, depuis les animaux marins les plus incomplets jusqu'à l'homme. Quant à l'idée de *Thalès*, que l'eau est la matière première de toute chose, *Anaximandre* ne trouvait pas qu'elle fût juste; cherchant donc un point de départ plus simple encore, il plaça antérieurement à tout la substance elle-même ou la matière; — c'est-à-dire qu'il fut, pour employer le langage de nos philosophes, le premier *matérialiste*. Cette pure *matière primordiale* était, selon lui, illimitée, impérissable et infinie; elle était plus grossière que l'air, mais plus subtile que l'eau ; elle portait en elle de toute éternité une force active de mouvement et de développement et donnait lieu en se condensant ou se raréfiant à tous les phénomènes de la nature. « La matière primordiale, dit *Anaximandre*, embrasse tout et dirige tout » etc. De ce limon primitif la terre s'est formée ; puis sur elle les êtres vivants, animaux, hommes et ainsi toujours. Mais de même que tout a surgi, tout doit aussi disparaître. «Toute chose, qui est, doit nécessairement périr, en retournant d'où elle sort.» Vérité exprimée par *Anaximandre* et qu'on a si souvent oubliée après lui !

Anaximénès, le troisième des philosophes milésiens cosmologues (570—500 av. J.-Ch.), négligea les principes géométriques et astronomiques d'où *Thalès* et *Anaximandre* étaient partis, pour vouer une étude d'autant plus exclusive au problème de l'apparition de l'univers. La matière primordiale, telle qu'*Anaximandre* l'avait admise, ou la substance en elle-même lui parut trop indéterminée et trop inerte pour avoir produit la vie de l'univers. Il aima mieux chercher une substance fondamentale qui, possédant en soi le mouvement et la vie, fût à même de les tirer de soi. En observant la vie dans l'homme, il trouva que cette vie dépend de la persistance du souffle. Mais l'homme respire l'*air !* L'air est donc la condition de la vie chez l'homme et chez les animaux. Mais si pour les plus hautes créations de la nature c'est de l'air que dépend la vie, à plus forte raison pour les plus basses ! Et si l'air est la *condition*, il peut être aussi la *cause*. L'air est invisible, l'âme de l'homme l'est aussi ; l'air se meut de lui-même, l'âme humaine pareillement. Cette puissance invisible, mobile par sa propre vertu, et de laquelle dépend la vie de l'homme et de la nature, ne pouvait-elle aussi être elle même l'âme de l'homme, l'âme de toute vie dans la nature ? Anaximénès reconnut donc le souffle, la vie et l'âme pour une seule et même chose ; il déclara, que l'air est non seulement l'âme humaine, mais encore l'âme de l'univers; c'est-à-dire qu'il en est la matière primordiale, la force primordiale et conservatrice. *Anaximènes* dit dans son livre, écrit d'ailleurs sans ornements de langage: «De même que notre âme, qui est de l'air, nous possède et nous domine, de même l'air et le vent embrassent tout l'ordre des choses.» De toute éternité, suivant cette doctrine, l'air se tient dans un état de perpétuel mouvement et de transformation incessante quant à sa substance et quant à sa forme, et par voie simple de *condensation* ou de *raréfaction* il produit toute chose — en se raréfiant, le feu; en se condensant, les nuages, l'eau, la terre, la pierre. Plus rare, il fait la chaleur; plus dense il fait le froid. La terre elle-même n'est qu'un produit de la condensation de l'air. Les corps célestes lumineux sont masses terrestres lancées, sur lesquelles, par suite de la rapidité du mouvement, la raréfaction se produit et avec elle la chaleur et le feu.

Merveilleuse pénétration de l'esprit humain! Combien ces vues, qui ne reposent sur aucune connaissance réelle de la nature, ces vues d'hommes qui ne trouvaient pas à la vérité, que la tâche de la philosophie fut de suivre de niaises fantaisies, — combien ces primitives conceptions ne se rapprochent-elles pas des résultats de notre science actuelle, dans lesquels se résument pourtant les longs et pénibles efforts de l'esprit humain durant le cours des siècles! Nous savons aujourd'hui, avec *Thalès*, que la terre est un globe, et qu'à sa surface comme dans le ciel les mouvements ne sont que des effets naturels; nous savons avec *Anaximandre*, qu'il existe une matière primordiale, éternelle et impérissable, qui ne saurait pas plus être anéantie, qu'elle n'a pu être créée, et qui porte en elle la force de mouvement et de développement; nous savons, comme *Anaximènes*, que tous les corps ne sont que de l'air condensé ou raréfié, et nous croyons comme lui, que notre terre et les corps célestes se sont jadis agglomérés dans leur forme actuelle, sortant d'air ou des substances réduites à l'état aëriforme; nous aussi, nous regardons les *météorites*, qui se produisent encore aujourd'hui dans le ciel, comme des corps originairement aëriens ou gazeux, dont la condensation ne se produit qu'à leur entrée dans l'atmosphère, et qui s'échauffent alors et tombent sur la terre comme des masses lancées; pour nous aussi l'eau n'est que de l'air condensé, et le froid et la chaleur s'expliquent par un mouvement de contraction et de dilatation de la matière! Oui, nous en sommes arrivés à savoir, que ce sont pour la plupart des gaz véritables, et ceux-là même qui à l'état ordinaire font la composition de «l'air,» qui composent aussi notre corps et tout le reste du monde organique et qui produisent, par d'innombrables combinaisons à proportions diverses, les innombrables substances et formes de cet univers. Certes nous avons dépassé de beaucoup le philosophe grec, et d'autant plus que ce qu'il tenait pour simple et dont il avait cru pouvoir faire le principe de tout, est redevenu pour nous une chose très composée, et que le mot «air» entraîne maintenant pour nous une idée autre et bien plus large que celle qu'il en pouvait concevoir.

Après ces Ioniens, qui, non contents de philosopher, observaient aussi et qui ont introduit dans la science les trois grands principes fondamentaux — l'eau, l'air et la *matière*, — survint l'école *Pythagoricienne*, fondée par *Pythagore* qui mourut vers l'an 540 avant J.-Ch. Nous ne devons pas compter les Pythagoriciens parmi les nôtres, car ce sont eux d'abord qui ont introduit une sorte de mysticisme dans la philosophie; et leur point de départ, au lieu d'être comme pour les Ioniens dans l'observation de la nature, plutôt se trouve pris dans des formules mathématiques préconçues, ce qui est une trace évidente de l'influence sémitique transmise par l'Egypte. *Pythagore* fut souvent en Egypte; et lorsqu'il eut groupé autour de lui un cercle intime, il releva dans une sorte de quadruple unité les quatre principes fondamentaux de la philosophie Égyptienne : *matière primordiale, esprit primordial, espace et temps primordiaux*. Les Pythagoriciens s'occupaient beaucoup de mathématique, d'astronomie et de musique, et ils posaient des aphorismes tels que : « L'essence de toute chose est le nombre » ou bien : « Toute chose est un nombre. » C'est ainsi qu'ils introduisirent dans la philosophie bon nombre de pures fantaisies ; et leur école a imaginé la fameuse « harmonie des sphères » et la théorie de la « migration des âmes. »

Les idées des Pythagoriciens sur la formation de l'univers sont confuses. Cependant un des leurs, *Okellus Lukanus*, dit expressément, que l'univers a toujours été et qu'il sera toujours.

Au fameux théorème de Pythagore, que dans un triangle rectangle le carré de l'hypoténuse est égal à la somme des carrés des deux autres côtés, se rattache un mot du célèbre écrivain *Borne*, mot qui mérite de rester aussi fameux que le théorème : « Lorsque, dit *Borne*, Pythagore eut découvert son grand théorème, il fit aux dieux une hécatombe un sacrifice de cent bœufs ; et depuis lors tous les bœufs se mettent à beugler chaque fois qu'on découvre une vérité nouvelle. »

L'*école éléatique* est plus importante pour nous, que l'école de Pythagore. Fondée par le célèbre *Xénophanès* de Colophon (Asie mineure), elle avait pris son nom de la ville d'Élée en Sicile et florissait vers l'an 540 avant J.-Ch.

Xénophanès figure comme le premier champion de ce grand combat entrepris dès ces temps reculés contre la superstition religieuse, et qui se poursuit sans interruption jusqu'à nos jours. On attribue généralement au philosophe *Louis Feuerbach* cette judicieuse sentence : « Toute conception de Dieu ou d'être divin est un anthropomorphisme, » c'est-à-dire, une copie idéale de l'homme et de sa propre essence; le premier mérite en revient cependant à *Xénophanès*, qui poursuivait d'une haine inexorable les superstitions polythéistes de ses concitoyens, c'est-à-dire leur foi à l'existence des dieux, et prononçait déjà ces paroles devenues célèbres: «Il semble aux mortels que les dieux aient la figure, les vêtements et la langue humaines. Le nègre sert des dieux noirs avec le nez camard, le Thrace prête aux siens des yeux bleus et des cheveux rouges; et si les boeufs et les lions avaient des mains pour faire des statues, ils représenteraient leurs dieux à leur propre image, etc.» Je vous ai dit dans ma première conférence, que c'est *Xénophanès*, qui sut reconnaître déjà de son temps les pétrifications trouvées au sein de la terre pour ce qu'elles sont réellement, à savoir, les débris d'êtres ayant vécu dans des temps antérieurs. — Il crut aussi à l'existence d'une quantité infinie de mondes, sans toutefois compter de ce nombre les astres visibles au ciel, qu'il prenait pour des émanations ignées de la terre.

Un des plus célèbres éléatiques est *Parménidès* d'Elée, né 520 ans avant J.-Ch. Dans son poëme didactique «de la Nature» il rejette l'idée du *néant* et celle de l'*espace vide*. Le passage du néant à quelque chose (tel que la génèse chrétienne l'admet) lui semble être une impossibilité; il en résulte, que toute essence est incréée, immuable et impérissable. «Ce qui pense en nous, est un avec l'organisation du tout.»

Suivant *Bauer* (histoire de la philosophie 1863), les Eléatiques ont fondé et développé le *Panthéisme* dans un esprit d'antagonisme contre la conception *religieuse* de l'univers.

Un disciple de Xénophanès se détacha de l'école éléatique pour ériger un système indépendant.

C'est *Héraclite* ou Héracleitos, surnommé «l'obscur» à cause des difficultés que présente l'intelligence de son livre «de la Nature.» Il florissait vers l'an 500 avant J.-Ch., et c'était un caractère superbe, sombre, et misanthrope. Tandis que les éléatiques s'attachaient surtout à l'*être*, *Héraclite* donne l'importance capitale au *devenir*. «Toutes les choses, dit-il, sont constamment dans l'état de devenir; elles apparaissent, elles passent, mais elles ne *sont* à aucun instant.» Aux éléments des Ioniens, *air, eau, matière*, il en ajouta un quatrième, le *feu*, ce qu'il regarde comme supérieur. «L'univers, le même à tous, dit-il, n'a été fait par aucun, ni des dieux ni des hommes; mais ç'a été, c'est, et ce sera éternellement un feu vif, qui s'allume et s'éteint dans une mesure déterminée; c'est un jeu que Jupiter joue avec lui-même.»

Suivant Héraclite, l'âme humaine n'est elle-même que du *feu*, et il l'explique par une émanation du feu éternel, divin. Nous croyons voir des choses stables, où tout n'est en réalité que changement et *devenir*. Nos connaissances sont donc fort incomplètes et vides, et la vie elle-même est vaine et sans but!

Ce *néant des choses terrestres*, qui rappelle la doctrine de Boudha, fut relevé si haut par *Héraclite*, que ce philosophe en a gardé le surnom de «pleureur.»

Le célèbre philosophe et médecin *Empédoclès* (450 avant J.-Ch.) s'efforça de concilier l'idée d'*être* des Éléatiques avec le *devenir* d'*Héraclite*; et ce qui le recommande encore à notre attention c'est qu'il a été en quelque sorte le premier père de la théorie *Darwinienne*. Pour arriver à son but il considéra le *devenir* comme une reconstitution de ce qui a déjà été, c'est-à-dire comme une phase de l'*être*. Aux trois éléments connus, le *feu*, l'*eau* et l'*air*, il en ajouta un *quatrième*, la *terre*, et fut ainsi l'inventeur de la célèbre formule des quatre éléments, *feu, eau, air* et *terre*, formule qui a si longtemps dominé la science. C'est bien à tort qu'on les nomme les éléments d'*Aristote*, attendu qu'Aristote ne les a pas trouvés et qu'il s'est contenté de leur faire une place dans sa philosophie, en y ajoutant l'Essentia quinta ou *quintessence* — élément éthéré, plus subtil et qui, à son avis, pouvait être la cause des phénomènes spirituels.

Pour *Empédocles*, comme pour Héraclite, le monde est éternel et incréé. «Nul dieu ne l'a formé, ni aucun homme; il a toujours été.»

À l'origine, dit *Empédocles*, tous les éléments assemblés par l'*amour* en un globe unique se tenaient dans une paix parfaite; plus tard seulement survinrent la haine et la division, contre lesquelles réagit l'amour. C'est là le point de départ de l'*attraction* et de la *répulsion*, qui ont ensuite donné lieu à l'apparition de l'Univers.

Une fois l'univers obtenu, *Empédocles* admet que *la terre et le monde organique se sont développés peu à peu*, le plus parfait procédant du moins parfait. Il a pu dans cette évolution se produire des formes anormales ou irrégulières qui, ne se trouvant pas en état de persister telles qu'elles étaient, ont dû, pour arriver à une complexion plus propice, éliminer peu à peu leurs imperfections!!

Empédocles avait déjà aussi une idée juste du courant de circulation de la matière; car son opinion était, que les éléments dont se compose le corps humain, peuvent avoir été engagés auparavant dans toutes les combinaisons imaginables.

Il croyait à la migration des âmes, et il cherchait à cette idée une signification *éthique* ou morale, en y relevant l'indication du retour de l'âme à l'état primordial de paix et d'amour. —

Mais de tous les philosophes d'avant Socrate les plus importants pour l'histoire de la philosophie matérialiste sont ceux qu'on a appelés les *atomistes*.

Ce nom seul indique le caractère de cette école, dont les fondateurs furent *Leucippe* et *Démocrite* ou *Democritos*, ce dernier originaire de la colonie ionienne d'Abdère, où il naquit 450 ans avant J.-Ch.

Leucippe ou *Leucippos*, dont on ne sait que peu de chose, paraît avoir été à proprement parler le père du *système des atomes*, bien qu'avant lui le philosophe *Anaxagoras* ait déjà enseigné l'existence d'un nombre infini de petites semences premières ou de molécules matérielles toutes égales, qu'il appellait homoeoméries. Ce système atomique, dans ses traits essentiels, a joué jusqu'à ce jour un grand rôle dans les sciences naturelles, et il y tient même aujourd'hui une place plus belle que jamais !

Il y a donc, suivant *Leucippe*, «un espace vide dans lequel se meuvent en quantité innombrable des corpuscules imperceptibles. Ils se meuvent de toute éternité, et les choses naissent ou passent suivant qu'ils s'unissent ou se séparent. Ces atomes sont indivisibles et éternels. De son côté l'espace est éternel et infini.»

Leucippe ne veut rien savoir de Dieu ni *des* dieux, et il est ainsi le premier qui ait fait profession d'athéisme.

Son disciple *Démocrite*, plus célèbre que le maître, professait la même doctrine : les atomes sont étendus, simples, indivisibles, éternels ; leur nombre est infini ; ils échappent au regard par leur petitesse. *Démocrite* les compare aux poussières atmosphériques, ordinairement imperceptibles, mais qui se trahissent dans un rayon de soleil.

Les combinaisons changeantes de ces atomes ont ensuite produit tout, aussi bien les éléments d'Empédoclès que les corps organiques ; et la diversité de ces corps tient uniquement aux différentes conditions de grandeur, de figure et de position des molécules qui les composent. Ces molécules sont séparées par des *espaces vides*, beaucoup plus considérables que le volume de la matière elle-même, et dès l'origine elles sont animées les unes à l'égard des autres de deux mouvements, l'un de *révolution*, l'autre rectiligne de *choc*. — Le nombre des mondes est infini, comme leur étendue; il en naît sans cesse de nouveaux, tandis que d'autres périssent. — L'âme aussi est composée d'atomes d'une finesse infinie, sphériques comme ceux du *feu*, et qui produisent la chaleur du corps. Tout organisme a une âme, et chacun possède conséquemment sa température déterminée. L'âme est sans cesse en effort pour s'échapper du corps, mais elle y est constamment retenue par l'inspiration du souffle. Aussi la mort survient quand le souffle a cessé!

Démocrite a sur la perception des sens une théorie qui lui est propre: l'âme est émue, et ses mouvements sont les idées. Mais les idées ne reposent elles-mêmes que sur une impression corporelle et sur l'introduction des images corporelles dans l'âme. Ces images ou idoles, émanées de tout objet, pénètrent par les organes des sens et transmettent à l'âme des impressions, qui ne répondent pas absolument à la nature des choses, car nous n'avons pas la perception nue des *atomes*, et les atomes seuls sont réels. Nous voyons ainsi des couleurs, nous entendons des sons etc. là où nous ne devrions saisir que des figures mathématiques. On ne peut donc pas se contenter de la perception des sens, et il faut encore recourir à la raison. — Les *dieux* eux-mêmes ne sont qu'un assemblage d'atomes, mais avec cette différence, que leurs atomes sont plus puissants et ont plus de vitalité que ceux de l'homme. — Il n'y a pas d'immortalité pour l'âme, attendu qu'elle est formée d'atomes combustibles, qui se désagrègent après la mort et redeviennent des atomes de feu.

À l'exemple de Parménides, *Démocrite* pose ce principe: «Rien ne sort de rien; et rien de ce, qui est, ne peut être anéanti;» et cet autre à certains égards plus important: «Tout ce qui arrive, arrive par nécessité; les causes finales ne sont pas admissibles.»

L'*Ethique* ou la morale de Démocrite est très simple: il faut pratiquer la vertu, parce que la vertu mène au bonheur, —

manière de voir d'ailleurs très répandue chez les anciens. Faire le bien, non par crainte mais par sentiment du devoir, et rougir devant soi-même plutôt que devant les autres. Une vie sans troubles et sans chagrin est le plus grand bonheur terrestre.

Démocrite pour sa part eut une longue et sereine vieillesse et jouit pendant sa vie d'une grande considération. Toute l'antiquité a reconnu son immense érudition, et particulièrement en médecine il semble avoir eu des connaissances très étendues. Les préceptes, qu'il nous a laissés pour l'usage ordinaire de la vie, ne montrent pas seulement un homme d'expérience universelle (dans sa jeunesse Démocrite avait employé toute sa fortune à faire de longs voyages dans tous les pays connus de son temps), — elles révèlent encore la gravité du caractère. — Même dans sa philosophie on trouve une profondeur, une cohésion et un fini, que n'a offerts au même degré que lui aucun de ses devanciers, et cette philosophie est de toute l'antiquité celle qui se rapproche le plus de la science actuelle.

Cela est vrai surtout de sa *théorie des atomes*, qui se rapporte en tous ses points essentiels à notre théorie atomique, avec cette seule différence, que les atomes de Démocrite n'ont que des formes mathématiques diverses, tandis que les nôtres se distinguent d'ailleurs les uns des autres par leurs qualités chimiques. De plus il prête aux atomes un mouvement initial, au lieu que nous considérons ce mouvement comme le résultat d'un antagonisme entre l'attraction et la répulsion — deux forces que nous jugeons inhérentes aux atomes. Enfin nos atomes sont infiniment plus petits, ce ne sont peut-être que des points d'application de forces, tandis que *Démocrite* compare les siens aux poussières lumineuses de l'atmosphère.*) — Il ne faut pas oublier du reste, que les

---

*) «Un grain de sel, dont nous sentirions à peine la saveur, contient des milliards de groupes d'atomes, que notre oeil n'arrivera jamais à percevoir.» (Valentin.)

atômes de Démocrite ne sont qu'une donnée spéculative, supposée pour faciliter l'explication des phénomènes de l'existence, au lieu que les nôtres, bien qu'ils ne soient aussi qu'une hypothèse, s'appuient du moins sur d'innombrables observations et expérimentations scientifiques.

En *second lieu* sa théorie de la pluralité infinie des mondes, dont les uns passent alors que d'autres surgissent, répond tout-à-fait aux données expérimentales et aux théories de notre astronomie actuelle.

Troisièmement son principe, que rien ne peut sortir de rien et que rien de ce qui est ne saurait être anéanti, ce principe est aussi le nôtre et répond à notre théorie de l'indestructibilité de la matière et de la conservation de la force.

Quatrièmement il rejette la téléologie et les causes finales absolument au même point de vue que nous: et cela lui a valu dans l'antiquité les mêmes reproches qu'on fait encore aux matérialistes de notre temps, celui par exemple de faire de «l'aveugle hasard» le maître de l'univers. Mais en réalité c'est la *nécessité* et non le hasard, qui préside à tout. Démocrite ne nie pas, qu'il y ait une *loi*, seulement il n'admet pas que cette loi agisse *en vue d'une fin;* et il nomme le hasard: une excuse de l'ignorance humaine.

Sa théorie de la *perception sensuelle*, d'après laquelle l'univers n'est en réalité qu'un monde d'atômes en mouvement et les sons, les odeurs, les couleurs etc. ne sont que des impressions subjectives de notre moi ou de nos organes des sens, cette théorie répond trait pour trait aux théories en vigueur aujourd'hui sur les sensations.

Enfin sa conception de *l'essence de l'âme* est pareille à la nôtre, avec cette différence, que les atomes de feu de *Démocrite* sont représentés chez nous par les produits du *cerveau* et de *nerfs*, mal connus de son temps.

Vous voyez, Messieurs, que *Démocrite* est de tous les philosophes de l'antiquité celui qui s'est le plus rapproché de nos idées. Mais ce serait une erreur de croire, que son matérialisme n'ait pas été reconnu et dès lors combattu chez les anciens au même titre que notre matérialisme contemporain. *Aristote* entr'autres l'attaque fréquemment et avec violence, et dans la suite toutes les calomnies et tous les soupçons sont entassés sur le nom de *Démocrite*, bien à tort d'après ce que nous avons dit de lui. *F. A. Lange* raconte, que dans sa philosophie de l'histoire *Ritter* a déversé sur la mémoire du philosophe tout un amas de rancunes antimatérialistes; il est vrai que *Brandis* et *Zeller* ont ensuite réduit ces tentatives à néant.

Après *Démocrite* sont venus les *sophistes*, qui ont formulé les doutes naturels au coeur humain sur l'exactitude des notions acquises et sur la possibilité même d'en acquérir. Cette école à nos yeux n'a d'importance que pour avoir étendu le doute jusqu'aux *dieux*. *Protagoras* d'Abdère (440) avant J.-Ch.; déclarait qu'on ne peut dire des Dieux, qu'ils existent ou qu'ils n'existent pas; il fut accusé d'athéisme et banni d'Athènes, pendant que son livre était livré aux flammes. Ainsi, l'inquisition et la fureur de persécution religieuse, qui ont couvert ensuite le monde de tant de maux, florissaient déjà en ce temps dans la classique Athènes.

Il faut bien dire qu'avec le temps les sophistes en vinrent à se montrer moins réservés que *Protagoras*. *Critias*, le chef des trente tyrans, professait ouvertement, que les dieux ne sont qu'une invention d'hommes habiles, pour tromper le peuple ignorant. Il faut remarquer aussi, que les sophistes niaient le bien absolu et faisaient reposer la distinction entre le *juste* et l'*injuste* sur une simple convention établie par la société. Poussant à bout ces doctrines *Aristippe*, qui florissait dans le 4ème siècle av. J.-Ch., fut conduit à fonder une morale nouvelle, basée sur le *plaisir*. Selon lui le *plaisir* est le but de l'existence; la jouissance est le bonheur. Cependant le sage seul peut être heureux, qui unit la réflexion à la domination de soi. Le plaisir du corps vaut mieux que le plaisir de l'esprit; la douleur corporelle est plus terrible que la souffrance spirituelle.

Aristippe était l'homme des sociétés polies du temps. Il hantait la cour des tyrans; et chez *Denys* de Syracuse, qui le tenait en haute estime, il lui arriva souvent de se rencontrer avec *Platon*, son grand et spirituel adversaire. L'école d'Aristippe produisit *Theodorus*, le premier athée sans réserves. —

Avec *Aristippe* se trouve close la période matérialiste d'avant Socrate, et la place reste libre à l'idéalisme philosophique et au formalisme, personnifiés dans *Platon* et *Aristote*. Nous pouvons passer outre sur ces deux philosophes, aussi bien que sur leur maître *Socrate*, car ces noms n'appartiennent pas à une histoire de la philosophie matérialiste.

C'est seulement *cent* ans après que survint le grand philosophe *Epicure*, qui sut grouper en un même et grand système les doctrines de *Démocrite* et d'*Aristippe*. Pendant tout ce siècle le *spiritualisme* inauguré par Socrate avait été la seule voie suivie, et *Platon* particulièrement, plutôt poète que philosophe, avait fait beaucoup de mal. C'est lui qui inventa le dogme de l'immortalité de l'âme et de l'être distinct pour le corps et pour l'esprit; l'influence de ses doctrines se fait encore sentir de nos jours. «Ses rêveries du ciel ont beaucoup contribué à gâter la terre pour d'innombrables générations.» (*E. Loewenthal*: «Système et histoire du Naturalisme.» 4ème édit. 1863.)

Parmi les propres élèves d'Aristote il s'en trouve un cependant, le célèbre physicien *Straton* de Lampsaque, dont les doctrines, bien que nous n'en connaissions que de rares fragments, semblent former un système tout-à-fait matérialiste.

Straton prend dans une acception toute humaine le fameux

voũs d'Aristote, c'est-à-dire l'esprit ou l'intelligence qui meut l'univers; ce n'est pour lui que la conscience basée sur la sensation, et il fait dériver tout être et toute vie des *forces naturelles* inhérentes à la matière. Ainsi il juge superflu le principe spirituel, qu'Aristote place au fond de toute chose, et l'*ensemble de la nature* est ce qu'il nomme la divinité. L'*entendement* n'est à ses yeux déjà qu'une faculté pleinement sensuelle, attendu que toute pensée suppose nécessairement avant elle une perception des sens.

Mais l'homme, qui forme pour ainsi dire le couronnement du matérialisme antique, l'homme qui a exercé l'influence la plus considérable sur ses contemporains comme sur la postérité, c'est *Epicure.*

Epicure, dont nous avons déjà cité le nom, naquit l'an 342 avant J.-Ch. dans une bourgade de l'Attique. Un jour, à l'âge de 14 ans, il lisait à l'école la Cosmogénie d'Hésiode, où le chaos est représenté comme le berceau de toute chose. Il demanda à son maître, d'où pouvait bien provenir le chaos? Mais on ne sut que lui répondre, et dès lors il se mit à philosopher pour son compte.

Il étudia spécialement *Démocrite* et sa doctrine des atomes et il suivit en outre à Athènes les leçons des disciples d'Aristote. Après s'être retiré chez lui, pour échapper aux désordres politiques auxquels Athènes fut en proie à la mort d'Alexandre le Grand, il ne revint habiter cette ville qu'à un âge déjà avancé. Il y acheta un jardin, où il vécut entouré de ses disciples comme au sein d'une grande famille, et l'antiquité toute entière n'offre pas d'exemple d'une vie plus belle et plus pure, que cette vie menée en commun par *Epicure* et les gens de son école.

A mesure que l'Etat et la religion allaient se dissolvant de plus en plus, le refuge offert par la philosophie devenait chaque jour plus propice. *Epicure* n'a jamais revêtu de fonctions publiques. Il honorait à la vérité les dieux suivant les traditions de son pays, mais il eut soin de les mettre toujours en dehors de la philosophie, et il les représente comme des êtres éternels et immortels, exempts de préoccupations et d'affaires, vivant dans les intervalles des mondes (Métacosmies ou intermundies) dans un profond désintéressement des choses terrestres et de la marche de la nature. Les dieux, selon lui, ne doivent être honorés que pour leur état de perfection. Il ne voit en eux qu'un spécimen d'une nature humaine plus noble, personnifiant l'idéal de sa propre philosophie, qui est une existence heureuse, exempte de douleurs. C'est là d'ailleurs le but poursuivi par toute son école, qui était une large association d'amis basée sur la confiance réciproque la plus absolue. Cependant l'école et son fondateur devinrent plus tard l'objet des plus exécrables et des plus fausses calomnies. On leur reprocha les plus honteux excès, mais sans pouvoir jamais articuler rien de précis. Il est établi au contraire, que la vie d'*Epicure* se signala par la plus grande pureté. Il mourut âgé de 72 ans, et jusque longtemps après sa mort ses disciples se réunirent le vingtième jour de chaque mois dans le jardin, qu'il leur avait légué, en un joyeux banquet, pour la célébration duquel *Epicure* avait constitué une somme.

Epicure a écrit environ trois cent livres, dont nous n'avons que des extraits. Une des sources les plus importantes, que l'on puisse consulter sur l'épicuréisme, est le poème didactique : De rerum Natura ou «de la Nature des choses,» du poète latin *Lucrecius Carus*, le plus considérable des épicuriens après le maître (95—52 av. J.-Ch.). Le poème tout entier n'est vraisemblablement que la reprise d'un travail d'Epicure, portant le même titre.

Lucrèce est un auteur bien connu et fort goûté, et les matérialistes du dernier siècle le lisaient encore avec prédilection. Il a contribué pour une grande part à l'extension de la philosophie épicurienne chez les *Romains*, qui de tous les systèmes philosophiques de la Grèce n'en avaient guère adopté que deux: le *stoïcisme* et l'*épicuréisme*. Plusieurs des grands esprits de Rome se vantaient ouvertement d'être épicuriens; *Horace* entr'autres se qualifie ainsi: «Moi un porc du troupeau d'Epicure, etc.» D'autres, comme *Cicéron*, étaient les adversaires déclarés d'Epicure et tâchaient à vouer sa doctrine au ridicule et au mépris. Des deux grands républicains ennemis de César l'un, *Brutus*, était stoïcien, *Cassius* au contraire épicurien. La philosophie d'Epicure eut sa plus grande splendeur du temps qu'*Auguste* était à l'empire; et dans la pléiade sereine de poètes, dont il était environné, il ne s'en trouvait pas un seul qui ne goûtât et ne suivît cette doctrine.

Le couronnement de la philosophie épicurienne se trouve dans l'*éthique* ou la morale, que son fondateur regardait comme le point le plus important. La division, usitée dans la philosophie grecque, en *logique*, *physique* et *éthique* est conservée; mais les deux premières branches ne sont considérées que comme des sciences auxiliaires ou accessoires de la morale, qui a, elle, son objet essentiellement pratique dans *la poursuite d'une vie sage et heureuse, troublée le moins possible par l'inquiétude et la douleur*.

En *physique* Epicure se rallie pleinement aux idées de *Démocrite*, et il professe comme ce dernier les *atomes* et l'*espace vide*. Epicure a seulement en propre cette opinion, que les atomes sont entraînés dans une chute éternelle à travers le vide des espaces infinis, et non pas *parallèlement*, mais dans des directions légèrement *obliques*, de façon à se heurter les uns contre les autres; ce choc détermine un mouvement de tourbillon, qui finalement donne lieu à une multitude de combinaisons ou de figures changeantes et variées. — On a conclu de là, comme pour *Démocrite*, qu'*Epicure* n'avait vu dans tous les phénomènes de la nature que l'oeuvre d'un aveugle hasard.

Le *poème de Lucrèce* offre dans ses premiers livres un exposé détaillé de ces idées, avec des preuves spéciales et des exemples. Tout au début le poète montre, comment les libres et hardies recherches des Grecs (Démocrite, Epicure, etc.) ont fait tomber la religion, qui avant eux opprimait cruellement l'humanité. La religion et la superstition qui marche avec elle, est présentée comme la source des plus grandes horreurs ou des plus vives tortures, tandis que la philosophie porte en elle le bonheur et le repos.

Lucrèce développe ensuite un principe excessivement important, que nous avons déjà vu à plusieurs reprises formulé dans l'histoire de la philosophie grecque, à savoir, *que rien ne sort ni ne peut sortir de rien*, et que rien de ce, qui a été une fois, ne saurait périr ou disparaître; mais que tout *être* ou *devenir* repose sur des *transformations*. Ces transformations sont opérées par les *atomes*, que leur petitesse rend imperceptibles et entre lesquels règne un espace vide. Tous les corps sont composés d'atomes indestructibles et éternels ou de réunions d'atomes. Ces derniers *ne sont d'ailleurs pas divisibles à l'infini*, ce qui rendrait possibles tous les résultats imaginables et empêcherait toute régularité.

Après avoir exposé la théorie des atomes, *Lucrèce* rend hommage à *Empédocle* pour l'affinité de ses idées avec le matérialisme et la doctrine atomique, et il le proclame un des plus grands esprits de l'humanité.

La question de l'origine de l'univers est traitée à la fin du premier livre. *Il n'y a pas à l'univers de bornes déterminées; une limite réelle ne se comprend pas.* Pour établir ce principe, le poète a recours à l'exemple d'un javelot lancé — comparaison assez naïve qui est bien dans l'esprit simple du temps.

Un javelot lancé dans le vide, deux cas seulement peuvent se présenter: ou bien quelqu'obstacle l'arrêtera dans son vol, ou bien il poursuivra toujours son chemin à travers l'infini ; mais d'une manière comme de l'autre il y a encore nécessairement quelque chose par de là cette limite, qu'on aurait d'avance supposée à l'univers.

Enfin la *réfutation absolue de l'idée des causes finales* (qu'Empédocle avait déjà faite avec une grande rigueur) est présentée en quelques vers à la fin du premier livre: «Car, en vérité, dit textuellement *Lucrèce*, ni les atomes ne se sont mis juste chacun à sa place après une sage réflexion, ni ils n'ont décidé sûrement eux-mêmes quels mouvements chacun devait donner ; mais comme leur masse, heurtée à travers l'espace, passait depuis l'éternité par des combinaisons variées, ils ont essayé tous les genres de mouvement et toutes les façons de se grouper, et enfin ils sont arrivés à prendre les positions en lesquelles consiste la création actuelle ; et cette création, après s'être maintenue pendant de longues et nombreuses années et avoir été une fois lancée dans le mouvement qui lui convient, fait, que les fleuves nourrissent de leurs flots opulents la mer avide, que la terre échauffée par les rayons du soleil pousse de nouveaux produits, que la race des vivants s'épanouit et prospère, et que les étincelles glissant dans l'éther restent allumées.»

Dans son deuxième chant, *Lucrèce* donne de plus grands détails sur les propriétés et les mouvements de l'atome, qu'il représente comme entraîné par un éternel mouvement dans une chute éternelle à travers les espaces. La terre aussi tombe constamment, suivant *Épicure*, et si nous n'en avons pas conscience c'est que nous sommes entraînés avec elle. Ainsi *Épicure* avait déjà reconnu le mouvement de la terre et la véritable raison pourquoi nous sommes incapables directement de nous en apercevoir!! — Quant à la forme de l'atome, elle est variée, suivant *Epicure* ; l'atome est tantôt rond et poli, tantôt rude ou pointu ou à plusieurs branches ou crochu, etc. À ces différentes formes répondent des actions différentes, et chaque corps est un assemblage des atomes les plus divers unis dans des rapports spéciaux.

Lucrèce aborde ensuite une grave question, qui figure encore aujourd'hui, à proprement parler, comme la pomme de discorde dans le débat matérialiste. Comment la sensation, la conscience se développent-elles du sein de la matière ou des atomes? Les vues d'Epicure à cet égard sont foncièrement sensualistes et matérialistes, attendu que toute connaissance selon lui découle d'une perception des sens; et la sensibilité se développe au sein de la matière insensible, pourvu qu'elle remplisse certaines conditions de finesse, de forme, de mouvement et de disposition. La sensation ne se produit du reste que dans les corps organiques animaux; et les couleurs et autres qualités sensibles ne sont pas inhérentes aux atomes, mais elles résultent de leurs modes d'action quand ils se trouvent assemblés dans certains rapports. La sensibilité n'est pas non plus une propriété des atomes, elle appartient seulement au tout qu'ils composent. Au-delà des phénomènes du monde sensible il n'y a rien, et il ne faut rien chercher; l'esprit humain ne peut donc s'appliquer qu'à l'étude des lois de ces phénomènes. — Le poëte termine son second chant par l'exposé de la grande hypothèse de la pluralité infinie des mondes, qui, au-dessus, au-dessous, tout autour de nous, durent des éternités, pour passer ensuite et renaître. Et notre terre a la même destinée.

Le troisième chant est consacré à l'*essence de l'âme* et à la *réfutation de la doctrine de l'immortalité*. La démonstration s'applique en finissant à combattre le sentiment de la *crainte de la mort*, en tant que souverainement puéril et antiphilosophique. «La mort, dit très bien *Epicure*, ne nous regarde pas; car où nous sommes, la mort n'y est pas, et où est la mort, nous n'y sommes plus.» Dans son effroi de la mort, ainsi continue le poète, l'homme pensant à son corps qui pourrira dans la terre ou qui sera dévoré par les flammes ou déchiré par les bêtes sauvages, l'homme garde toujours au fond un peu de cette idée qu'il y sera lui-même pour subir ces traitements. Bien qu'il se défende contre cette idée, l'homme la nourrit toujours, et il ne parvient pas à s'abstraire assez complètement de la vie. Il ne prend ainsi pas garde, qu'à l'heure précise de son trépas lui-même ne peut plus être là pour déplorer sa destinée, etc. etc.

L'*âme* et l'*esprit* sont de nature corporelle et sont formés des atomes les plus petits, les plus ronds et les plus mobiles. Quand l'âme s'enfuit, on s'en aperçoit aussi peu et l'on constate aussi peu une diminution, que quand le parfum d'une fleur ou le bouquet du vin s'exhale.

Le cinquième chant traite de l'*histoire de la création* et renferme une remarquable digression, qui rappelle de très près les plus récentes découvertes de la science sur le *développement progressif du genre humain et de la civilisation*. Plus forts et plus violents que les hommes d'à présent, nos premiers ancêtres vivaient comme les animaux, nus, dans les cavernes ou les forêts, sans agriculture, sans moeurs, sans lois. L'usage du feu même leur était inconnu, et toute leur existence se passait en combats incessants contre les bêtes des forêts. Peu à peu ils apprirent à les vaincre, ils construisirent des cabanes, se vêtirent de peaux, firent usage du feu et allèrent en progressant. Le langage se développa peu à peu de grossières ébauches; les arts, les découvertes etc. suivirent la même marche lente, et ce n'est qu'après avoir épuisé bien des erreurs, que l'homme en arriva peu à peu au juste et à l'utile. La croyance aux *dieux* n'est venue à l'homme que de son ignorance, et parce qu'il n'était pas en état d'expliquer par des raisons naturelles les phénomènes dont il était environné, comme le tonnerre, l'éclair, l'orage etc.

«O race infortunée des mortels, qui a rapporté aux dieux ces choses et leur a poétisé l'attribut d'une terrible colère! Quelles terreurs vous avez amassées par là sur votre propre tête, quelles plaies sur nous, et que de larmes pour nos descendants!» Le poète explique ensuite longuement, comment en face des spectacles d'épouvante, que lui livrait le ciel, au lieu d'une contemplation calme des choses, qui seule eût été d'une vraie piété, l'homme devait facilement en venir à vouloir apaiser la colère présumée des dieux par des sacrifices et des voeux, qui ne sont cependant d'aucun secours.

Dans le sixième chant sont présentées sous un jour déjà très clair les causes d'un certain nombre de phénomènes de la nature.

L'*éthique* ou morale Epicurienne repose, comme je l'ai déjà dit, sur le bien suprême de la félicité. Cependant *Epicure* n'admet pas seulement, comme *Aristippe* et les cyrénaïques, le plaisir *corporel*, mais il considère et place bien au-dessus le plaisir *spirituel*. Il estime particulièrement l'état de repos et de contentement *spirituel* qui ne se réalise qu'après la satisfaction de tous les besoins du corps. *Epicure* prend soin de justifier sa doctrine du reproche d'exiger la bonne chère et les délices; et il se vante, avec du pain d'orge et de l'eau de pouvoir rivaliser de félicité avec Jupiter. Plus les besoins de l'homme sont restreints, plus leur satisfaction est facile, et plus grand est le bonheur. — L'amitié est un trésor précieux, et l'homme devrait au besoin marcher à la mort pour un ami. — Quant à la vertu, *Epicure* ne lui attribue qu'une valeur *relative*, et il n'en recommande la recherche qu'autant qu'elle peut être suivie de plaisir, jamais comme but propre. Rien n'est *en soi* bon ou mauvais, et tout dépend de concordances et de rapports. Les *lois* ont seulement une raison d'utilité. —

À *Épicure* et son école s'arrête l'histoire de la philosophie matérialiste de l'antiquité. Il ne resterait plus, pour en finir avec cette philosophie, qu'à passer en revue le *scepticisme* et le *néoplatonisme*, dont l'étude ne rentre pas dans notre sujet, et nous arriverions au *Christianisme* et à la philosophie *scolastique* du moyen-âge. L'antiquité a eu le singulier bonheur de ne pas connaître les égarements et les erreurs sans bornes des écoles et des systèmes venus après; et bien que dans l'histoire de sa philosophie les idées et les systèmes *idéalistes* et *matérialistes* alternent et se combattent, on ne peut cependant méconnaître qu'un trait sain, matérialiste, la traverse dans tout son cours. Il n'était pas question chez les anciens de monde suprasensible de religion ou de raison *absolue*, mais on expliquait les phénomènes du monde sensible par ce que les sens avaient perçu, ou du moins par ce que l'on croyait de leur domaine. On n'établissait pas entre *idéal* et *réel*, entre *spirituel* et *corporel*, entre le *monde visible* et le *monde invisible* cette barrière infranchissable qui est devenue plus tard la cause de tant d'erreurs et de tant de maux, mais on cherchait à tout embrasser dans une seule et même conception. Cette prétention fanatique à affirmer l'incompréhensibilité absolue de certains faits, qui joue encore aujourd'hui un si grand rôle, l'antiquité ne la connaissait pas davantage que la croyance paralysante à forces mystiques, qui ont dévoyé et tant obscurci les sciences plus tard. Jamais en aucun temps l'antiquité n'a connu d'idées comme l'*horror vacui* (l'horreur du vide) ou le *principe vital* ou le *magnétisme animal* ou le *phlogistique* ou les *esprits morbides* ou la *possession démoniaque* ou l'*homœopathie*, etc. etc. La notion ridicule et antinaturelle d'une *âme* distincte ou d'une *substance de l'âme*, qui ne serait que passagèrement et vicieusement unie au corps, était absolument étrangère aux anciens (Platon est peut-être le seul qui ait fait exception), car elle était trop absurde et artificielle pour leur intelligence naturelle et droite. L'*idée des causes finales*, qui joue plus tard un si grand rôle dans la philosophie et qui semble encore aujourd'hui presqu'impossible à déraciner, était, comme nous l'avons vu, bannie généralement de la philosophie. — Et tout cela est d'autant plus à remarquer que les connaissances des anciens étaient plus défectueuses.

Il est vrai que l'absence de ces notions positives se fait sentir en général chez tous les philosophes grecs et donne souvent à leurs opinions une couleur naïve, enfantine et même capricieuse. On reconnaît à la plupart de leurs doctrines, qu'elles reposent en partie sur des conceptions arbitraires, qui auraient pu aussi bien se prendre autrement. Mais un sentiment juste et un jugement sain a toujours maintenu les anciens dans la bonne voie, et rien ne leur fait plus honneur, que la confirmation éclatante apportée à un grand nombre de leurs idées et de leurs principes par les derniers travaux de la science moderne. L'influence exercée par les philosophes grecs sur la vie matérielle et intellectuelle de leur nation a été aussi des plus heureuses; et le siècle tant de fois célébré d'un *Périclès* coïncide avec l'époque florissante de la philosophie matérialiste et sensualiste en Grèce. Nous aurons d'ailleurs à faire encore plusieurs fois la même observation ou à constater des faits analogues, dans le cours des siècles, qui ont suivi, comme dans les temps modernes.

SIXIÈME CONFÉRENCE.

Messieurs!

Dans l'ère, qui s'ouvre à la chute de la philosophie antique, l'introduction du *Christianisme* dans l'empire romain entré en décadence et voué à la ruine et l'influence souveraine exercée par cette nouvelle doctrine forment l'opposition la plus complète avec les vues *matérialistes*. Alors fut enfantée sur la matière cette idée absurde, qui hante encore le cerveau du plus grand nombre et que *F. A. Lange* dans son «Histoire du matérialisme» représente avec raison comme un «spectre.» Dans cette idée «la matière n'est qu'une substance ténébreuse, inerte, fixe et absolument passive, sans esprit, sans mouvement, sans noblesse — elle n'est à proprement parler qu'un obstacle à la nature spirituelle et plus noble de l'homme.» Une telle opinion se trouvait fortifiée de l'autorité considérable d'*Aristote*, qui régna en maître presqu'absolu sur la scolastique et sur toute la philosophie du moyen-âge et qui fait lui-même très peu de cas de la matière. Notamment il lui refuse tout mouvement propre, et il représente la *forme*, son attribut nécessaire, comme un principe qui lui serait extérieur et lui ferait antagonisme. *Aristote* établit, mais d'une façon toute arbitraire, la nécessité de l'existence d'un *premier* moteur, lui-même immobile, et il travaille ainsi directement en vue de l'idée chrétienne de Dieu. Le seul point, qui le distingue des philosophes chrétiens, c'est que sa cause première où son dieu ne serait pas précisément le créateur ni l'architecte de l'univers, attendu que la *matière* et la *forme* renferment déjà le principe de ces deux rôles, et n'en serait que le *moteur*. *)

C'est seulement à la renaissance des sciences du 15ème siècle, que nous voyons réapparaître les idées matérialistes. La découverte de l'Amérique et la révolution opérée dans l'astronomie par *Copernic* et *Keppler* avaient contribué à répandre sur le monde un esprit nouveau, qui devait se faire sentir aussi dans la philosophie; cette dernière science fut naturellement amenée à se placer sur le même terrain où les sciences naturelles couraient une carrière si rapide et si brillante, ce qui valut à un certain nombre de ses adeptes le nom d'empiriques, de naturalistes et de matérialistes.

Il ne faut assurément pas s'attendre après une période de culture, qui n'embrasse pas moins de 15 siècles, à retrouver le matérialisme au même point où nous l'avons laissé à la fin de l'antiquité avec *Epicure* et *Lucrèce*. Néanmoins il existe entre le

Matérialisme des temps modernes,

dont nous avons à nous occuper aujourd'hui, et le matérialisme de l'antiquité des attaches infiniment plus fortes et mieux caractérisées qu'on ne serait d'abord porté à l'admettre. Il ne faudrait pas non plus se figurer, que dès cette première aurore de renaissance intellectuelle on ait déjà été à même de s'émanciper suffisamment de l'autorité redoutable d'*Aristote*, autorité qui s'exerçait pour ainsi dire sur tout mouvement de la pensée et qu'on n'osait pas méconnaître. On ne rejeta donc pas Aristote sans

---

*) *Platon* prétend aussi, que la matière est par elle-même dépourvue de qualités et de propriétés et qu'elle n'en a que par son alliance avec la *forme*. Le monde des corps consiste selon lui en deux éléments, *matière* et *forme*, une mère et un père, qui par leur union donnent naissance aux formes de l'existence.

détours, mais on s'efforça de le mettre mieux en lumière, et l'on prit comme prétexte de rétablir le pur, le véritable Aristote à la place des versions fausses et transposées des *scolastiques*.*) La venue d'un philosophe italien, qui entra dans cette voie, produisit en ce temps un grand émoi.

Petrus Pomponatius fit paraître à Bologne, en 1516, un livre sur l'immortalité de l'âme, dans lequel il cherche à prouver, que suivant *Aristote* il serait impossible d'admettre l'immortalité de l'âme, attendu que *forme* et *corps* ou *forme* et *matière* sont deux termes inséparables. «Si l'on veut admettre la persistance de l'individu, dit textuellement *Pomponatius*, il faut d'abord prouver, comment l'âme pourrait vivre sans avoir besoin du corps comme sujet ou comme objet de son activité. Sans idées nous ne pouvons rien penser, mais les idées dépendent de la corporalité et de ses organes. Il est vrai que la pensée est en soi éternelle et immatérielle, cependant la pensée humaine est liée aux sens, elle ne reconnaît le général que dans le particulier, elle n'est à aucun moment sans intuition ni abstraite du temps, attendu que les idées vont et viennent en elle les unes après les autres. Notre âme est donc en effet mortelle, car ni la conscience ne persiste, ni le souvenir.» — Il dit encore: «La vertu pratiquée pour elle-même est bien plus pure que celle, qui se propose une

---

*) On comprend sous le nom de *scolastiques* les philosophes des monastères, des écoles épiscopales, etc. du moyen-âge, du 9ème au 15ème siècle. Le principal trait caractéristique de la scolastique est, outre une admiration servile d'Aristote, qui ne fut d'ailleurs connu que postérieurement (13ème siècle), *d'avoir restreint la philosophie à de tels problèmes, qui se rattachassent directement ou indirectement aux dogmes chrétiens*, et de plus d'avoir observé avec un scrupule tout particulier le formalisme de la logique et de la dialectique. La scolastique finit par se perdre dans les arguties les plus ineptes; cependant son influence se prolonge jusque dans le 17ème et le 18ème siècle, et aujourd'hui elle n'est pas encore complètement effacée.

récompense. Cependant il n'y a pas précisément lieu de blâmer les politiques, qui, pour le mieux général, font enseigner l'immortalité de l'âme, afin que les faibles et les méchants suivent, au moins par espoir ou par crainte, la voie droite, que les natures nobles et franches embrassent par plaisir et par amour. *Car il est absolument controuvé, qu'il n'y ait eu que des savants dépravés à nier l'immortalité de l'âme, tandis que tous les sages vraiment estimables l'auraient admise; un Homère, un Pline, un Simonide et un Sénèque n'étaient pas des méchants pour n'avoir pas cette espérance, simplement ils étaient libres de toute servilité mercenaire.*»

En dépit de cette opinion si franchement exprimée, *Pomponatius* affirme ensuite expressément sa pleine soumission à la foi chrétienne, et il déclare, que la révélation procure une consolation et une certitude telles que la philosophie n'en saurait donner de pareilles. Etait-ce chez *Pomponatius* hypocrisie ou conviction, — je l'ignore; toujours est-il que nous voyons le même fait se produire chez presque tous les penseurs de cette époque jusqu'au milieu du 17ème siècle, à quelque nuance qu'ils appartiennent. Etait-ce la crainte du bûcher, dont tout philosophe indépendant assez hardi pour exprimer sa pensée était alors menacé, ou bien peut-être est-ce la force excessive et incomparable de la foi de ces temps qui explique d'aussi étranges contradictions?

En 1543 parut le livre des orbites des corps célestes de *Nicolas Copernic*, qui, par la démonstration du double mouvement de la terre sur elle-même et autour du soleil, ébranlait dans leurs fondements et la foi religieuse et la croyance à Aristote!

Un des premiers et des plus chauds partisans du nouveau système fut un italien, l'infortuné *Giordano Bruno*. Panthéiste, mais se rapprochant du matérialisme sur beaucoup de points, *Giordano Bruno* joignait à la profondeur du sens philosophique une vaste érudition. *Dieu, monde et matière* ne sont à ses yeux qu'une seule et même chose, et l'univers est un être infini, animé dans toutes ses parties, une empreinte ou un développement de la divinité. L'âme humaine est une fraction de l'esprit divin et comme telle destinée à une éternelle durée. Copernic avait pris Pythagore pour modèle, *Bruno* préféra *Lucrèce*; il professa comme ce dernier l'infinité des mondes et combina très heureusement cette idée avec le système de Copernic. Il expliqua déjà les étoiles fixes comme un nombre infini de soleils entourés de satellites. La matière est selon lui la mère de tout ce qui a vie, elle renferme en elle tous les germes et toutes les formes. «Ce qui d'abord était semence devient herbe, ensuite épi, ensuite pain, puis chyle, sang, semence animale, embryon, puis un homme, puis un cadavre; et cela redevient terre ou pierre ou quelqu'autre matière inerte, et de même en recommençant toujours. Ainsi nous reconnaissons là quelque chose qui se transforme en toutes ces choses diverses et demeure cependant en soi un et toujours le même. Rien ne paraît donc stable, éternel et digne du nom de *principe*, si ce n'est la matière seule. En tant qu'absolu elle comprend en elle toutes les formes, et toutes les dimensions. Mais l'infinie variété des formes, sous lesquelles la matière se présente, ce n'est pas d'autre part et à l'extérieur seulement qu'elle les reçoit, mais elle les tire d'elle-même et les enfante de son sein. Où nous disons que quelque chose meurt, il n'y a en réalité que production à une nouvelle existence ou dissolution d'une combinaison et aussitôt formation d'une combinaison nouvelle.»

Cette conception est foncièrement matérialiste, car la matière y est envisagée comme l'essence véritable des choses et comme produisant d'elle-même les formes, tandis que chez Aristote, ainsi que nous l'avons vu, la *forme* passe pour déterminer la matière.

La vie de *Bruno* n'est qu'une longue suite de persécutions. Il traversa l'Angleterre, la France, l'Allemagne et vint enfin tomber à Venise aux mains de l'Inquisition, qui le fit brûler à Rome en 1600. Ses doctrines ont exercé une action puissante sur la marche de la philosophie; et pourtant dans l'histoire il se trouve comme rejeté au second plan par la venue du célèbre lord-chancelier d'Angleterre.

Bacon de Verulam, qui surgit dans les quelque dix premières années du 17ème siècle (1561—1626).

Bacon et *Descartes*, qui le suit, sont regardés comme les véritables rénovateurs de la philosophie, et *Gassendi* et *Hobbes* venus plus tard comme les rénovateurs du matérialisme.

Bacon, le père des sciences naturelles modernes et de la méthode inductive, attendu qu'il érige l'*expérience*, c'est-à-dire l'observation appuyée de l'expérimentation en source unique de nos connaissances et en principe de la science et de la philosophie, *Bacon* est déjà très voisin du matérialisme. Ce qui le prouve, c'est que parmi les systèmes philosophiques du passé il place celui de Démocrite bien au-dessus de tous les autres. Sans *atomes*, a-t-il dit, la nature ne se laisse pas expliquer. Il se montre avec cela très tolérant à l'égard de la foi religieuse, et il va jusqu'à prétendre que, vu l'état borné de la connaissance humaine, des vérités divines peuvent souvent nous paraître très absurdes. Jusqu'aux anges et aux esprits trouvent place dans sa philosophie. — Il place aussi l'étude de l'homme, qui vise à ressembler à Dieu, bien au-dessus de l'effort fait en vue d'accroître la connaissance humaine, et cette tendance supranaturaliste tout opposée à ses vues empiriques naturalistes l'implique souvent dans de grandes contradictions. Il considère la théologie comme une science, et il appelle l'âme raisonnable ou l'esprit quelque chose d'incorporel et de divin; l'*âme irraisonnable* (?) seule vient de la matière et échoit aussi en partage à l'animal. Selon *Kuno*

Fischer (François Bacon de Verulam, Leipzig 1856) *Bacon* lui-même avoue, que sa philosophie est impuissante à expliquer l'esprit, attendu qu'il distingue l'*esprit* d'avec l'*âme* en regardant le premier comme une substance inexplicable, tandis qu'il fait de celle-ci une substance *corporelle* qui a son lieu étendu dans le cerveau etc. — Beaucoup de gens pensent, que cette distinction n'a été qu'une concession faite à l'église par l'adroit chancelier, afin de pouvoir ensuite exprimer plus librement ses idées matérialistes.

En face de Bacon se tient *Descartes* (né en 1596, mort en 1650), qui établit une distinction rigoureuse entre corps et esprit et par là introduisit dans la philosophie le vrai *dualisme* et le vrai *spiritualisme*. C'est de lui que vient le célèbre, je veux dire le trop fameux: «Cogito ergo sum» (je pense donc je suis). Sa philosophie n'a pas pour base, comme celle de Bacon, l'induction, mais la déduction ou l'abstraction. *Descartes* a cependant plus d'un lien avec le matérialisme, notamment sa conception mécanique de la nature dont l'exposé nous entraînerait trop loin. Je veux seulement faire ici mention de ce fait, que *de la Mettrie*, un des plus extrêmes matérialistes du 18ème siècle et auteur de «l'Homme machine,» se rangeait lui-même au nombre des Cartésiens et qu'il édifia sa philosophie en partie sur les principes de *Descartes*.

Bacon et *Descartes* marquent donc dans la philosophie le point de départ de deux grandes directions ou de deux embranchements qui se prolongent jusque dans les temps actuels; d'un côté, ce que l'on peut appeler l'*empirisme*, le *matérialisme* et le *sensualisme*; de l'autre, l'*idéalisme* et le *spiritualisme*. De *Descartes*, cette dernière voie mène par *Spinosa*, *Leibnitz*, *Kant*, *Fichte*, *Schelling*, *Hegel* aux idéalistes contemporains et aboutit au «Fichte toujours plus jeune» ou encore aux «derniers *dix* du bataillon spéculatif», ainsi que E. *Lœwenthal* désigne spirituellement les éditeurs et les collaborateurs de la «Revue de philosophie et de critique philosophique» de *Fichte*, *Wirth* et *Ulrici*. Suivant l'autre direction on part de *Bacon* et l'on arrive par *Gassendi*, *Hobbes* et *Locke* au matérialisme français du 18ème siècle et enfin au matérialisme actuel. Cette ligne est la seule qui nous intéresse ici pour le but que nous nous proposons.

Le prieur *Gassendi* né en France en 1592 est regardé par F. A. *Lange* (l. c.) comme le véritable rénovateur du matérialisme à cause de son écrit sur *Epicure*, où il prend parti pour ce dernier — non pas ouvertement à la vérité, mais d'une manière déguisée, à l'exemple de tous les naturalistes de son temps qui ne manquaient jamais, avant de développer leurs principes athéistes ou matérialistes, d'affirmer leur pleine dépendance vis-à-vis de la foi religieuse. Ainsi, par exemple, *Descartes* dit expressément, avant d'aborder sa théorie de l'apparition du monde, qu'il ne peut pas exister un doute sur cette vérité, que Dieu a créé le monde d'une seule fois, mais qu'il sera pourtant intéressant de savoir, *comment le monde aurait pu apparaître de lui-même*; il n'est ensuite question dans tout son exposé que de l'hypothèse de la formation naturelle de l'univers, et Dieu s'y trouve complètement mis de côté.

Gassendi prit dès l'abord dans ses «Disquisitiones Anticartesianae» une attitude tranchée vis-à-vis de son contemporain *Descartes*, et il ne partagea de lui que son animosité contre Aristote. Tandis que *Descartes* partait de *l'entendement*, *Gassendi* partait de *l'expérience*, et il soutenait l'atomistique ancienne contre la *théorie* toute arbitraire *des corpuscules* de Descartes. Il rejeta d'une façon absolue la séparation cartésienne du corps d'avec l'esprit et la célèbre distinction d'une substance *pensante* et d'une substance *étendue*. Il serait superflu d'entrer plus avant dans l'étude de sa théorie, attendu qu'elle est appuyée toute entière à la doctrine d'Épicure et de Lucrèce. Suivant *Gassendi* toute connaissance vient seulement des sens.

À *Gassendi* nous rattacherons l'un des caractères les plus saillants de toute l'histoire du matérialisme, l'anglais.

Thomas Hobbes, qui naquit en 1588, au moment où la fameuse Armada espagnole menaçait les côtes d'Angleterre.

Hobbes est désigné dans la fameuse histoire de la civilisation en Angleterre de *Th. Buckle* comme le plus dangereux adversaire du clergé au 17ème siècle, comme le plus subtil dialecticien de son temps, comme un penseur profond et un écrivain d'une insigne clarté.

Hobbes s'est proposé dans sa philosophie de trouver, quelle sorte de mouvement ce peut être, qui produit la sensation et l'imagination chez les êtres vivants. Sa théorie de la sensation est tout-à-fait *sensualiste*, la sensation n'y est conçue en effet que comme un mouvement de parties corporelles occasionné par le mouvement extérieur des objets. *Hobbes* sépare déjà très ingénieusement la *qualité* ou propriété des sensations comme *lumière, couleur, son* etc., qualités qui se produisent seulement en nous, d'avec le mouvement des objets eux-mêmes. Toute connaissance vient, selon lui, de l'expérience externe; la raison et l'intelligence ne sont qu'un calcul établi avec les images et les idées fournies par les impressions des sens. La transmission de ces impressions jusque dans le plus intime de l'être vivant s'accomplit par le moyen des *nerfs*, et la représentation extérieure des objets, qui vient après, n'est qu'une «réaction de l'animal tout entier.» — Pour ce qui est de l'univers, *Hobbes* s'en tient exclusivement aux phénomènes perceptibles et explicables par la loi de causalité, il abandonne tout le reste aux théologiens; et, chose étrange, il explique Dieu comme un être *corporel*.

Obligé de fuir devant la démocratie anglaise contre laquelle il s'était prononcé; *Hobbes* vint à Paris, où il vécut dans le commerce de *Gassendi* dont il s'assimila plus d'une idée. Il définit très exactement la philosophie: une science, qui a pour objet d'arriver au moyen de conclusions justes à la connaissance des causes par les effets et des effets par les causes. Attribuant en outre un caractère *pratique* à la philosophie il veut qu'elle serve la politique et l'industrie — alliance précieuse du matérialisme philosophique et du matérialisme de la vie (ce dernier pris dans l'acception favorable du mot) et qui a été à coup sûr d'une grande importance pour les destinées de la pratique Angleterre. La religion n'est pour *Hobbes* que superstition et fruit de la crainte. Cette crainte est-elle sanctionnée par les lois et maintenue par l'état, on l'appelle *religion*, autrement c'est *superstition*. Il compare avec assez d'à-propos les miracles de la religion positive aux pillules, qui s'avalent bien *entières* mais qu'il ne faudrait pas mâcher. Notre philosophe contemporain *Schopenhauer* dit pareillement avec beaucoup d'esprit: «Les religions sont comme les vers-luisants, il leur faut l'obscurité pour qu'elles brillent.»

Les principes professés par *Hobbes* et *Bacon* exercèrent une influence considérable sur la vie publique des Anglais, qui les tirent immédiatement passer dans la pratique, comme c'est chez eux l'usage bien plus que chez nous. Lorsque le puritanisme rigoureux et hypocrite de la révolution anglaise eût été vaincu, il se produisit à la cour restaurée un vif courant non pas seulement de frivolité et de libre pensée, mais aussi de goût pour la culture des sciences expérimentales. *Charles* II., qui tenait *Hobbes* en haute estime, qui avait le portrait du philosophe suspendu dans sa chambre, qui le pensionnait et le protégeait contre ses nombreux ennemis, Charles II. d'Angleterre était lui-même un zélé physicien et avait un laboratoire dans son palais. Les études de chimie et de physique devinrent une affaire de mode, et les grandes dames de l'aristocratie allaient dans les cabinets des savants assister à des expériences magnétiques et électriques. L'Angleterre s'engagea ainsi dans une voie heureuse de progrès pour les sciences naturelles; un pur esprit de matérialisme se fit jour de toute part dans la pratique aussi bien que dans le domaine de la théorie, et la nation fut ainsi amenée à cet état matériel et intellectuel florissant, qui en peu de siècles l'a rendue, comme on le reconnaît, la nation la plus riche et la plus puissante de la terre.

Parmi les Anglais, qui après *Hobbes* ont aidé à l'avancement de la philosophie matérialiste, il faut citer en première ligne le célèbre *John Locke* (né en 1632). Bien qu'il ne fût pas lui-même absolument matérialiste, *Locke* a cependant exercé une grande influence sur l'ensemble de la direction, et par ses attaques contre les idées innées et la raison suprasensible il a puissamment contribué à préparer la voie au matérialisme *actuel*. D'abord philosophe, il se tourna ensuite vers la médecine, et l'un des traits qui le distinguent de Hobbes, c'est qu'en politique il se tint dans le camp de la démocratie au lieu que son devancier avait été un partisan déclaré de l'absolutisme. On a dit de *Locke*, et avec quelque raison, qu'il est le père du constitutionnalisme moderne. Il vécut longtemps dans l'exil en lutte aux persécutions du gouvernement anglais, jusqu'à ce que la révolution de 1688 lui eut rouvert enfin les portes de sa patrie.

Son fameux ouvrage «Sur l'entendement humain» (Essay concerning human understanding) ou sur l'origine et les limites de la connaissance humaine, qui parut en 1690, se distinguait par une netteté et une clarté telles, que les vues qui y étaient exposées, eurent promptement rallié tout ce qu'il y avait alors d'hommes éclairés en Angleterre. Voici en peu de mots les principes les plus importants de cette philosophie:

Il n'y a pas d'idées, de principes, de notions innées, comme l'entendent Platon ou Descartes; en général il n'y a pas dans notre pensée d'idées préconçues. Il n'existe pas davantage de vérités morales ou logiques innées, attendu que nous ne connaissons ni une vérité morale, ni une proposition logique, qui ait absolument la même valeur partout et en tout temps malgré les différences de personnes ou de peuples, chez les enfants, les idiots etc., et que nous trouvons au contraire partout les opinions les plus divergentes. Tous ceux, auxquels la culture intellectuelle ou l'éducation fait défaut, ne se doutent même pas de nos propositions abstraites ni de la plupart des vérités morales; comment donc les unes et les autres seraient-elles innées!? De plus notre connaissance procède expérimentalement de telle façon, que ce n'est pas le général, qui se présente avant le spécial et le particulier, mais au contraire le particulier qui précède le général.

L'entendement humain est donc comme une table rase ou une feuille de papier blanc, qui ne se couvre que par les impressions reçues du dehors; et ces impressions, c'est-à-dire l'*expérience*, sont d'une manière générale la source unique où notre esprit puise les moyens et les éléments de la connaissance. «Toute connaissance, dit *Locke*, se fonde sur l'expérience et vient d'elle en dernier ressort. Notre observation, qui a pour objet soit les objets extérieurs qui se laissent percevoir, soit les actes intimes de notre esprit que la réflexion nous révèle, fournit à notre intelligence tous les matériaux de la pensée. Ce sont les deux sources uniques de connaissance, et toutes les idées, que nous avons en effet ou que nous pouvons naturellement avoir, sortent de là.» L'enfant n'acquirt que peu à peu et grâce aux affections extérieures de ses sens variées et continuelles une provision d'images, qui sont les matériaux de sa connaissance à venir. «Et si c'en était la peine, il n'est pas douteux, qu'on pourrait élever un enfant de façon qu'il ait acquis seulement un très petit nombre des idées même les plus ordinaires.» On nous implante au temps de notre jeunesse une quantité de soi-disants «principes» ou doctrines, qui ne peuvent se réclamer d'une plus haute origine que la superstition d'une grand'-mère ou d'une vieille femme; et plus tard, alors que nous ne pouvons plus nous rappeler d'où ils nous viennent, nous les prenons pour des «impressions de Dieu ou de la nature,» autrement dit nous les croyons «innés» etc. etc. — De toutes ces considérations découle cette proposition d'une haute importance: «Nihil est in intellectu, quod non ante fuerit in sensu» ou «Il n'y a rien dans l'entendement qui n'ait été avant dans les sens.»

Il est vrai, d'après la citation que nous avons faite plus haut, que *Locke* admet deux sortes d'expérience, l'une par la *sensation*, l'autre par la *réflexion*; l'expérience peut s'exercer soit sur les objets extérieurs, soit sur les objets ou perceptions intimes (c'est la réflexion). Mais même cette perception intime ou ce raccordement et cette mise en oeuvre des idées simples introduites du dehors est, à n'en pas douter, chez *Locke* de nature *sensible*, attendu qu'il n'existe pas pour lui de connaissance qui ne vienne des sens et qui n'ait tout au fond un caractère sensible.*) Les idées réfléchies ne sont elles-mêmes pas innées ni purement spirituelles, mais elles sont toujours seulement d'*expérience*. En dehors de la réflexion il n'y a rien de spirituel, et

---

*) Cette perception interne ou réflexion de *Locke* diffère donc essentiellement de «l'expérience intime» de nos philosophes *actuels*, qui voudraient par cette expression ambiguë, après qu'ils ont confessé d'abord que l'expérience est la source nécessaire de toute philosophie, rouvrir comme une porte dérobée à toute leur ancienne crotte métaphysique et à leur «pensée absolue» et couvrir de l'honorable manteau de la «philosophie expérimentale» leurs folles chimères et leurs imaginations subjectives Heureusement que l'on distingue au premier coup d'oeil la bonne marchandise d'avec la marchandise falsifiée et que l'on aperçoit aussitôt derrière ce qu'ils appellent «l'expérience intime», la trace de l'ancienne spéculation à priori et de la «raison pure» ou absolue des philosophes idéalistes.

toutes nos idées ne proviennent que de la sensation ou de la réflexion. — Locke ne précise pas de quelle façon propre la pensée se produit, seulement à l'adresse de ceux qui répètent continuellement que l'essence de la matière comme celle de l'étendue sont incompatibles avec la pensée, il laisse tomber cette observation purement déiste et bien conforme à l'esprit de son temps, qu'il est impie de prétendre, qu'une matière pensante est impossible, car, si Dieu l'eût voulu, il eût pu sans doute créer la matière *pensante*.

Locke a de plus exercé une grande action sur ses contemporains par ses autres écrits sur la tolérance, l'éducation, le christianisme, la politique, etc.; mais ce côté de sa philosophie ne nous intéresse pas ici.

Anthony Collins, l'élève et le successeur de *Locke*, est allé beaucoup plus loin que son maitre, et même, dans son traité de la «Libre pensée» paru en 1713, jusqu'à rompre tout-à-fait avec la bible et la foi religieuse et à jeter le gant à la théologie, pour n'admettre que les droits imprescriptibles de la raison. — Dans cette même voie et presqu'au même moment nous rencontrons un penseur français distingué

Pierre Bayle (mort en 1706 à l'âge de 32 ans), auteur d'un grand dictionnaire de critique historique, qui avança des propositions de cette portée:

1. L'incrédulité vaut toujours encore mieux que la superstition.

2. On peut concevoir un état d'hommes, qui se maintiendrait sans la croyance à Dieu et à l'immortalité de l'âme.

C'est encore à l'influence exercée par *Locke*, qu'il convient de rapporter le livre remarquable de l'Anglais *John Toland*: «Le christianisme sans mystères,» dont la 3ème édition parue en 1702 se répandit dans le monde entier. Ce livre produisit un tel émoi, que l'auteur dût fuir l'Angleterre, et l'on prêcha partout contre lui dans les églises, bien qu'en somme il se fut borné à enseigner une sorte de *religion rationnelle*. Mais dans la suite il s'écarta de plus en plus de la religion et écrivit ses fameuses «Lettres à Serena» (Londres 1704). (Serena est la fameuse reine philosophe Charlotte de Prusse, la spirituelle amie de Leibnitz et la bienfaitrice de Toland.) Les deux dernières lettres renferment un exposé pleinement matérialiste de l'univers, où il fait tout reposer sur le rapport des deux termes «force» et «matière.» La matière, selon *Toland*, est animée et en mouvement; tout n'est qu'un éternel échange de substances et de formes, un va-et-vient sans relâche. Il n'existe pas de corps en repos absolu. La *pensée* elle-même n'est qu'un mouvement corporel, une activité du cerveau liée au monde matériel. *)

Locke trouva deux partisans considérables, qui furent aussi les continuateurs de ses idées, dans l'anglais *David Hume* et le français *Condillac*, deux hommes qui appartiennent au siècle suivant, le 18ème siècle, le grand siècle des lumières et de la philosophie matérialiste. Avant de passer à l'étude de cette époque, jetons un rapide coup d'oeil sur l'Allemagne du 17ème siècle, dont nous n'avons encore rien pu dire n'ayant rencontré sur notre chemin que des noms *italiens*, *anglais* et *français*.

*) Au nom de Toland se rattache une piquante anecdote, qu'il raconte dans son Tetradymus (Londres 1720): *Lord Shaftesbury*, l'homme du monde philosophe et l'écrivain libre-penseur, qui a établi dans son essai sur les moralistes, que la religion ne comporte pas nécessairement la vertu ni ne l'élève, mais qu'elle l'affaiblit et l'égare, *Lord Shaftesbury* s'entretenait un jour avec des amis de la variété des religions, qui existent dans le monde; finalement on en vint à cette conclusion, *que tous les sages appartiennent à la même religion*. Une dame présente, qui jusque là n'avait paru prendre aucune part à la conversation, se tournant alors demanda avec curiosité quelle était cette religion? — A quoi *Shaftesbury* répondit aussitôt: «Cela les sages ne le disent jamais!» — Heureusement aujourd'hui on n'est plus aussi exclusif, du moins en théorie, et ceux-là seuls, qui ont en vue dans leurs efforts l'affranchissement du *peuple*, peuvent prétendre à passer dans l'avenir pour les précepteurs de l'humanité.

L'Allemagne de ce temps ne nous offre par malheur aucun nom qui puisse être mis en ligne avec ces noms étrangers; car tandis que l'*Italie*, l'*Angleterre* et la *France* réagissaient contre la philosophie d'Aristote et des pères de l'Eglise, l'Allemagne restait le foyer du pédantisme *scolastique*; et si quelques voix isolées et furtives s'y faisaient entendre çà et là en faveur d'une pensée plus libre, elles étaient impuissantes, ne trouvant pas d'écho, à faire surgir de nouvelles écoles. C'est ainsi que parut en 1713 la *Correspondance sur l'essence de l'âme*. Cette publication, qui fut beaucoup discutée, était anonyme et écrite dans un effroyable style mêlé de bribes latines et françaises. L'auteur s'égaie avec un certain humeur (qui serait encore aujourd'hui de saison) sur les diverses conceptions philosophiques et théologiques touchant l'essence de l'âme, sur les opinions divergentes en ce qui concerne la place de l'âme dans le corps, sur la «qualitas occulta,» etc., et il définit lui-même l'être spirituel de l'homme un simple *mouvement des fibres fines de son cerveau*. L'idée d'une âme ou d'une substance distincte pour l'âme lui paraît inadmissible.

L'honnête médecin allemand *Pancracius Wolf* (1697) se tint dans un même ordre d'idées. Il dit «que les pensées ne sont pas des actes (actiones) de l'âme immatérielle, mais des faits mécaniques (mechanismi) du corps humain ou en spécifiant (in specie), du cerveau.» *Frédéric Wilhelm Stosch*, un spinosiste, qui chercha de concert avec plusieurs autres des siens à donner au spinosisme la tournure matérialiste la plus possible, en niant sans détours (1692) l'immortalité et même l'immatérialité de l'âme humaine, *Stosch* dit pareillement : que l'âme de l'homme consiste en un juste mélange du sang et des humeurs, qui coulent sans cesse à travers les canaux sains et produisent la variété des actes volontaires et involontaires. —

Le matérialisme du 18ème siècle

mérite une attention et une étude toutes spéciales. Il se distingue du matérialisme du siècle précédent surtout en ce qu'il ne connaît plus de barrières; et ses représentants loin d'affirmer leur soumission à la foi religieuse se déchaînent au contraire furieusement contre elle. De là vient aussi qu'ils ont obtenu des résultats beaucoup plus grands que n'avaient fait leurs devanciers; et l'on peut considérer comme leur ouvrage en partie cette grande révolution française, qui a bouleversé si profondément dans le monde entier la politique et les idées, et dont le choc a donné pour des siècles le branle à l'humanité. Le matérialisme du 18ème siècle a cependant avec celui du 17ème un trait commun, par lequel ils se distinguent également de leur frère jumeau, le matérialisme du 19ème siècle. C'est que l'un et l'autre intéressèrent seulement les cercles éclairés et les classes supérieures de la société, sans toucher ce qui est, à proprement parler, le peuple — tandis que notre matérialisme actuel ne s'appuie que sur lui-même et sur la vérité et agit essentiellement comme doctrine populaire. Au 18ème siècle le matérialisme philosophique avait son foyer dans les cours, où il trouvait ses premiers partisans et ses protecteurs; tout au contraire au 19ème siècle et aujourd'hui la crainte de la révolution et de ses conséquences a jeté tous les princes dans les bras de l'église tutélaire, et la haute société, bien que la conviction n'y soit pas toujours, affiche cependant sa foi par hypocrisie et par calcul, — pendant ce temps les masses et le peuple véritable s'émancipent chaque jour de plus en plus du joug de la foi religieuse et penchent vers les idées philosophiques matérialistes. Ce fait est naturel et nécessaire, il marque un des caractères principaux de notre époque, qui a levé la barrière morale établie autrefois entre quelques hommes polis d'une part et la grande multitude des ignorants d'autre part;

il est avant tout la consécration du principe : *Instruction et liberté à tous !* — C'est d'ailleurs ici le lieu d'observer, que la recherche des jouissances matérielles ou le *matérialisme de la vie*, qu'on a si souvent eu le tort de confondre avec le matérialisme philosophique, a toujours *gagné* dans les classes supérieures de la société, à mesure que l'amour de la philosophie et le goût des hautes jouissances intellectuelles allait s'y affaiblissant, et que le *matérialisme de la science* en était plus généralement exclu, — ce qui est la meilleure preuve, que ces deux tendances ne se suivent pas l'une l'autre, comme on l'entend si souvent dire, mais plutôt qu'elles sont diamétralement opposées.

Pour en revenir, après cette digression, au matérialisme du 18ème siècle, il eut son centre en *France*, où les *Encyclopédistes* avec leur maître *Diderot* sont généralement regardés comme ses principaux représentants. Cette manière de voir n'est cependant pas parfaitement juste, attendu que les encyclopédistes n'étaient pas des matérialistes dans l'acception rigoureuse du mot. En revanche l'écrivain *de la Mettrie* et le fameux «Système de la nature» représentent les deux plus hautes manifestations du véritable matérialisme français; c'est donc par là que nous allons commencer, et nous grouperons ensuite autour de cette première étude les divers représentans du matérialisme en France, en Angleterre et en Allemagne. —

De la Mettrie, qui dans son principal ouvrage «l'homme machine» voulut faire de l'homme une machine, est le plus considérable de tous les matérialistes français. Si leurs adversaires ont généralement coutume de faire des matérialistes des épouvantails, c'est surtout pour lui qu'il en a été ainsi; car son nom a été voué à l'exécration et à l'horreur. Et cependant, *F. A. Lange* l'indique, *de la Mettrie* était une plus noble nature que ses adversaires *Voltaire* et *Rousseau*. Sa philosophie est loin d'être aussi frivole et superficielle, qu'on affecte de le croire sans l'avoir bien étudiée ou sans même la connaître; particulièrement en *médecine* il s'est acquis des titres durables. *Frédéric le Grand*, qui l'attira à sa cour, lui attribue un naturel d'une aménité et d'une gaîté imperturbables, et il vante la pureté de son âme et l'honorabilité de son caractère. Ainsi donc, quand *Hettner* vient nous dire dans son histoire de la philosophie du 18ème siècle, que: «de la Mettrie est un impudent libertin qui cherche dans le matérialisme la justification de sa débauche», on ne comprend pas de quelle source notre historien a pu puiser un tel arrêt; cette citation prouve en tout cas, avec quelle légèreté, quelle ignorance ou quel parti pris s'écrit encore chez nous l'histoire de la littérature.

Julien Onfroy de la Mettrie naquit à St. Malo en 1709. Il reçut une éducation soignée et se fit déjà remarquer comme écolier en enlevant tous les prix à la fin de ses premières études. Ses aptitudes et ses goûts le portaient surtout vers la poésie et l'éloquence; aussi s'adonna-t-il d'abord à la belle littérature, et finalement il fut destiné à l'état ecclésiastique. Mais il changea bientôt cette carrière contre la médecine qu'il pratiqua jusqu'en 1733, époque à laquelle il alla reprendre ses études en Hollande à l'université de *Leyde* auprès du célèbre *Boerhave*, qui avait lui-même passé par les mêmes vicissitudes et de théologien s'était fait médecin. *De la Mettrie* traduisit en français une série des oeuvres de Boerhave, ce qui lui attira des démêlés avec les autorités ignorantes de Paris, contre lesquelles il écrivit d'ailleurs et pour servir un ami une mordante satire. Obligé de fuir Paris il retourna à Leyde en 1746; c'est là qu'il composa un an plus tard, 1747, son fameux « Homme machine », après avoir fait imprimer déjà son *Histoire naturelle de l'âme*. Une observation attentive pratiquée sur lui-même pendant une fièvre chaude, dont il fut atteint, l'avait amené à cette idée, que la pensée serait seulement un résultat de l'organisation de notre machine etc.

Dans son «Histoire naturelle de l'âme» (Haag 1745) *de la Mettrie* commence par montrer, qu'aucun philosophe n'a encore pu rendre compte de l'*essence de l'âme*, et que cette essence restera toujours inconnue. C'est folie d'imaginer une âme sans corps; car l'âme et le corps sont formés ensemble et unis et inséparables. Il n'y a pas de guide plus sûr de la connaissance que les *sens*. «Ce sont mes philosophes» dit *de la Mettrie*. Matière et esprit (ou force et matière) ne se laissent séparer que «conceptivement», mais en réalité ils ne font qu'une seule et même chose ou un même être. D'où il faut conclure que la matière peut ressentir — proposition que l'on repousse encore aujourd'hui sans aucune apparence de raison.

Armé de ce principe, *de la Mettrie* s'applique à découvrir les points faibles et vulnérables de la philosophie cartésienne. Concernant le procédé même de la sensation et la manière, dont les nerfs et le cerveau reçoivent l'impression produite, il a déjà des idées assez justes et qu'il appuie sur des données physiologiques et anatomiques; mais parfois aussi ses vues n'ont pas toute la sûreté et toute la précision désirables, et c'est quand les notions scientifiques lui font défaut. Quoi qu'il en soit, une saine philosophie doit reconnaître avec *de la Mettrie*, qu'un être distinct, que l'on appelle *âme*, lui est inconnu. «Je suis corps et je pense: je n'en sais pas plus.» (Voltaire.)

Dans le dernier chapitre de son livre, *de la Mettrie* cite une série d'exemples de sourds-muets, d'aveugles-nés, d'hommes sans culture etc., pour montrer, «que toutes les idées viennent des sens.» Un homme élevé dans la solitude et le silence, à l'abri de toutes les impressions du dehors, restera dépourvu presque de tout développement spirituel, ce qui ne saurait avoir lieu, si l'esprit existait par lui-même et se développait par sa vertu intime, propre. Ces considérations servent à réfuter la doctrine Cartésienne des «idées innées», et *de la Mettrie* oppose à Descartes la sentence: «Pas de sens — pas d'idées!»

Dans son «Homme machine» (Leyde 1748) *de la Mettrie* va bien plus loin et avec beaucoup moins de réserve que dans son traité de l'âme. Il est vrai, que l'ouvrage parut sans signature et que, pour mieux se déguiser, l'auteur s'y combattait lui-même. «Paré de toutes les séductions de la réthorique, dit F. A. Lange (l. c.), ce livre vise autant à persuader qu'à démontrer; il est écrit en connaissance de cause et avec le dessein visible de s'assurer un accueil facile et une rapide propagation dans les classes cultivées; c'est une oeuvre de polémique destinée à frayer la voie à une idée, mais non à exposer une découverte. *De la Mettrie* n'a cependant pas négligé de prendre une large base dans les sciences naturelles: faits et hypothèses, arguments et déclamation — tout s'y rencontre de ce qui peut servir à atteindre le but.»

«Expérience et observation, dit lui-même *de la Mettrie* dans ce livre, doivent être nos seuls guides; nous les trouvons chez les médecins qui ont été philosophes, mais non chez les philosophes qui n'ont pas été médecins. Seuls les médecins, qui ont observé tranquillement l'âme dans sa grandeur comme dans sa misère, ont le droit de parler ici.

Que pourraient nous dire les autres, et particulièrement les théologiens? N'est-il pas risible de les entendre décider sans pudeur sur un objet qu'ils n'ont jamais été en position de connaître, duquel ils ont été au contraire détournés constamment par des études obscures, qui les ont conduits à mille préjugés et en un mot au fanatisme, qui ajoute encore à leur ignorance du mécanisme du corps?»

De la Mettrie fait voir ensuite par l'exemple des malades, des fous, des imbéciles et par les effets de l'opium, du vin, du café etc., quelle dépendance immédiate existe entre l'être spirituel de l'homme et les différents états de son corps. Les maladies du cerveau sont la folie; et si dans toutes les affections mentales on ne constate pas de dégénérescence du cerveau, c'est qu'il y a dans les parties les plus ténues des modifications que nous ne voyons pas. «Un rien, s'écrie *de la Mettrie*, une petite fibre, n'importe quoi, que l'anatomie la plus subtile ne peut découvrir, eût fait d'Erasme et de Fontenelle deux fous!»

L'activité de notre cerveau est nécessaire. Il *faut* qu'il pense, c'est-à-dire qu'il observe les choses, qu'il compare et conclue aussitôt que les impressions extérieures agissent sur lui, tout comme notre œil est obligé de voir ou notre oreille d'entendre, quand la lumière ou les ondes sonores viennent à les frapper. D'ailleurs, tout ce qui se passe dans l'âme peut se rapporter à un acte de l'imagination, et c'est cette faculté surtout qui fait les grands esprits.

Il n'existe pas de différence spécifique entre *l'âme de l'homme et l'âme de l'animal*. Les animaux sentent, pensent, comparent et tirent des conclusions comme l'homme, seulement à un degré de perfection moindre. L'homme et l'animal sont formés des mêmes éléments, assemblés suivant les mêmes lois. Seulement le mécanisme de l'homme est plus compliqué que celui de l'animal — comme le mécanisme d'une horloge astronomique est plus compliqué que celui d'une montre ordinaire.

A la question de savoir, *s'il y a un dieu*, *de la Mettrie* répond que cela est possible et que c'est même vraisemblable, mais aussi qu'il est parfaitement indifférent pour notre repos et notre conduite, qu'il y ait un dieu ou qu'il n'y ait pas, et qu'il ait créé la matière, ou que celle-ci soit éternelle. Selon *de la Mettrie* la connaissance de ces choses nous est impossible et d'ailleurs, quand nous les saurions, nous n'en serions pas plus heureux.

La moralité est indépendante de la religion et de la foi en Dieu.

De la Mettrie traite la question de l'*immortalité de l'âme* comme celle de l'existence de Dieu. Cependant il déclare d'une façon assez étrange, qu'il n'est pas impossible que l'âme soit immortelle, et il cite l'exemple si souvent invoqué de la chenille et du papillon. Il reste donc dans ces questions en arrière sur Epicure, son célèbre devancier.

De la Mettrie voit très justement le principe de la vie non seulement dans le tout, mais encore dans chaque partie isolée, et il cite à l'appui de cette manière de voir une série d'observations et d'expériences physiologiques, comme l'excitabilité des muscles, les mouvements qui persistent chez un grand nombre d'animaux, au moins dans certaines parties, par exemple dans le cœur, après leur mort ou après qu'on leur a coupé la tête, la faculté de se reproduire que les animaux inférieurs conservent après la perte de certaines parties etc.

Le livre de *de la Mettrie* est loin, comme vous voyez, d'offrir tout le danger que l'on pourrait croire, si l'on s'en rapportait à son titre ou à sa réputation, et il a été dépassé de beaucoup par le matérialisme physiologique moderne. Il n'en produisit pas moins un grand émoi et suscita tout un déluge de réfutations, qui pour la plupart se distinguent très avantageusement des réfutations actuelles par le ton calme et la douceur et le sérieux de la critique. Il est évident, qu'à cette époque on ne tenait pas la conception matérialiste de l'univers pour aussi monstrueuse que de nos jours, où l'on redoute beaucoup plus l'influence profonde, que le matérialisme est appelé à exercer dans presque toutes les branches de la vie.

Il est fâcheux, que *de la Mettrie* ait publié certains écrits sur le plaisir des sens et la volupté, et que dans son «Homme machine» il ait touché avec quelque frivolité à certaines questions de pudeur, se croyant autorisé par son système à justifier après Epicure et Aristippe la recherche du plaisir et des jouissances sensuelles. Néanmoins on ne sait rien de nature à faire supposer, que *de la Mettrie* ait mené une vie dissolue ou seulement légère; tout au contraire, cette circonstance qu'il fut philosophe et qu'il sut sacrifier à son attachement à la science et à la vérité sa position et tous les autres avantages de la vie, témoigne pleinement en sa faveur à cet égard. Il ne connut pas non plus ces sortes de fautes personnelles à tant d'autres grands hommes. «Il ne jeta pas, dit *F. A. Lange*, ses enfants aux enfants-trouvés comme Rousseau; il ne trompa pas deux fiancées comme Swift; on ne l'a jamais accusé de vénalité comme Bacon, et le soupçon ne pèse pas sur lui comme sur Voltaire, d'avoir falsifié des documents. Dans ses écrits en somme le crime est excusé comme une maladie, mais nulle part il ne s'y trouve recommandé comme dans la trop fameuse fable des abeilles de Mandeville. De la Mettrie s'attaque avec raison à la dureté insensible de la justice de son siècle. —— Il est en vérité surprenant, que parmi les grandes animosités qui l'assaillirent de toute part, on n'ait pas pu articuler contre cet homme un seul grief positif. Toutes les déclamations contre sa perversité sont tirées uniquement de ses écrits; et sous leur réthorique prétentieuse et leur railleuse facilité ces écrits cachent pourtant comme un noyau considérable de saine pensée.»

«Nous n'avons donc pas à blâmer Frédéric le Grand d'avoir accueilli cet homme et, quand le séjour en Hollande lui eut été interdit, de l'avoir appelé à Berlin où il devint lecteur du roi (et une de ses compagnies préférées) en même temps qu'il obtenait un siége à l'académie et reprenait sa pratique médicale.»

Des œuvres postérieures *de la Mettrie* la plus remarquable est son petit essai «l'homme plante» (Postdam 1748), où toute la nature organique est présentée dans son intime unité comme une série non interrompue de formes se suivant par degrés et toutes de la même parenté, conception qui répond tout à fait aux idées modernes!*) — De la Mettrie a fait aussi un exposé du système d'*Epicure*. Car en somme Epicure jouait dans la société française d'alors un rôle semblable à celui qu'il avait eu au temps de l'empire romain, et le poëme didactique de *Lucrèce* traduit en français était devenu l'objet d'une lecture assidue.

Il semble que c'est surtout par le genre de sa mort que *de la Mettrie* se serait fait du tort ainsi qu'à sa cause. Il mourut, dit-on, d'indigestion, le 11 novembre 1751, à la suite d'un grand repas donné pour fêter le rétablissement de l'ambassadeur français près la cour de Berlin, qu'il avait lui-même soigné et guéri. Cette histoire dont on s'est tant servi contre de *la Mettrie*, n'est seulement pas bien avérée, et Frédéric le Grand lui-même se borne à raconter ce qui suit:

«Mr. de la Mettrie mourut dans la maison de Milord Tirconnel, le plénipotentaire français, auquel il avait rendu la vie. Il semble que la maladie, sachant bien à qui elle avait à faire, ait eu l'habileté de l'attaquer au cerveau, pour en venir plus sûrement à bout. Une fièvre chaude se déclara avec un violent délire. Le malade fut contraint de recourir à la science de ses

---

*) Partant du principe de l'*unité générale* dans la nature, *de la Mettrie* démontre dans ce traité, qu'il n'y a pas de différence essentielle entre l'animal et la plante, et il se livre à une étude comparée approfondie des différents organes entre l'une et l'autre. Nulle part dans l'univers on ne trouve de saillies, mais on ne voit partout que transitions par degrés les plus insensibles, et la quantité des degrés ou des nuances est infinie. Si l'homme, cet animal achevé, se trouve placé au sommet de toute l'échelle, il ne le doit qu'à la supériorité de son cerveau et à ses nombreux besoins, etc. Ne méprisons donc pas des êtres qui ont la même origine que nous! — Les «Oeuvres philosophiques de la Mettrie,» éditées à Berlin en 1796, renferment dans le 1er volume le célèbre: «Traité de l'Âme» et dans le second volume: «le Système d'Epicure,» «l'Homme plante,» «les Animaux plus que machines,» «l'Anti-Sénèque ou du Bonheur» et la «Lettre à Mademoiselle A. C. P.»

collègues, et il n'y trouva pas le secours qu'il avait si souvent, tant pour lui que pour le public, trouvé dans ses propres connaissances.»

Vingt ans plus tard, en 1770, parut, comme le couronnement en quelque sorte et le dernier mot du matérialisme français du 18ème siècle, le célèbre et tant décrié «Système de la nature ou: Les lois du monde physique et du monde moral.» Cet ouvrage par sa hardiesse et le peu de ménagements, qui s'y trouvait gardé, frappa tout le monde éclairé de surprise et d'effroi.

Le «Système de la Nature» est sorti du centre même du camp matérialiste; il a pour auteur un baron allemand: *Paul Henri Dietrich d'Holbach*, né en 1723 à Heidelsheim dans le Palatinat. Dans sa première jeunesse *d'Holbach* était déjà venu à Paris avec son compatriote Grimm, et il s'était initié à la vie française et mêlé au courant qui entraînait alors les esprits. Ses premières études avaient porté sur la *chimie*; il avait traduit de l'allemand en français plusieurs ouvrages traitant de cette science et avait écrit dans l'encyclopédie des articles sur la même matière. Mais plus tard il s'appliqua de préférence à la philosophie. Immensément riche, il faisait de sa demeure hospitalière le centre de tous les cercles philosophiques et savants de Paris. Il publia un assez grand nombre d'écrits, partie métaphysique, partie morale, mais toujours sous l'anonyme et avec un lieu d'impression supposé. Le plus important de ses écrits est le «Système de la Nature», qui en paraissant portait sous son titre comme nom d'auteur le nom de Jean Baptiste Mirabaud, ancien secrétaire de l'académie, mort déjà depuis dix ans. Personne ne soupçonna l'auteur véritable, qui était connu seulement comme un hôte aimable et en même temps comme un homme modeste, auprès duquel chaque talent était sûr de trouver toujours pleine justice, et dont l'enjouement, la bienfaisance et la bonté semblaient incompatibles avec le personnage d'un savant et d'un écrivain d'un tempérament si fortement accusé. Mais en réalité *Holbach* possédait un riche trésor de connaissances dans les sciences naturelles et la philosophie.

«Holbach mourut à Paris, comme le rapporte H. *Hettner* l. c., le 25 février 1789, à l'âge de 66 ans. L'équité veut qu'on dise de lui, qu'il cachait un fruit tendre sous une rude écorce et qu'il avait un noble et grand coeur. Diderot, dans sa première lettre à Mlle Volland, l'appelle un gai, spirituel et robuste satyre; mais avec ses amis il fut un ami fidèle et pour les pauvres et les opprimés un sauveur généreux. On raconte sur son dévouement charitable les traits les plus touchants; il ne voyait dans ses richesses qu'un moyen d'accomplir et d'assurer le bien. — C'est lui que Rousseau dépeint sous les traits du noble Anglais Wolmar dans la nouvelle Héloïse; et dans sa correspondance littéraire *Grimm* a consacré les lignes suivantes à sa mémoire: «J'ai rencontré, dit-il, peu d'hommes instruits et généralement cultivés autant que l'était Holbach, je n'en ai jamais vu qui aient eu moins de vanité et d'ambition. Sans son zèle ardent pour le progrès de toutes les sciences, sans le besoin devenu chez lui une seconde nature, de communiquer aux autres tout ce qui lui paraissait utile et important, peut-être n'eût-il jamais trahi son incomparable érudition. Il usait de sa science comme de sa fortune. On ne l'aurait pas soupçonné, s'il lui eût été possible de la cacher, sans faire tort à ses propres jouissances et surtout à celles de ses amis. Il ne devait que bien peu coûter à un homme ainsi fait, de croire à la souveraineté de la raison; car ses passions et ses délectations étaient juste ce qu'il fallait qu'elles fussent, pour assurer la prépondérance aux bons principes. Il aimait les femmes, il aimait les joies de la table, il était curieux, mais sans subir le joug d'aucun de ces penchants. Il n'avait pas la force de haïr personne; et c'est seulement quand il parlait des agents du despotisme et de la superstition, que sa douceur native devenait amertume et se changeait en ardeur agressive.»

Quant au «Système de la Nature» lui-même, il se divise en deux parties, l'une *anthropologique*, l'autre *théologique*.

La première partie ou la partie anthropologique est la plus importante des deux. Elle s'ouvre par cette thèse, que si l'homme est *malheureux*, c'est qu'il méconnaît sa propre nature; elle a donc évidemment une base surtout morale comme le système d'Epicure. Aussi, pour devenir heureux, faut-il que l'homme s'affranchisse des préjugés et de l'erreur dont les liens pèsent sur lui depuis son enfance; car c'est de cette erreur et de la trompeuse croyance à un fantôme supraterrestre toujours poursuivi en vain, que sont tirés les fers ignominieux dont les tyrans et les prêtres chargent partout les nations; c'est l'erreur qui engendre la rage de persécution, le fanatisme, les guerres continuelles, l'effusion du sang etc. etc. «Tentons donc de chasser le mal des préjugés et d'inspirer à l'homme le courage et l'estime de sa raison! Que celui, qui ne peut renoncer à ses rêveries, accorde du moins aux autres le droit de se faire des opinions à leur guise et de se convaincre, que ce qui importe surtout aux habitants de la terre, c'est d'être équitables, bienfaisants et pacifiques.» Pour *Holbach* vertu est synonyme de félicité.

Cinq chapitres sont ensuite consacrés à l'étude du plan général de la nature, matière, mouvement, régularité de tout ce qui arrive, etc., suivant les principes connus du matérialisme. Dans le dernier de ces chapitres l'auteur porte le dernier coup à l'idée des causes finales et consacre ainsi la scission définitive entre les *matérialistes* et les *déistes*, au rang desquels derniers compte *Voltaire*, qui pour cette raison dirigea de violentes attaques contre le «Système de la nature.»

Tout est renfermé dans la nature, dit *Holbach*. Les êtres qui se tiennent au-delà ou au-dessus, ne sont que des créations de l'imagination. L'homme n'est lui-même qu'une ouvrage de la nature, un être physique sujet à ses lois et incapable de franchir même par la pensée les bornes, que la nature lui a posées. Ses qualités morales même ne sont qu'un côté particulier de sa nature physique. C'est seulement grâce à l'action réciproque engagée entre lui et la nature, qui l'environne, et par la voie d'un développement graduel ascendant, que l'homme est devenu peu à peu ce qu'il est aujourd'hui. «Concluons donc, dit *Holbach* à la fin du dixième chapitre de sa première partie, que l'homme n'a aucune raison de se regarder comme un être privilégié dans la nature; il est soumis aux mêmes vicissitudes que tous les autres êtres. Qu'il s'élève par la pensée au-delà des limites de ce globe, et il contemplera d'un même oeil sa propre race et tous les autres êtres; il verra, qu'elle accomplit des actes et produit des ouvrages avec la même nécessité que l'arbre porte des fruits. Il remarquera que l'illusion, qu'il se fait à son avantage, provient de ce qu'il est à la fois spectateur et partie de l'univers. Il reconnaîtra, que la préférence, dont il se fait l'objet, n'a d'autre raison que son amour-propre et son intérêt personnel.»

Le monde n'est, suivant *Holbach*, que matière et mouvement et un enchaînement indéfini de causes et d'effets. Tout dans l'univers est dans un perpétuel état de fluctuation et d'échange, et tout repos n'est qu'apparent. Même les corps les plus durables subissent des continuels changements. La matière et le mouvement sont éternels; la création de rien est un mot vide de sens. En ce qui concerne l'*essence de la matière* ou de la substance, *Holbach* ne se montre pas rigoureusement atomiste: il déclare plutôt que cette essence est inconnue. En revanche il admet avec tous les matérialistes un échange incessant de la matière, un courant de circulation perpétuelle de tout ce qui est. «C'est la marche immuable de la nature, c'est le cercle éternel, que doit décrire tout ce qui existe. De la sorte le mouvement fait apparaître les parties de l'univers, il les conserve un instant et les détruit peu à peu, les unes par les autres, la *somme* de ce qui existe restant toujours la même. La nature produit par son action formatrice les soleils qui vont au centre d'un nombre égal de systèmes; elle produit les planètes, qui gravitent de leur propre essence et décrivent leurs orbites autour des soleils. Insensiblement le mouvement les modifie les unes comme les autres, et peut-être un jour dispersera-t-il de nouveau les particules dont il a formé ces masses prodigieuses, que l'homme n'aperçoit qu'en passant dans le laps étroit de son existence.»

Ce qui montre d'ailleurs, quelle idée fausse et peu d'accord avec nos connaissances actuelles se faisait *Holbach* des échanges de la matière, c'est qu'il regardait encore avec Héraclite, Epicure, Lucrèce et Gassendi le feu comme le principe propre de toute vie et qu'il faisait intervenir dans tous les phénomènes vitaux des particules de nature ignée. Quatre ans plus tard *Priestley* découvrit l'oxygène, et vers la même époque *Lavoisier* faisait déjà ses grandes expériences, qui devaient bientôt jeter une vive lumière sur les phénomènes de la combustion et servir de bases à la théorie la plus large des échanges chimiques.

De même qu'Empédoclès mettait en jeu l'amour et la haine, *d'Holbach* explique par les forces d'*attraction* et de *répulsion* le mouvement des dernières particules matérielles. Du reste tout ce qui passe dans la nature, est d'une régularité stricte, et ce sont les forces éternelles fondamentales de la nature, qui président à cette régularité. De plus par l'enchaînement de l'effet à la cause, la *nécessité* demeure loi souveraine dans le monde physique comme dans le monde moral.

D'Holbach fait notamment voir au chapitre de l'ordre, qu'on ne peut rien entendre par ce mot, que la succession régulière des phénomènes amenés par les lois immuables de la nature. On ne peut pas d'ailleurs appliquer proprement à la nature les idées d'ordre et de *désordre*, qui sont des notions abstraites de notre être. Il ne doit pas y être davantage question d'un «aveugle hasard,» car il n'y a d'«aveugles» que nous, quand nous méconnaissons les forces et les lois naturelles et que nous attribuons au *hasard* des effets dont le lien, qui les rattache à leur cause, nous échappe. Il va de soi que cette régularité dans la nature n'a rien de *miraculeux*. «Il n'y a de miracle dans la nature que pour ceux qui ne l'ont pas étudiée suffisamment.» — Il faut prêter aux idées de «bon» et de «mauvais» une valeur seulement relative, comme aux idées d'ordre, de hasard, etc.

Voltaire a attaqué très vivement ces excellentes explications, mais non pas avec un grand bonheur, car il ne s'est appuyé que sur le sens commun, qui ne va pas méthodiquement et ne voit guère loin dans ces matières.

Holbach se déclare très ouvertement contre *Descartes* et contre sa doctrine, que *ce qui pense* serait distinct de la matière, alors qu'il eût été pourtant plus simple et plus naturel de conclure, que la matière elle-même s'élève chez l'homme à la faculté de penser! Toutes les modifications de l'âme reposent suivant *Holbach* sur l'*activité du cerveau*, activité que les impressions reçues éveillent et appellent vers le dehors. «Ceux qui ont séparé l'âme du corps, semblent n'avoir fait autre chose que distinguer leur cerveau d'avec eux-mêmes. Le cerveau est le centre, où les nerfs convergent de tous les endroits du corps; et toutes les fonctions, que l'on attribue à l'âme, s'accomplissent par le secours de cet organe — il réagit contre les impressions extérieures, soit qu'il mette les organes du corps en mouvement, soit qu'il agisse sur lui-même, et il est ainsi capable de produire une grande variété de mouvements que l'on a compris sous le nom de facultés de l'âme. »

L'âme n'est donc rien que la qualité et l'activité de la matière et en particulier du cerveau, dans lequel toutes ces actions concourent comme dans un centre. « Si l'âme meut mon bras, — en supposant qu'il n'y ait d'ailleurs aucun obstacle — elle ne le fera plus, quand on aura chargé le bras d'un poids trop fort. Nous avons donc là une cause matérielle, qui annulle une incitation due à une cause spirituelle, quoique cette dernière, qui n'a aucune analogie avec la matière, ne devrait pas trouver *plus* de difficulté à mouvoir le monde qu'un atome. On peut donc conclure, qu'un tel être spirituel est une chimère.

En conséquence il n'y a pas d'idées innées, ni d'instincts moraux innés, ni de libre arbitre absolu, ni de personnalité persistante. Tout résulte des sens, de l'éducation, de l'exemple et de l'habitude. La doctrine du libre arbitre, méconnaissant la nature, soustrait l'homme à la dépendance nécessaire dans laquelle il est avec le tout. Ce n'est pas dans la liberté, mais c'est par la nécessité de son être, que la volonté humaine poursuit l'utile et qu'elle a horreur de ce qui peut nuire. Quand nous croyons agir librement ou faire un choix entre deux partis, en réalité c'est qu'un mobile a été plus puissant que l'autre et qu'il a donc eu raison de la volonté. C'est à cause de la variété et du croisement compliqué des causes, qui influent notre résolution, qu'il nous est si difficile de reconnaître les causes dernières et déterminantes de nos actes.

Sur l'immortalité de l'âme voici à peu près en quels termes s'exprime *d'Holbach* : Celui qui prétend que l'âme continue à sentir et à penser après la mort, doit nécessairement prétendre aussi, qu'une montre brisée en morceaux marque le cours des heures après aussi bien qu'avant. Combien il est étrange, que tous ceux qui vantent la fermeté de leur croyance à l'immortalité, tiennent néanmoins si fort à la vie présente et ne redoutent rien tant que la mort! Et cette croyance n'est pas même utile; elle ne retient pas les méchants dans l'accomplissement du mal, et quant à celui qui n'attend pas une seconde vie, il cherche à rendre heureuse la vie présente, et il ne peut trouver ce bonheur qu'en s'efforçant de mériter l'amour de son semblable, etc.

Les passages *politiques* de l'ouvrage contiennent une telle rancune contre l'ordre de choses établi et couvent une doctrine si hardie et si radicale, qu'ils doivent assurément avoir contribué pour beaucoup à préparer la révolution française: « Nous ne voyons, dit textuellement *d'Holbach*, une telle quantité de crimes sur la terre, que parce que tout se conjure, pour rendre les hommes vicieux et criminels. Leurs religions, leurs gouvernements, leur éducation, les exemples, qu'ils ont sous les yeux, les poussent irrésistiblement au mal. Aussi c'est en vain que la morale prêche la vertu, qui ne serait qu'un douloureux sacrifice du bonheur dans des sociétés, où le crime et le vice sont constamment récompensés, estimés et couronnés, et où les forfaits les plus abominables ne sont punis que dans ceux, qui sont trop faibles pour avoir le droit de les commettre impunément. La société punit chez les petits des fautes qu'elle honore chez les grands, et souvent elle commet l'injustice d'ordonner la mort de gens, qui n'ont été jetés dans la corruption que par les préjugés que l'état lui-même maintient debout. »

La seconde partie du livre contient une critique très approfondie de la *religion* et de l'*idée de Dieu*, et la conception matérialiste de l'univers s'y trouve ainsi poussée jusqu'à des conséquences, que toute la littérature antérieure n'avait jamais osé tirer de la sorte. *De la Mettrie* lui-même n'avait prêché le matérialisme qu'autant qu'il s'agissait de l'*homme*.

Ce sont aussi des considérations essentiellement *pratiques* et *morales*, qui amènent *d'Holbach* à regarder la religion comme la source principale de toutes nos infortunes et à vouloir lui couper toutes les racines. Son argumentation contre les preuves de l'existence de Dieu est à la vérité très peu solide et partant assez fastidieuse, attendu que toutes ces preuves, on le sait, ne signifient absolument rien au point de vue philosophique et ne valent pas une réfutation sérieuse. Celui qui croit en Dieu, y croit pour des raisons étrangères à la philosophie. Du reste *Holbach* ne combat pas seulement le théisme, mais aussi le panthéisme et tout aussi résolument; il cherche enfin à établir qu'il y a des athées, et, d'accord avec Bayle, que l'athéisme ne fait pas tort à la morale. Il estime pourtant que la multitude n'est pas capable d'athéisme, parce que le temps et le goût lui font défaut pour absorber une étude aussi grave et se faire une conviction par la science. Mais en revanche *Holbach*, pleinement d'accord avec les principes des temps modernes, réclame dans l'état la liberté absolue de la pensée, et il est d'avis que les opinions les plus diamétralement opposées peuvent sans inconvénient subsister côte à côte — s'il est admis, qu'on n'aura pas recours à la violence pour assurer le triomphe de l'une d'elles. Cependant avec le progrès les hommes en viendront peu à peu à reconnaître *tous* la vérité sur ce point.

Finalement la nature et ses trois filles, la vertu, la raison et la vérité sont invoquées comme les seules divinités auxquelles appartienne toute vénération. —

Au «Système de la Nature» se rattachent naturellement les célèbres *Encyclopédistes* français, qui du reste avaient compté d'Holbach au rang des leurs, et dont le beau moment tombe entre l'apparition de l'«Homme machine» et la publication du «Système de la Nature.»

L'*Encyclopédie*, fondée par le libraire Le Breton, devait offrir le résumé de toutes les connaissances du temps, conçu dans un esprit de libre discussion et de libre recherche. L'idée de l'entreprise appartient à un anglais nommé *Chambers* qui en 1727 avait fait paraître une «Cyclopædia or a Universal dictionary of Arts and Sciences.» Dans le principe Le Breton voulait traduire cet ouvrage, mais ayant ensuite fait le plan d'une entreprise qui lui fut propre, il s'attacha le célèbre *Diderot* comme rédacteur principal. Avec *Diderot* travaillait *d'Alembert* et tout un groupe d'hommes célèbres partageant leurs idées, dont *Voltaire* fut un des plus zélés collaborateurs.

Les deux premiers volumes parurent en 1751 et 1752 sous le titre: «Encyclopédie ou Dictionnaire raisonné des Sciences, des Arts et des Métiers, par une Société de gens de lettres, mis en ordre et publié par M. Diderot etc., et quant à la partie mathématique par M. d'Alembert etc.» L'apparition de ces deux livres souleva le plus violent orage du côté du clergé et de la science orthodoxe, et l'Encyclopédie n'aurait pu continuer sa publication, si elle n'eût trouvé un appui tacite dans le gouvernement lui-même et notamment chez un ministre éclairé *Malesherbes*. Rarement un ouvrage aussi étendu et aussi coûteux s'est répandu aussi généralement. La première édition fut tirée à 30000 exemplaires, et en 1774 on en avait déjà fait quatre traductions. Les libraires y gagnèrent de 2 à 3 millions de francs.

L'encyclopédie a exercé, bien que peu à peu, une énorme influence sur les idées et les convictions de ce temps. *Cabanis* l'appelle «la sainte alliance contre la superstition et la tyrannie,» et c'est elle, suivant *Rosenkranz*, qui a amené la rupture de l'esprit français avec le dualisme cartésien, la ruine du supranaturalisme théologique et la popularisation de la philosophie empirique des Anglais.

Les deux hommes, qui ont surtout marqué leur esprit dans l'encyclopédie, sont donc *Diderot* et *d'Alembert*.

Diderot procède comme *Voltaire* de Newton et de Locke,

mais il a plus de science que Voltaire, et il va plus résolument que lui au matérialisme avoué et à l'athéisme. Sa vie tranquille et retirée fut celle d'un savant, et tout le monde s'est accordé à reconnaître en lui une nature noble et sympathique à tous égards. Il naquit en 1713 et n'embrassa aucune carrière déterminée, pour se vouer tout entier à la science; Bacon, Locke, Bayle semblent avoir été ses modèles. Il publia de 1745 à 1749 une série d'écrits ou de traités importants, qui lui valurent cent jours de captivité à Vincennes. En 1749 fut entreprise l'Encyclopédie, à laquelle il travailla vingt années au milieu de difficultés, de persécutions indicibles et de désagréments de toute sorte. La célèbre impératrice *Catherine de Russie* lui témoigna une grande faveur et l'invita plusieurs fois à sa cour. En 1773 il se rendit en effet à St. Pétersbourg, où il fut accueilli avec la plus grande bienveillance et comblé de présents, mais son état maladif lui commanda le retour. Quelle différence de ce temps à aujourd'hui, où nous voyons la médiocrité et la bassesse, la cagoterie et l'esprit d'abêtissement trouver seuls protection auprès les têtes couronnées!!

Diderot mourut en 1784, et ses dernières paroles furent: «Le premier pas vers la philosophie est l'incrédulité.» L'impératrice de Russie assura une rente viagère à sa veuve.

Dans un petit travail consacré à la mémoire de *Diderot* et qui se trouve adjoint à la correspondance littéraire de Grimm, le portrait du philosophe est tracé comme il suit: «Un artiste cherchant l'idéal d'une tête de Platon ou d'Aristote eût difficilement pu trouver une tête plus convenable que la tête de Diderot. Son front large, élevé, libre, légèrement bombé portait l'empreinte imméconnaissable d'un esprit sans bornes lumineux et fécond etc. Quoiqu'il y eût d'abandon dans son maintien, pourtant il y avait dans son port de tête, quand il parlait avec vivacité, beaucoup de noblesse, de force et de dignité etc. A l'état de repos ou dans l'indifférence on y eut facilement trouvé quelque chose d'embarrassé et de naïf, peut-être même de contraint; mais en vérité Diderot n'était que Diderot quand la puissance de sa pensée le dominait.»

Bien qu'il fut matérialiste comme philosophe, sous les autres rapports *Diderot* a peut-être été l'idéaliste le mieux caractérisé, — d'une bonté, d'une complaisance, d'un dévouement sans bornes, doux et tolérant envers ceux, qui ne partageaient pas ses idées. Il alla jusqu'à écrire contre lui-même un libelle, pour gagner à un bas satirique mourant de faim 25 pièces d'or offertes par le duc d'Orléans. Dans son fameux dialogue avec le neveu de Rameau *Diderot* se dépeint bien lui-même, lorsqu'il fait dire à l'interlocuteur: «Je ne méprise pas les joies des sens, j'ai aussi un palais, que flattent un fin souper et un vin précieux; j'ai un coeur et des yeux, j'aime aussi posséder une femme gentille, l'embrasser, presser mes lèvres contre les siennes, etc. Maintefois une soirée joyeuse avec des amis ne me déplaît pas, même une soirée folâtre, mais je ne puis vous cacher, qu'il m'est infiniment plus doux d'avoir secouru un malheureux, terminé une affaire épineuse, donné un sage conseil, lu un livre agréable, fait une promenade avec un bon ami, passé des heures instructives avec mes enfants, écrit une bonne page et dit à ma bienaimée des choses tendres, douces, qui me valent un baiser etc.»

En tant que philosophe *Diderot* a passé successivement par trois degrés; ayant cru d'abord à la révélation, il devint ensuite *déiste* ou rationaliste, puis enfin il passa au matérialisme et à l'athéisme déclaré. Comme matérialiste il chercha la cause première de toute chose dans la matière et dans ses plus petites particules, qui paraissent animées et actives de toute éternité. Ce qu'il a écrit de surtout remarquable à cet égard, se trouve dans son travail de l'an 1770: «Sur la matière et le mouvement,» et dans «l'Entretien de d'Alembert et de Diderot et le songe de d'Alembert, » qui n'a été publié qu'en 1831. Dans son histoire de la littérature *Hettner* donne d'intéressants extraits de ce dernier ouvrage. *Diderot* se sert de l'exemple de l'*œuf* entr'autres, pour montrer comment, *rien que par l'effet de la chaleur*, un être vivant, sensible sort d'une masse inerte et dépourvue de sensibilité. «Avec cela, s'écrie-t-il, vous renversez toutes les écoles des théologiens et tous les temples de la terre!» Une fermentation sans relâche, un échange incessant de substance, une circulation perpétuelle de la vie, tel est selon *Diderot* le dernier énigme de l'existence. Rien ne demeure, tout change. Tous les individus ne sont que des parties d'un grand Tout qui est un. Il n'y a pas de mort. Naître, vivre, mourir signifient seulement: changer de forme. L'âme n'est que l'épanouissement et le résultat de l'organisation; la psychologie ou science de l'âme n'est rien de plus que la physiologie des nerfs. Il n'y a pas de libre arbitre ni de personnalité persistante. L'immortalité de l'individu n'est que l'immortalité de son *acte*, car celui-ci ne passe pas, et il demeure éternel par son effet. *Bonheur* et *vertu* ne sont qu'une seule et même chose. Il ne faut pas étouffer la passion, car c'est elle qui mène aux grandes actions. «Bref, dit Hettner l. c., il n'est pas une seule question du matérialisme moderne, que *Diderot* n'ait soulevée et suivie jusqu'à son dernier sommet. Le matérialisme moderne cherche avec les progrès des sciences naturelles à affermir ces sommets qui en soi restent les mêmes.»

Après Diderot je puis m'étendre moins longuement sur *d'Alembert*, qui, du reste, comme cofondateur de l'encyclopédie, est un des noms les plus populaires de la littérature des lumières en France. *D'Alembert* jouit d'une grande réputation de mathématicien, il fut membre et secrétaire de l'Académie et ami intime de Frédéric le Grand et de Catherine de Russie. Né à Paris en 1717, il se fit connaître de très bonne heure par des travaux de mathématique, de physique et plus tard par des écrits sur l'astronomie. Caractère des plus nobles et des plus sympathiques, bienfaisant et généreux, exempt de passions, se suffisant à lui-même, *d'Alembert* eut avec tout cela le tort d'être faible et irrésolu, défaut qui perce jusque dans son raisonnement. Il se place en philosophie sur le même terrain que *Bacon* et *Locke*. Sa logique est rigoureusement sensualiste. Cependant il ne touche pas aux idées de Dieu, d'immortalité et de spiritualité de l'âme, de libre arbitre, etc. ou bien il les laisse dans le doute, car il est plutôt sceptique que partisan d'un système philosophique déterminé. Il écrivait à Voltaire en 1769: «Par ma foi! dans toutes les obscurités métaphysiques je ne trouve que le scepticisme de raisonnable; je n'ai une idée claire et parfaite ni de la matière, ni de quoi que ce soit en vérité; aussi souvent que je me perds en considérations là-dessus, je me sens tenté de croire, que tout ce que nous voyons n'est qu'une manifestation des sens, et qu'il n'existe rien en dehors de nous qui réponde à ce que nous croyons voir, et je reviens toujours à la question de ce roi indien: Pourquoi y a-t-il quelque chose? Car c'est en effet ce qui doit le plus nous étonner.» En 1770 il écrit aussi à Frédéric le Grand: «La devise de Montaigne: «Que sais-je?...» me paraît la seule raisonnable dans toutes les questions philosophiques. C'est surtout dans la question de Dieu que le scepticisme est à sa place. Il y a dans l'univers, et particulièrement dans la structure des plantes et des animaux, des arrangements et des combinaisons des diverses parties, qui semblent accuser sûrement une intelligence consciente, comme une montre accuse l'existence d'un horloger. Cela est incontestable. Mais que l'on aille plus avant. Que l'on demande: comment est cette intelligence? a-t-elle réellement créé la matière ou simplement arrangé celle qui existait déjà? Une création est-elle possible? et si elle ne l'est pas, la matière est-elle éternelle?

Et si la matière est éternelle, cette intelligence est-elle seulement inhérente à la matière elle-même ou en est-elle distincte? Si elle lui est inhérente, la matière est-elle Dieu, et Dieu la matière? Si elle en est distincte, comment un être, qui n'est pas matière, peut-il agir sur la matière? Il n'y a toujours que la réponse: «Que sais-je?...» — *D'Alembert* ne s'exprime pas autrement sur l'âme, sur l'immortalité, etc; mais vous trouvez même dans le passage, que je viens de citer, la preuve, que ce scepticisme complet laisse percer un matérialisme déjà passablement accusé.

Aux encyclopédistes et à leur école se rattachent d'assez près deux autres hommes, l'abbé *Condillac*, né en 1715 et par conséquent antérieur à d'Alembert de deux ans, qui, ayant choisi objet principal de ses recherches la théorie de l'entendement, arriva en somme à des résultats *sensualistes*, — et le médecin *Cabanis*, né en 1757, qui continua Condillac en prenant surtout son point d'appui dans les faits *physiologiques*. Le traité de *Cabanis* «Sur les rapports du corps et de l'âme dans l'homme» (1798—1799) fut traduit dans presque toutes les langues d'Europe, et il a eu de nouvelles éditions jusqu'à nos jours. Pour *Cabanis* le corps et l'esprit ne se tiennent pas seulement dans la réciprocité la plus intime, mais ils sont tout à fait une seule et même chose. La physiologie, la science des idées et la morale représentent simplement trois branches d'une même science, l'*anthropologie* ou science de l'homme. L'âme et l'esprit ne sont rien que les mouvements et les sensations des nerfs et du cerveau. C'est à *Cabanis* qu'appartient le mot fameux: «les nerfs voilà tout l'homme!» Il déclare en toute assurance le cerveau pour l'organe de la pensée, et l'on croit presque entendre *Charles Vogt*, quand on rencontre des propositions comme celles-ci: «Le cerveau est destiné à la pensée comme l'estomac à la digestion ou le foie à la séparation de la bile du sang. Les impressions entrant dans le cerveau le mettent en action, comme les aliments entrant dans l'estomac mettent l'estomac en action. La fonction propre de l'un est de produire une image de chaque impression particulière, de grouper ces images et de les comparer entr'elles, pour former des jugements et des idées, comme la fonction de l'autre est d'agir sur les aliments introduits pour les dissoudre et les transformer en sang.»

Comme est l'homme, ainsi son Dieu! L'ordre de Dieu n'est autre chose que l'ordre nécessaire de l'univers, la loi de nature de la matière. «Tous les phénomènes de l'univers n'ont été, ne sont et ne seront toujours que la conséquence nécessaire des propriétés de la matière ou des lois qui régissent tous les êtres. C'est par ces propriétés et ces lois que se manifeste à nous la cause souveraine de toute chose, et c'est elle que dans son langage poétique Van Helmont appelle l'ordre de Dieu.»

Avec *Condillac* et *Cabanis* et grâce à l'action exercée antérieurement par les encyclopédistes, la prédominance du sensualisme fut assurée en France. Au temps du directoire et du consulat il avait déjà pénétré tous les cercles cultivés, et son influence se fit encore sentir assez avant dans le dix-neuvième siècle.

Il faut encore citer en France un nom, celui du célèbre C. A. *Helvétius*, que l'on ne sépare guère du nom de de la Mettrie par la raison que ces deux philosophes sont ceux, qui ont mené le plus loin la morale matérialiste. Né à Paris en 1715 de parents allemands. *Helvétius* était animé d'un vif amour de la gloire, il négligea tous les avantages et tout l'éclat des positions qu'il occupa, pour se vouer tout entier à la science. Au bout de dix ans d'efforts parut en 1758 son livre «Sur l'Esprit», qui lui acquit une prompte célébrité. Dans ce livre la *sensation* est présentée comme l'unique source de connaissance. *Helvétius* appelle la faculté de sentir — l'*âme* et la somme des impressions et connaissances acquises par l'âme — l'*esprit*. L'esprit est donc selon lui l'effet de l'âme et du plus ou moins de finesse de notre organisation. Toutes les idées viennent des sens; hors des sens il n'y a pas de pensée possible. L'*enfant* a une *âme*, c'est à dire qu'il est capable de sentir, mais il n'a pas encore d'esprit, car l'esprit ne se forme que peu à peu et du trésor toujours croissant des perceptions sensuelles. L'homme naît donc avec son âme toute entière, mais non pas avec tout son esprit.

L'*égoïsme* et l'intérêt personnel ou le besoin de se satisfaire soi-même sont après d'*Helvétius* le mobile de tous nos actes et de nos jugements. L'homme n'agit que suivant son intérêt. Faire le bien pour lui-même est aussi extravagant, que si l'on parlait de vouloir faire le mal pour le mal. Il faut donc, pour ne pas rester sans effet, que toutes les prescriptions du devoir soient ramenées à l'égoïsme.

«Cherche le plaisir, fuis la contrariété» — tel est le principe moral d'*Helvétius*. La vertu consiste uniquement à subordonner son propre bien-être à celui de l'état, de la société, de l'humanité.

Helvétius attache le plus grand prix à l'*éducation*, car il croit que tout repose en elle, et que les individus comme les peuples ne sont que ce que les législateurs et les pédagogues les ont faits. On comprend dès lors, avec quelle énergie il dut combattre les méthodes d'éducation en vigueur de son temps.

Ces attaques et d'autres encore, qu'il dirige dans son livre contre l'ordre de choses politique et religieux, suscitèrent contre lui de violentes persécutions. En 1795 son ouvrage fut brûlé publiquement par ordre du parlement. L'auteur lui-même dut faire une rétractation et quitter la France. Le livre atteignit néanmoins rapidement sa 50ème édition et fut traduit dans presque toutes les langues vivantes; il passe depuis longtemps, mais à tort, pour l'expression la plus vraie et la plus originale du mouvement d'éclairement dans la France du 18ème siècle. Buffon, Voltaire, Diderot, d'Alembert et même Frédéric le Grand semblent du reste s'être prononcés *contre* cet ouvrage.

Personnellement et comme homme, *Helvétius* fut ainsi que *tous* les matérialistes de cette époque, un modèle de bonté, de bienfaisance, de générosité, de dévouement, le sauveur des pauvres et le protecteur du talent et du mérite. Il fit de fortes pensions à plusieurs savants, il chercha relever l'agriculture et l'industrie, et comme fermier général il s'efforça d'adoucir le plus possible la dureté d'un régime fiscal oppressif. Il mourut en 1771, après avoir été l'objet d'un accueil distingué à la cour de Frédéric le Grand. —

La littérature des lumières de la France au 18ème siècle a rendu au genre humain et à la cause de l'humanité des services, qu'on ne saurait trop exalter; elle marque, suivant *Hettner*, une des flexions les plus puissantes dans l'histoire de la société moderne. Il se produisit alors un réveil des esprits et un bouleversement général et profond dans les opinions et les idées, tels qu'on n'en avait pas vu depuis la grande réforme. Mais la révolution que la réforme avait faite dans la *théologie*, cette diffusion des lumières l'a opérée dans le domaine de la *philosophie*; elle a reconquis et rendu à la *raison* ses droits qu'elle avait perdus sur elle-même. Jamais aucune époque n'a été plus que celle, qui nous occupe, dominée par la philosophie. Tous les hommes marquants y sont avec cela pénétrés d'un brûlant et généreux amour de l'humanité, d'un zèle ardent pour la liberté de pensée et de croyance, pour l'amour, la tolérance, l'éducation, la culture, et d'une haine vigoureuse contre l'oppression et l'abêtissement! «Si ces hommes, dit *Hettner*, avaient été simplement les persifleurs immoraux, spirituels et impudents, pour lesquels on a coutume de nous les donner, comment auraient-ils laissé après eux des traces si profondes dans les croyances, les idées et la conduite des générations qui leur ont succédé?» —

A la rigueur, Messieurs, nous aurions terminé ici notre étude sur le matérialisme du 18ème siècle, attendu que dans ce siècle la *France* fut seule à cultiver sérieusement ces doctrines, pendant que l'Angleterre et l'Allemagne ne se tenaient qu'au *second* rang. Qu'il nous suffise donc de jeter un rapide coup d'oeil sur l'état de ces deux derniers pays.

Pour l'Angleterre, comme nous l'avons vu, par ses grands esprits Bacon, Newton, Locke etc. elle fut à proprement parler le *berceau* des lumières de la France, qui réagit à son tour puissamment sur elle.

De tous les écrivains matérialistes anglais, que la France ait suscités et influencés à cette époque, le plus saillant est

David Hume né à Edinbourg en 1741. Il vint étudier à Paris en 1734, puis il retourna en Ecosse. Ses différents écrits parurent de 1739 à 1757. — L'an 1763 il revint, en qualité de secrétaire d'ambassade, à Paris, où il trouva un brillant accueil et fut beaucoup fêté. Il mourut en 1776.

Comme philosophe *Hume* procède, ainsi que la plupart des matérialistes de ce temps, de son compatriote *Locke*, qu'il continue et avec plus de logique, car il ne tient pas comme lui l'âme pour immatérielle et immortelle. Par cela qu'il déclare l'impossibilité du monde suprasensible, il rompt de la façon la plus brusque non seulement avec la révélation, mais aussi avec la religion de raison ou de nature maintenue jusqu'alors par les déistes anglais. Il donne la preuve, que chaque religion ne repose que sur les plus invincibles contradictions, et que pas une d'elles ne tient contre le doute. — Indépendamment de ses titres philosophiques, *Hume* eut encore une véritable valeur comme historien et comme homme d'Etat.

L'influence française se fit grandement sentir sur le célèbre historien anglais *Gibbon*, 1734—1794. Locke, Bayle, Voltaire et Montesquieu furent ses modèles. Dans son fameux ouvrage: «Histoire de la décadence et de la chute de l'empire romain» (6 volumes, 1776—1788) le christianisme naissant est signalé comme une des principales causes de cette chute, et l'auteur déverse sur les miracles, les moines et le sacerdoce ses sarcasmes les plus amers.

Mais en Angleterre le plus haut représentant du matérialisme avoué de cette époque fut

Joseph Priestley (né en 1733), qui était aussi un des plus remarquables naturalistes de son temps. *Priestley* a fait d'importantes découvertes en physique et en chimie, et il est en réalité le partisan et l'héritier de *David Hartley*, médecin et philosophe écossais de la période *pré*encyclopédiste (il vivait de 1705 à 1757), qui avait professé déjà un matérialisme assez avancé, en se plaçant, comme philosophe, sur un terrain exclusivement physiologique*). Stimulé par la hardiesse des français ses devanciers, *Priestley* suit ses opinions jusqu'à leurs conséquences extrêmes, et il ramène la pensée et la sensibilité humaines à une activité purement matérielle du cerveau. Il nie aussi le libre arbitre. Il cherche pourtant à maintenir dans sa conception de l'univers un créateur personnel et extérieur à la création, et il combattit à outrance le «Système de la

---

*) Dans son «Système et histoire du Naturalisme» (4ème édition, page 166) *E. Lewenthal* dit d'*Hartley*, qu'il est le penseur le plus clair et peut-être le plus important de l'école écossaise, bien qu'on fasse à peine attention à lui. Suivant le même auteur, *Hartley* comprit le premier, après Héraclite, d'une manière purement naturelle la constitution de l'esprit humain. Il parle déjà de «vibrations nerveuses», provoquées et transmises par un fluide subtil et élastique qu'il appelle «éther». Le cerveau est à son avis le siège de toute activité de l'âme et le levier de toutes les impressions des sens et de la production de la pensée.

Nature.» Obligé de fuir en Amérique il mourut à Philadelphie en 1808.

Il y a peu de choses à dire de l'*Allemagne* pendant ce siècle. La philosophie de *Leibnitz* avec son harmonie pré-établie et ses monades y regnait en souveraine ; et après Leibnitz le philosophe populaire *Christian Wolff*, «honnête homme et libre-penseur mais fort médiocre philosophe» (Lange), devint le chef de l'école allemande. Il resuscita le vieux principe scolastique, «que l'âme est une substance simple et incorporelle,» et par ce simple article de foi tout matérialisme fut écarté désormais. — Il n'y a guère à signaler dans ce temps que les recherches faites sur la *psychologie des animaux*, qui, à la verité, toutes sont conçues dans les idées de Leibnitz et posent avec l'immortalité de l'âme humaine l'immortalité de l'âme des animaux. Les travaux les plus connus sur ce sujet sont ceux de *Reimarus*: «Observations sur les penchants artistes des animaux,» 1760, et du professeur *G. F. Meyer* (1749), qui tenta de faire une nouvelle théorie de l'âme des animaux. Meyer s'était déjà fait connaître par son hostilité contre le matérialisme, en faisant imprimer en 1743 une «Preuve que la matière ne saurait penser.» Au même moment le professeur *Martin Knutzen* de Kœnigsberg s'essaya sur la même question. Vous voyez, avec quelle ardeur on traitait déjà à cette époque un point, qui a aujourd'hui une si grande importance dans la thèse matérialiste. Pour ce qui est de la question en elle-même, il y a seulement à s'étonner de l'effronterie et de l'ignorance de nos métaphysiciens et de nos spéculatifs d'à présent, qui regardent comme une affaire entendue, que la matière ne saurait penser. Mais ils nous doivent encore la preuve de cette assertion, tandis que pour l'opinion contraire les preuves abondent. *De la Mettrie* s'était déjà égayé sur cette sottise: «Quand on demande, avait-il dit, si la matière peut penser, s'est comme si l'on demandait si la manière peut sonner les heures?» Et le philosophe *Schopenhauer* s'écrie: «La matière peut-elle tomber à terre, elle peut aussi penser!» Il est vrai que la matière, *en tant que matière*, est aussi peu capable de penser que de sonner les heures ou de tomber à terre; mais elle fait l'un et l'autre du moment qu'elle est entrée dans de telles combinaisons déterminées, que le fait de penser ou de sonner les heures ou de tomber à terre en résulte comme fonction.

L'«Homme machine» de de la Mettrie produisit un grand émoi en Allemagne et y souleva une vive opposition, mais le déluge de réfutations, qui s'en suivirent, contiennent du reste peu de chose qui mérite de fixer l'attention.

Et pourtant en dépit de toutes ces hostilités les idées matérialistes avaient jeté de profondes racines en Allemagne, et des hommes comme *Forster*, *Lichtenberg*, *Herder*, *Lavater*, penchaient vers le matérialisme ou du moins en accueillaient des éléments importants dans leurs doctrines. Il gagna de jour en jour du terrain, particulièrement dans le domaine des sciences positives, et en philosophie il eut du moins ce résultat négatif de préparer la défaite décisive de l'ancienne méthaphysique, attendu que toute la philosophie de l'école était incapable de lui faire contrepoids. Un *Lessing*, un *Gœthe*, un *Schiller* ne se reconnaissaient pas à la vérité matérialiste, mais ils ne se détournaient que plus résolument de la vieille philosophie de l'école et de la dogmatique, pour chercher une compensation dans la vie et dans la culture de la poésie. *Gœthe* ne pouvait guère toucher de plus près au matérialisme, quand il a dit: «Puisque jamais la matière n'existe et ne peut être agissante sans l'esprit, pas plus d'ailleurs que l'esprit sans la matière, la matière, elle, a donc la force de se compliquer, ainsi que l'esprit ne se laisse pas ôter d'attirer, de repousser etc.»

Si dans le cours de cette période nous n'avons à citer en Allemagne aucun ouvrage systématiquement matérialiste, nous pouvons du moins signaler un célèbre représentant de l'idée matérialiste toute entière dans la personne du roi de Prusse philosophe, *Frédéric le Grand*, qui réunit à sa cour les coryphées de son siècle, cultivant avec eux la philosophie et la littérature et réglant son gouvernement sur les principes de liberté de croyance et de conscience, dont ils réclamaient l'application. Ses propres écrits renferment bon nombre de déclarations, qui trahissent un esprit purement matérialiste. Nous trouvons la même tournure d'idées chez sa grande cousine *Catherine II.* de Russie, qui, comme nous l'avons mentionné, appela *Diderot* auprès d'elle et le combla d'honneurs. —

Ainsi donc, Messieurs, j'aurais terminé par là cette rapide revue du matérialisme au 18ème siècle. Qu'est ce qui me reste à vous dire en finissant sur le

Matérialisme du 19ème siècle!

Quant à lui, je crois avoir le droit de me résumer brièvement. Vous avez tous vu cette philosophie naître grandir, gagner en extension, et cela en partie tout près de vous. Vous connaissez ses principes, ses résultats, ses destinées. Remarquons ici avant tout, que c'est l'*Allemagne*, qui marche la première cette fois, après avoir assisté deux ou trois siècles au grand mouvement intellectuel sans presque y prendre part. On dirait qu'à l'égard de la philosophie matérialiste il existe une distribution en forme des rôles entre les quatre grands pays de l'intelligence: l'*Italie*, l'*Angleterre*, la *France* et l'*Allemagne*. Au 16ème siècle c'est l'*Italie*, au 17ème c'est l'*Angleterre*, au 18ème c'est la *France*, au 19ème s'est l'*Allemagne*, qui tiennent la tête du mouvement. L'*Allemagne* a donné le ton dans ce siècle, et l'Angleterre, la France et l'Italie vivent sur notre richesse. Des quatre concurrents c'est en tout cas l'*Allemagne*, qui a joué le personnage *le plus lent*, mais aussi le plus réfléchi et le plus profond; car elle ne s'est jeté dans les bras du matérialisme ou n'a embrassé une philosophie matérialiste que du jour, où une telle philosophie eut trouvé dans les résultats grandioses des *sciences positives* une base, qui lui manquait auparavant.

Jusqu'alors, bien qu'on se fut sagement cramponné à l'expérience, les éléments d'expérience n'étant pas suffisants, tout ce que les écoles matérialistes antérieures ont produit, a été plutôt le fruit de la spéculation et de la déduction que de l'empirisme et de l'induction. Mais les conditions ne sont plus les mêmes aujourd'hui, le matérialisme dispose d'une somme de connaissances et de faits qu'il n'avait pas autrefois, et il tient en réserve une série de principes inattaquables, qui représentent dans leur clarté et leur perfection les conquêtes définitives de la science. Ce sont par exemple: l'indestructibilité de la matière ou des atomes — la conservation de la force — l'inséparabilité de la force et de la matière — la connaissance plus précise des échanges de matière — l'infinité de l'univers astronomique — l'immuabilité des lois de la nature et l'identité des substances et des forces dans toute l'étendue de l'espace visible — la théorie des cellules et l'histoire naturelle de la terre et du monde organique — l'unité intime de tous les phénomènes organiques et inorganiques — les découvertes sur l'âge, les temps primodiaux et l'origine du genre humain — l'indication physiologique certaine que le cerveau est l'organe de l'âme — le principe vital, l'idée des causes finales, et en somme toutes les forces mystiques bannies de la science de la nature — la définition précise de l'idée d'*instinct* et la preuve, que la différence entre l'âme de l'homme et celle des animaux n'est pas fondamentale, mais ne porte que sur le degré de leur développement — etc. etc.

Vous voyez, Messieurs, combien est superficielle et peu fondée l'assertion de ceux, qui prétendent que le matérialisme actuel serait simplement la répétition d'un vieil ordre d'idées écarté et réfuté depuis longtemps. Cette manière de voir repose sur une double erreur. *D'abord* le matérialisme ou l'ensemble du système n'a en somme jamais été réfuté, et il représente la conception philosophique de l'univers *la plus ancienne*, qui existe et qui a reparu avec une force nouvelle chaque fois qu'un réveil philosophique s'est produit dans l'histoire. *Ensuite* le matérialisme d'à présent n'est plus celui d'Epicure ou des encyclopédistes; grâce aux conquêtes des sciences positives c'est devenu une toute autre méthode, qui d'ailleurs se distingue essentiellement des méthodes antérieures en ce qu'au lieu de représenter un *système* proprement dit, elle est une simple conception philosophique réaliste de l'existence, qui se propose avant tout la recherche des principes *uns* dans le monde de la nature et de l'esprit et qui vise partout à la démonstration d'une dépendance naturelle et régulière entre tous les phénomènes de l'univers. La désignation de cette tendance générale par le mot usité de «Matérialisme» dans le sens d'un système philosophique déterminé n'est donc plus convenable, ou elle paraît du moins beaucoup trop *étroite*! Le matérialisme actuel n'est *lui-même* plus en état d'attribuer une importance exclusive ou seulement prépondérante à la *matière*, attendu qu'il regarde la *force* et la *matière* comme inséparables, bien plus comme ne faisant qu'une seule et même chose, et qu'il pourrait ainsi choisir la *force* aussi bien que la *matière* comme principe fondamental, s'il était besoin de faire de l'une des deux la base première de toute chose. Pour emprunter à la langue de l'art un terme caractérisant bien la méthode qui nous occupe, il faudrait l'appeler le *réalisme*. Ce réalisme ne tend pas à supprimer la philosophie, comme on l'a si souvent prétendu à tort, il tend plutôt à en faire comme l'âme de toute science humaine — avec cette différence toutefois, que la philosophie ne représente plus une science à part, tirant d'elle-même ses principes et ses résultats, mais qu'elle forme un foyer commun, où les résultats de toutes les autres sciences convergent pour subir une élaboration commune. Ce sera donc pour la *philosophie* une *renaissance* véritable, «et dans cette restriction d'elle-même serait son véritable rehaussement.» (Spiess.) Une telle philosophie assurément n'aura pas la prétention d'affirmer la valeur *absolue* de ses sentences, ni ne laissera tomber du haut des sommets éthérés de la pensée des lois décisives à l'univers; au contraire elle limitera son domaine aux recherches, que pourra comporter à chaque instant l'état de la science réelle. Les limites de ce domaine ne sont aucunement fixes, mais elles reculent chaque année devant les progrès de la science. Il pourra se produire encore plus d'une erreur, mais au lieu de *nuire*, ces erreurs ne feront que *servir* à la découverte de la vérité, suivant le vieux et excellent proverbe allemand: «Du faux au vrai ceux qui voyagent, ce sont les sages; ceux que l'erreur fixe debout, ce sont les fous!»*)

Je vous remercie, chers Messieurs, de l'intérêt et de la grande attention, que vous m'avez accordée d'un bout à l'autre de ces conférences, bien que le sujet en fût si grave et quelquefois abstrait. Cette attention de votre part est pour moi une preuve consolante, que le poids des intérêts matériels, dont le culte est si développé de notre temps, n'a pas encore étouffé dans nos cercles éclairés le goût des choses intellectuelles et du matérialisme de la science. Si dans notre Europe vieillissante — qui glisse chaque jour plus avant sur la pente rapide du césarisme, du militarisme et du soin dominant des intérêts

---

*) «Die durch Irrthum zur Wahrheit reisen, das sind die Weisen; die beim Irrthum beharren, das sind die Narren!»

(Renvoi du traducteur.)

matériels d'argent ou de puissance, et qui justifiera peutêtre bientôt ce mot du grand Napoléon: «Dans cinquante ans l'Europe sera républicaine ou cosaque!» — si donc dans cette Europe une renaissance intellectuelle ou une rénovation philosophique est encore après tout possible, elle ne pourra être accomplie que par les idées, dont je suis ici devant vous un des représentants. Il est bien clair, que l'ancienne croyance religieuse ne répond plus à l'esprit du temps et des masses et doit être remplacée; il me paraît également clair et incontestable, que la vieille philosophie de l'école avec son fatras de formules, ses dogmes passés, son jargon métaphysique et son ignorance sans bornes des sciences positives ne peut pas fournir la compensation. Il ne reste donc rien que la philosophie matérialiste ou réaliste; et l'extension extraordinaire, que cette philosophie prend de jour en jour, est la meilleure preuve à l'appui de ce que j'avance. Tout le monde sent le besoin pressant de quelque chose de nouveau, qui soit à la fois *simple, clair* et *vrai*; et ce quelque chose ne peut venir que d'une conception *réaliste* de l'univers. Sans doute il pourra s'écouler bien du temps avant qu'une telle idée triomphe des hostilités sans nombre qu'elle soulève, mais il n'est pas douteux pour moi que cela doive arriver un jour. Les chefs et les représentants de cette école sont encore aujourd'hui mésestimés, calomniés, poursuivis; dans cent ans ou deux cents ans on leur élèvera des monuments, et il en sera d'eux peut-être, comme de notre grand poète *Schiller*, en souvenir duquel on a par vanité dépensé des millions, après l'avoir si peu connu et si peu apprécié pendant sa vie, que c'est à peine, si l'on a pu retrouver son tombeau et les détails sur ses derniers moments! Encore une fois, Messieurs, merci du fond du coeur pour votre bienveillante attention!

TABLE ALPHABÉTIQUE.

Agassiz (Professeur). 65. 109.
Albumine. 81.
Alcool. 81.
Alembert (d'), rédacteur de l'encyclopédie. 255 suiv.
Allemagne, le foyer du pédantisme scolastique au 19ème siècle. 236.
— donne le ton au 19ème siècle. 268.
Amendement, naturelle. 46.
Amérique, méridionale. 105.
Ammoniaque, carbonaté. 74.
Amphioxe. 164.
Amphioxus lanceolatus. 164.
Anaxagore. 205.
Anaximandre. 197.
Anaximènes. 198.
Angleterre. Art de l'amendement. 50.
— Foyer des lumières philosophiques de la France. 264.
Apparition du monde organique. 8.
Aptères. 63. (Note.)
Archaeoptrix macrurus. 87. 93.
Archencephala. 125.
Aristippe. Éthique ou Morale. 210.
Aristote. 185. 221. 222.
— contre Démocrite. 209.
Atavisme. 43. 44.
Atomistes. 204.
Aurore (Animal-) du Canada. 80.
Australie. 105.

Australie attardée à un degré géologique antérieur. 32.
Avé-Lallemant (Dr R.). Les Botokoudes. 136. (Note.)
Bacon de Verulam. 226 suiv.
Baden-Powell. Philosophie de la création. 22.
Baër (de). 64.
Bauer. Histoire de la philosophie. 202.
Baumgaertner (Prof.). Division des germes. 107.
Bayle (Pierre). Dictionnaire de critique historique. 234.
Berkeley. 185.
Bimanes. 121.
Bischoff (Prof.). 148
Distinction entre l'homme et l'animal. 132.
Boerne, au sujet de Pythagore. 201.
Bouddha ou Gautama (Doctrine de). 188.
Bouddhisme (le) prêche l'égalité et la fraternité de tous les hommes. 190.
Brachiopodes. 150. (Note.) 152.
Brahmanisme. 189 suiv.
Braun J. Histoire de l'art. 171. (Note.)
Breton (le), fondateur de l'Encyclopédie. 254.
Bronn (Prof.). 66. 67.

18

Bronn, traducteur de Darwin. 27. 41.
Bruno (Giordano). 224 suiv.
Brutus, stoïcien. 213.
Buckle (Th.), historien anglais. 194.
— Histoire de la philosophie en Angleterre. 229.
Buffon. 122.
Burnouf. 194.
Cabanis, naturaliste. 260 suiv.
Cambrique (Système). 159.
Cassius, épicurien. 213.
Castelnau. Les lagotriches sur le fleuve des Amazones. 185.
Catastrophes et révolutions, générales. 16.
— locales. 16.
Catherine II de Russie. 256. 268.
Causes finales (Idée des) écartée. 110.
Cellules embryonnales. 68.
— de la levûre. 74.
— (Procédé de multiplication des) par voie de fractionnement. 68.
Céphalopodes. 152.
Cerveau (le), organe de la pensée. 125.
Césarisme en Europe. 154. (Note.)
Chaillou (du). Au sujet du gorille. 138.
Charles II d'Angleterre. 230.
Chimie, synthétique. 81.
Chimpanzé. 138.
Chine. 134.
— Indifférence pour sa civilisation prématurément si développée. 173.
Chondrine. 81.
Cicéron, adversaire d'Épicure. 213.
Cirripède. 58.
Coccyx. 63.
Collins (Anthony). Traité de la libre pensée. 234.
Colombe de rocher, sauvage. 48.
Colonie allemande en Pensylvanie. 97.
— norwégienne en Islande. 97.
Combat pour l'existence. 28 suiv.
Combinaisons organiques. 81.

Condillac (Abbé). 235.
Conques caractéristiques, principal indice des formations terrestres. 5.
Copernic (Nicolas). 222. 224.
Correspondance sur l'essence de l'âme. 239.
Corse. 105.
Coseritz (Ch. de). Des nègres. 133. (Note.)
Cosmogonie des Juifs. 182.
Cosmologie. 187.
Cotta (Prof.). Des découvertes géologiques dans le Canada. 160. (Note.)
Couches du miocène. 140.
Crâne (Conformation du). 145.
Créations successives. 5.
Création (Version sur la) chez les insulaires des mers du Sud. 181.
— (Tradition de la) chez les Arméniens. 181.
Critias, le chef des 30 tyrans. 209.
Croisement, et amendation exercée dans l'intérieur d'une variété. 38.
Cuba. 105.
Cuvier. 19. 122.
— père de la paléontologie. 2.
— Révolutions de l'écorce terrestre. 7.
Darwin (Charles). 4. 8 suiv.
— Objections à sa théorie. 84.
— Du climat. 33.
— De l'action de la Nature. 52.
— Condition de l'hérédité. 15.
— Distinction entre espèce et variété. 40.
— Théorie. 26.
— Développement réciproque. 51.
— Amendation artificielle des animaux et des plantes domestiques. 48.
Davidson. Des brachiopodes d'Angleterre. 86. (Note.)
Débris primitifs. 3.

Decandolle (A. P.). Le combat pour l'existence. 24.
Démocrite d'Abdère. 204.
— Doctrine atomique. 207.
— Théorie de la perception sensuelle. 206.
— Opinion sur l'essence de l'âme. 208. Éthique ou morale. 206.
Denys de Syracuse. 210.
Dépôts, couches, sédimentaires. 160. (Note.)
Descartes (Cartesius). 226. 227 suiv.
Descendance. 66.
Développement, embryonnal ou fétal. 75.
— de l'être organique du sein de l'oeuf. 68.
Diderot, à la tête des encyclopédistes. 238.
rédacteur principal de l'encyclopédie. 255 suiv.
Dieterici (Prof.). Les mythes de l'Inde. 182.
Diluvium. 172.
Division du travail. 167.
Duncker (M.). Histoire de l'Antiquité. 191. 196.
Dupont de Belgique. La mâchoire inférieure humaine trouvée dans la grotte de la Naulette. 142.
Dystéléologie. 63. (Note.)
École, éleatique. 201.
Edda, poème héroïque des anciens peuples du Nord. 182. (Note.)
Edwards. 109
Egypte. 39.
Eléatiques. 201.
Eléphants primitifs. 1. 3.
Elephas primigenius. 87.
Empédocles. 203. 204. 214 suiv.
— Développement graduel de la terre et du monde organique. 204.
Encyclopédistes 254 suiv.

Eozoon canadense. 76. (Note.) 80. 159.
Epicure. 210. 211 suiv.
— Mouvement de la terre. 215. Forme des atomes. 216
— La crainte de la mort écartée 216.
Espèce (Mutabilité de l'). 19.
(L'idée d') rejetée. 16.
Éthique épicurienne. 218.
Exhaussement du sol dans diverses contrées. 92. (Note.)
Extinction des intermédiaires 35.
Fécondité pour l'ensemble de l'espèce. 30.
Feuerbach (Louis). 201.
Fibrine. 81.
Fischer (Kuno). Au sujet de Bacon de Verulam. 227.
Forbes. Influence des variations du sol et du climat sur les organismes. 20.
Formations, laurentiennes, en Bohême et en Bavière. 80. 160.
— siluriques et cambriques 79
Formique (Acide). 81
Forster. 267.
Fossiles, les plus anciens 75.
— vivants. 62.
Fourmis. Leur instinct de poursuivre la domestication d'autres animaux. 116.
Frédéric le Grand. 239. 268
Ganoïdes. 164.
Gassendi. 226.
— rénovateur du matérialisme. 228 suiv.
Gaudry (A.). 93. (Note.)
Generatio aequivoca. 13.
Gibbon. 138. 139 265.
— le plus petit des singes anthropoïdes. 135.
Giebel. Inanité de l'idée d'espèce. 41.
Girafe. 52 suiv.
Gorille. 122.

18 *

Goethe. 63. 267.
— Caractéristique de Cuvier et de Geoffroy-St.-Hilaire 19.
— Découverte de l'os intermaxillaire. 18.
— L'écolier de Faust. 187.
— Métamorphose des plantes. 18.
Grimm, à la mémoire de d'Holbach. 247.
Grimpantes (Plantes). 112.
Grupp (O. F.). (Citation.) 187.
Gyrencéphales. 125.
Haarlem (Mer d'). 91.
Haeckel. 18. 20. 76 suiv.
　Adaptation directe et indirecte. 57. (Note.)
— L'homme possède au plus haut degré la puissance d'adaptation. 42.
— Les divers arbres généalogiques du règne animal et du règne végétal. 16. (Note.)
— Autogonie ou Génération spontanée. 79.
— Lois de l'hérédité. 47.
　Avantage de l'homme sur les animaux. 129. (Note.)
— Des monères. 78.
— Morphologie générale des organismes. 25. (Note.)
— Des couches neptuniennes ou siluriques. 161.
　Différence entre l'amendation naturelle et l'amendation artificielle. 41.
— Sélection sexuelle. 52. (Note.)
— Division du travail et spécialisation de l'organisme. 167.
— Amphioxus lanceolatus. 164. (Note.)
Hallier (Prof.). 83. (Note.)
— (Citation.) 139.
Halloy (d'Omalius d'). Production d'espèces nouvelles par voie de descendance. 21.

Hallstadt (Banc d'), dans les Alpes autrichiennes. 86.
Hartley (David). 265.
Haug (Dr.), professeur de Sanskrit à Puma. 193.
Helvétius (C. A.). 26 suiv.
— De l'esprit. 262.
— De l'éducation. 262.
Héraclite. 202.
Herbert (W.). Les espèces végétales ne sont qu'un ordre supérieur de variétés. 21.
Herder. 267.
Hérédité des maladies. 93.
— ni parfaite, ni capricieuse. 37.
— ou transmission. 43.
Hérodote, à Thèbes 171. (Note.)
Hettner (H.). 263.
— Diderot philosophe. 258.
— Contre de la Mettrie. 239.
— Au sujet de d'Holbach. 247.
Hobbes (Thomas). 226. 229. suiv.
— Définition de la philosophie. 230.
— De la religion. 230.
Holbach (Paul Henri Dietrich d'). Système de la Nature. 246 suiv.
— Contre Descartes. 251.
— Critique de la religion et de l'idée de Dieu. 253.
— De l'immortalité de l'âme. 252.
Homoeopathie. 219.
Homme (L'), préhistorique, en Europe. 170.
Hommes fossiles. 141.
Hooker (Dr.). Production des espèces par descendance. 23.
— De la doctrine du progrès. 23.
— Des diverses espèces végétales actuelles. 40.
Horace, épicurien 213.
Horreur du vide. Horror vacui. 219.
Humboldt (A. de). 29.
Hume (David). 235. 264 suiv.

Huxley (Prof.). 91. (Note.) 121. (Note). 122 suiv.
— De la place de l'homme dans la Nature. 126.
— Leçon sur les créations successives. 22.
Hymen et flux mensuel chez les singes et autres mammifères. 137.
Ineger (Dr Gust.). Lettres zoologiques. 72.
Infusoires. 70.
Instinct voyageur des oiseaux. 115.
Instincts du monde animal. 115.
Insuffisance du bulletin géologique. 90.
Intensité croissante du principe de culture. 175.
Intestinaux (Vers). 58.
Invertébrés. 60.
Kayserling (Comte). Production d'espèces nouvelles par un miasme. 22.
Keppler. 222.
Koelliker (Prof.). Théorie de la génération hétérogénique. 107. 144.
Koeppen. De la Doctrine de Boudha. 188.
Knutzen (Martin). 266.
Laeta, maladie des singes à laquelle les Malais sont sujets. 136. (Note).
Lagotriches. 135.
Lamarck. 13. 15 suiv.
— le plus important des précurseurs de Darwin. 11.
— Philosophie zoologique. 12.
— Histoire des animaux sans vertèbres. 12.
— Reconnaissant les droits de la philosophie. 12.
— Maximes empruntées à sa philosophie du règne animal. 16. (Note.)
— Sa théorie. Exemples tirés de cette théorie. 13.

Lamarck. La souche du genre humain; quelque espèce de singe ressemblant à l'homme. 15.
Lancette (Petit poisson-). 164.
Lange (F. A.). Histoire du matérialisme. 221.
— (Citation.) 146.
Langue des peuples de la grande famille arienne ou indo-germanique. 182. (Note.)
Langues (Extinction des intermédiaires dans les). 98.
— et dialectes. 96.
Lartet. Le dryopithecus. 141.
Laurentienne (Formation). 80. 159.
Lavater. 267.
Lavoisier. 250.
Leibnitz (Philosophie de). 266.
Lépidosires. 62. 64.
Lessing. 267.
Leucippe, père du système des atomes. 205 suiv.
Lichtenberg. 267.
Linné. Ordre des primates. 121.
— (Citation.) 12.
Lissencéphales. 124.
Locke (John). 231 suiv.
— De l'entendement humain. 231.
— Expérience basée sur la sensation et la réflexion. 233.
Loewenthal (E.). (Citation.) 210.
— Histoire du matérialisme. 265. Note.)
Logan (S. W.). Couches géologiques au Canada. 80.
Lucrèce, Lucretius Carus. 212. 245.
— Son poème didactique. 214.
— (Citation.) 215.
Lyell (Charles). 7. 11. 20 suiv.
— Les représentants fossiles du type poisson. 164.
— Principes de Géologie. 8.
— Progrès dans les arts et les sciences. 175.

Lyell. Contre Lamarck. 20.
— Principles of geology. 11.
— Du commerce des échantillons fossiles et vivants du monde animal. 41.
Lyencéphales. 125.
Lys-de-mer, encrinus liliformis. 220.
Madère (Scarabée de). 58.
Magnétisme, animal. 219.
Malais (Les) de Java. 136.
Malesherbes. 255.
Mammouth, de Sibérie. 3.
— ou éléphant primitif. 87.
Mandeville (Fable des abeilles de). 244.
Maori (Les) d'Australie. 62. (Note.)
Mariette. Découverte de sculptures, d'inscriptions, en Egypte. 171.
Marsupiaux. 60.
Massachusets. Espèce particulière de moutons. 51.
Mastodonte. 87.
Matérialisme de l'antiquité. 187.
— dans la vie. 238.
— du 18ème siècle. 237.
— du 19ème siècle. 268.
— des temps modernes. 222.
— de la science. 238.
Menzel (Wolfgang). (Citation.) 145.
Météorites. 200.
Mettrie (Julien Onfroy de la). 238 suiv.
— l'Homme machine. 238.
— De la philosophie cartésienne. 240.
— Réponse à la question de savoir s'il y a un dieu. 242.
— La question de l'immortalité. 243.
— Principe de la vie. 243.
— Système d'Epicure. 245.
— l'Homme plante. 244.
Mettrie (de la), matérialiste extrême. 207.
— Sa mort. 245.
Meyer (G. F. Prof.). Système des Ames chez les animaux. 266.

Migration des animaux et des plantes. 103.
Militarisme en Europe. 151. (Note.) 272.
Mill (John Stuart). La mathématique science a posteriori. 130. (Note.)
Mink, mustella vison. 95.
Mohr (Prof. Dr F.). Histoire de la Terre. 150.
Monde (Le) tiré du néant est une absurdité. 194.
Monères. 77.
Monistes, ou philosophes partisans d'un principe unique. 196.
Montaigne (Le mot de). 259.
Morton. Capacité des crânes. 126.
Müller (Max). 96.
Mythe des Babyloniens. 183.
— des anciens Parsis ou Perses. 183.
Myxine. 164.
Napoléon. 272.
Nature (Philosophie de la). 19.
Naudin. Formation des espèces. 22.
Naulette (Caverne de la). 142.
Néanderthal (Le crâne de). 142.
Neith, «la grande mère». 195.
Néoplatonisme. 219.
Neubert (Dr). Menstruation chez les singes. 187.
Nibelungen (Le poème des). 97.
Nirvana, ou le Néant. 130.
Nouvelle-Hollande. v. Australie.
Nouvelle-Zélande. 62.
Nuit (Peuples de), peuples nègres. 169.
Ocellus Lucanus. 201.
Oken (Lorenz). 17. 18 suiv.
— Traité de philosophie de la Nature. 18.
— Doctrine des cellules. 18.
— Théorie des infusoires. 18.
Oolithe de l'époque secondaire. 93.
Orang-outang. 138.

Organes, rudimentaires. 62.
Ormuz et Ahriman, principales divinités des Perses. 183.
Ornythorhynque, animal à bec. 62.
Os intermaxillaire. 63.
Ours brun. 58.
Owen (Prof.). L'homme une sous-classe particulière des mammifères. 125.
Owen (Prof.). 126. (Citation en note.)
— Ruminants et pachydermes. 87.
Oxalique (Acide). 81.
Oxford (Évêque d'), contre Darwin. 24.
Paraguay. 34. 105.
Parasites (Plantes et animaux). 25.
Parménides d'Élée. 202.
Partisans de la théorie du progrès. 148.
— de la théorie de la transmutation. 148.
Pennetier (G.) De la mutabilité des formes organiques. 24. Note.)
— Les animaux microscopiques. 83. Note.)
Périclès. 220.
— Son siècle. 153.
Permanents ou stationnaires (Types) 6. 147. 167.
Perse. 105.
Philosophie d'avant Socrate. 195.
Phlogistique. 219.
Phta, le dieu des Égyptiens. 183.
Pikermi. 93. (Note.)
Placentaires (Type des mammifères.) 168.
Platon, contradicteur d'Aristippe. 210.
Platon, Le monde des corps consiste dans la matière et la forme. 222. (Note.)
Poissons, osseux. 164.
— cartilagineux. 164.
Pomponatius (Petrus). 223 suiv.

Pouchet jeune (G.). Des études anthropologiques. 143.
Prakriti ou matière primordiale. 189
Priestley (Joseph). 250. 265 suiv.
Primaire (Règne), des poissons. 149.
Primates (Groupe des). 168.
Primordial (Cellule ou Germe). 68.
Primordiale (Forme), unique. 66.
— (Mer). 68.
Procès vermiculaire. 63.
Progrès et rétrogradation dans la nature et dans l'histoire. 150.
Propagation (Procédé de) des êtres organiques. 37.
Protagoras d'Abdère. 209.
Protistes. 79.
— (Règne des). 74.
Pseudopodes. 77.
Psychologie des animaux (Recherches sur la). 266.
Pythagore. 200. 201.
Pythagoriciens (École des). 200.
Quadrumanes. 168.
Quagga. 88.
Quaternaire (Règne) de l'homme 140.
Quintessence. Essentia quinta. 203.
Rapports de la doctrine darwinienne avec le matérialisme 180.
— intimes de toutes les formes organiques. 6.
Reimarus. Des instincts artistes chez les animaux. 266.
Renaissance de la philosophie. 271.
Rhinocéros. 87.
Rhizopodes. 76. 80.
Ritter, contre Démocrite. 209.
Rochas (de). Les Nouveaux-Calédoniens. 135.
Roeth. Histoire de la philosophie des peuples d'occident 194.
Rousseau, adversaire de la Mettrie. 258.
Rückert. Le chant de Chidher. 155.

Rutimeyer. Découverte d'un singe fossile en Suisse. 140.

Sankjah (Philosophie ou doctrine de). 188.

Sarcode. 74.

Schaafhausen (Prof. H.). 120. 130. (Citation en note.) 133. 134. 142.
— Le gorille. 122. (Note.)
— La denture de lait de l'homme semblable à celle du singe. 124.
— La monade ou forme primordiale de la vie animale. 83. (Note.)

Schleicher (Prof.) Au sujet de Darwin. 111.
— De l'origine et du développement des langues. 98.

Schiller. 267. 272.

Scepticisme. 219.

Schopenhauer (A.) La volonté est le principe de toute chose. 15.
— Conscience personnelle chez l'homme et chez l'animal. 133.
— Le christianisme a du sang indien dans les veines. 193.
— Jugement sur les religions. 230.

Scolastiques. 223.

Secondaire (Règne) des lézards. 149. 152.

Sédiments (Accumulation des). 91.

Sélection, naturelle. 46. 56.
— sexuelle. 52. (Note.)

Semblable. Tout être produit un être semblable à lui-même. 37.

Sensualisme en France. 261.

Singes, fossiles. 141.

Socrate. 195.

Sommeil hibernal de certains animaux. 115.

Sophistique (Période de la). 209.

Spencer (Herbert). Opposition des deux idées de la création et du développement. 22.

St.-Cassien (Banc de), dans les Alpes autrichiennes. 86.

Ste.-Hélène. 35.

St.-Hilaire (Geoffroy). 19 suiv.
— Plan de structure pour tous les organismes. 17.
— Du principe de l'unité dans la nature organique. 17.
— Influence des circonstances extérieures sur les conditions de la vie. 55.

Stosch (Frédéric-Guillaume). 236.

Straton de Lampsaque. 211.

Sucre de raisin. 81.

Supranaturalisme dans la philosophie de la nature. 81.

Syrie. 105.

Tapir. 88.

Taupes. Leur existence souterraine. 4.

Temps, préhistoriques. 176.

Termes intermédiaires, fossiles. 140.

Terrestres (Mollusques). 35.

Tertiaire (Règne) des mammifères et des oiseaux. 149. 152.

Thalès de Milet. 195.

Theodorus, athée. 210.

Théorie des catastrophes et des révolutions géologiques. 5.

Toland (John). Le christianisme sans mystères. 234.
— Religion rationnelle. 235.

Transition (Degrés de), ou formes intermédiaires. 86.

Transmission héréditaire des qualités individuelles. 38.

Tuttle (Henri) (Citation). 165.

Unité du plan fondamental dans la nature organique. 6.

Variétés (Formation des). 36. 38.

Védas, livres sacrés de l'Inde. 189.

Vertébrés. 163.

Vertébré (Type). 60. 164. 168.
— L'homme, le plus haut représentant de ce type. 120.

Vestiges of creation. Vestiges de la création. 21.

Virchow. Transmission par la substance des germes. 44.
Vitalisme dans les sciences naturelles. 81.
Vogt (Charles) 264.
— Discussion de la théorie darwinienne. 102.
— Leçons sur l'homme. 94.
Volger (O.). Objection à la théorie du progrès. 159.
— Terre et Éternité. 149.
Voltaire. 185.
— déiste. 248.
— adversaire de de la Mettrie. 238.
— collaborateur des encyclopédistes. 255.

Wallace (Alfred). De l'avenir du genre humain. 177.
Watson. Les plantes anglaises. 40.
Weinland (Dr.) L'atèles, singe à crochets. 135. (Note.)
— Contre le passage d'une grande classe à une autre. 158.
Wells (Dr.). L'amendation naturelle. 23.
Wolff (Pancrace). 236.
Wolff (Christian). Philosophe populaire. 203.
Xénophanes de Colophon, père de la philosophie éléatique. 1. 202.
Zèbre. 88.

LEIPZIG
GIESECKE ET DEVRIENT, IMPRIMEURS.

www.ingramcontent.com/pod-product-compliance
Lightning Source LLC
Chambersburg PA
CBHW071416150426
43191CB00008B/936